Zhiwu Jianpai
yu
Jiegou Tiaozheng

治污减排与结构调整

牛海鹏 著

U0335733

中国人民大学出版社

·北京·

序言

　　经济结构调整了、优化了，应该就有益于治污减排；然而，治污减排能有利于经济结构调整，能有利于经济发展吗？如果能，是如何影响的呢？

　　传统认为，经济结构调整对治污减排的效果是显著的，似乎经济结构调整必然就是"因"，治污减排必然就是"果"，似乎随着经济发展、经济结构调整，治污减排就可水到渠成。显然，如果抱残守缺，固守这种传统观念，就是重复"先污染后治理""边污染边治理"的老路，这是一条走不通的路。

　　在以环境保护优化经济发展的新阶段，在"坚持在发展中保护，在保护中发展，积极探索环保新道路"的征程中，注定要深入研究治污减排、结构调整（经济发展）的相互关系，特别是治污减排对经济结构调整的作用机理，考虑把治污减排视为"因"，把经济结构调整视为"果"，全面考虑在我国环境保护现状的背景下治污减排对经济社会发展的影响，全面支撑环境保护进入经济社会发展的主干线、主战场和大舞台。

　　多年以来，中央和政府都将治污减排视为经济结构调整的首要任务、突破口和重要抓手。2006年中央经济工作会议明确了"节能减排将是明年经济结构调整的首要任务和突破口"；2007年6月，温家宝总理在全国节能减排工作电视电话会议上要求，必须把节能减排作为当前加强宏观调控的重点，作为调整经济结构、转变增长方式的突破口和重要抓手，作为贯彻科学发展观与构建和谐社会的重要举措；2009年第十一届全国人民代表大会常务委员会第十次会议第二次全体会议报告指出"把节能减排作为调整经济结构、转变发展方式的突破口和重要抓手"。可是，对于治污减排对经济结构调整的作用，我们却关注得不多，研究得不够。

　　非常感谢环保公益性行业科研专项"治污减排对经济结构调整的作用机理、

效果评估及协同预警研究”（201009066）的资助。北京师范大学、中国人民大学、环境保护部环境规划院、国家行政学院相关研究人员组成团队，把治污减排对经济结构调整的作用机理作为主要研究内容。该项目取得了丰富的研究成果和许多有价值的研究结论，包括：

一是在理论上回应并证实了“治污减排是经济结构调整的首要任务、突破口和重要抓手”这样一个命题，证实了治污减排和经济发展可以很好地实现融合，驳斥了“节能减排对经济发展有负向作用”等错误认识，因此，在宏观政策制定上要将环境保护纳入总体规划，“坚持在发展中保护，在保护中发展，积极探索环保新道路”，促进环境保护和经济发展的高度融合。

二是探索了治污减排对结构调整的作用机理。实证检验发现，在成本和技术这两个路径中，成本的作用更为凸显。面对我国压缩型、复合型、结构型环境挑战，以行政命令为主的治污减排政策对结构调整的作用更为显著，而且以环保投资为例的环境经济政策可以实现环境保护、经济发展和社会民生的“三赢”。因此，将治污减排政策前置，进一步加大环保投资，不仅是环境保护的需要，还可以促进经济发展，有益于社会民生。

三是对我国“十五”和“十一五”期间的治污减排政策进行了效果评估。我国“十一五”期间倡导的“从末端治理向全过程管理转变”确实出现了，相对于“十五”时期，“十一五”期间我国全过程管理出现了可喜的转变。研究发现，强环境规制是环境技术发挥作用的前提，而且，当实现的总量减排超过减排目标时，经济结构会相应出现好转，因此，未来有必要继续保持较高的环境规制水平。

四是依据趋势外推和指标预警提出了协同预警方法。在合理的假设下，认为“十二五”期间我国二氧化硫的年均减排率应达到 1.65%，低于这个临界值，经济结构就会出现恶化，因此，有必要继续实施目标减排，并进一步强化目标减排的约束性指标。

五是我国环境政策面临转折。“十五”和“十一五”期间治污减排与结构调整的关系主要是工业化进程所致，“十二五”期间及未来将会由城市化进程所主导，工业化进程的环境问题，不可能随着城市化进程而自然消解，相反，工业化进程和城市化进程叠加的环境问题会更加复杂，更不能期待（环境）技术进步会自动发生。在未来较长一段时期内，坚持以行政命令为主的环境政策，既是必须，也是可行之选。

本书归集了环保公益性行业科研专项“治污减排对经济结构调整的作用机理、效果评估及协同预警研究”（201009066）的主要研究成果，有些研究成果已经通过论文等形式予以公开发表，有些研究成果已经按照要求向环境管理部门提交。需要说明的是，所有不妥、不当之处，都由本人负责。

感谢国家环境保护部对环保公益性行业科研专项"治污减排对经济结构调整的作用机理、效果评估及协同预警研究"（201009066）的资助和支持，感谢国家环境保护部科技标准司和规划财务司相关领导对该项目的勉励和支持，感谢项目研究进程中众多专家的关注、帮助和指导。

感谢北京师范大学经济与工商管理学院张平淡教授、国家行政学院胡仙芝研究员、环境保护部环境规划院蒋洪强研究员在合作研究中给予的支持和帮助；感谢北京师范大学经济与工商管理学院朱松副教授、朱艳春副教授和何浩然副教授，首都经济贸易大学经济学院杜雯翠讲师，北京师范大学心理学院孙舒平助理研究员，北京林业大学信息学院王海燕副教授，北京交通大学经济管理学院何晓明副教授，中国人民大学经济改革与发展研究院夏晓华副教授，华北电力大学可再生能源学院何理教授等在项目研究中做出的贡献。

中国经济步入新常态之后，应该如何正确处理经济社会发展和环境保护的关系？接下来的研究任务已经开启。

牛海鹏

2017 年 3 月

目 录

第 一 章

环境保护和经济社会发展的中国政策实践

　　建设有中国特色的社会主义事业进程中，环境领域基本矛盾的运动呈现出明显的阶段性特点，据此，我们可以把生产力的发展与环境问题的关系划分为三个阶段。

　　第一个阶段是加快发展生产力的阶段，从环保角度看，可以称作战略防御阶段。这个阶段大体上从 1979 年至 2006 年。此阶段的基本特点是，由于发展先进生产力的资金和技术积累不足，也由于满足人民群众基本需要的紧迫性，以及对落后生产力带来的环境问题认识不深，生产力的发展主要体现为粗放的、技术含量低的、能源消耗大的以及污染物排放程度高的产业快速发展。许多地区、许多领域片面强调经济建设为中心，存在 GDP 导向，环境保护的重要性并没有在工作中真正体现出来，环保工作与经济发展的关系总体表现为"边污染边治理"，甚至在局部地区出现"先污染后治理"的现象，治理的速度赶不上污染的速度，环境状况总体呈恶化趋势。

　　第二个阶段是结构调整阶段，从环保角度看，可以称作战略相持阶段，这是我们目前所处的阶段。这个阶段的基本特点有三：一是随着前些年经济的快速增长，人民群众的物质生活水平有了飞速提高，对健康和美好环境的需要成为广大人民群众越来越关切的方面。在污染加剧的地区，人民群众的上述需要与落后生产力之间的矛盾越来越尖锐。二是在经济多年高速增长的过程中，资金和技术有了较丰富的积累，这为发展环境友好型先进生产力奠定了基础。三是随着世界范围内对环境问题的关切，环境保护的国际压力正在逐步加大。在上述背景下，战略相持阶段环境保护工作的基本方针是"同步、综合、并重"，加快推进环保历史性转变：一是从重经济增长、轻环境保护转变为环境保护与经济增长并重；二是从环境保护滞后于经济发展转变为环境保护和经济发展同步；三是从主要用行政办法保护环境转变为综合运用法律、经济、技术和必要的行政办法解决环境问题。

第三个阶段是生态文明阶段，从环保角度看可以称作战略反攻阶段。当绿色经济、低碳经济、循环经济等环境友好型先进生产方式占主流的时候，可以认为我们进入了生态文明阶段。这个阶段的基本特点是，美好的环境成为人民群众的基本需要，为满足上述需要而发展起来的环境友好型先进生产力成为生产力发展中最主要的部分，绿色经济、低碳经济、循环经济的发展在很大程度上实现了人与自然的和谐，并极大地促进了"以人为本"的和谐社会建设。这个阶段环境保护工作已经完全融入经济和社会发展的方方面面，成为发展进程的有机组成部分，真正体现出发展生产力就是保护环境。[①]

把主要污染物排放总量削减明确为"十一五"规划的约束性指标，表明我国环保工作站在了新的历史起点上，进入了国家政治经济社会生活的主干线、主战场和大舞台。进入"十一五"时期之后，我国环保工作步入新的发展阶段，第六次全国环境保护大会提出了"三个转变"，第七次全国环境保护大会提出了"在发展中保护，在保护中发展，积极探索环境保护新道路"，尤其是党的十八大、十八届三中全会把生态文明置于更加突出的战略位置，全面推进了环境保护和经济社会发展的政策改革。

第一节　全国环境保护大会和中国环境经济政策实践

一、历次全国环境保护大会

四十年来，中国经历了从计划经济向市场经济转轨的宏大历史进程，目前正在经历从经济体制改革向政治体制改革、社会体制改革扩展和深化的进程中。四十年来，中国领导决策层在发展的政策思路上有显著变化，在 20 世纪 80 年代初就提出了经济发展、社会发展和环境发展同步进行，经济效益、社会效益和环境效益协调统一的发展观和环境观；热忱地接受了国际社会共同倡议和制定的可持续发展理念，并相继提出了科学发展的观念和战略，倡导建设资源节约型和环境友好型社会；倡导发展循环经济和低碳经济，推进生态文明建设。

---

① 牛海鹏，张平淡，赵中秋.中国特色环保新道路的内涵和着力点.中国发展观察，2011（6）：25-28.

1972 年中国出席联合国人类环境会议（这是中国恢复联合国席位后参加的第一个大型国际会议），这让我们认识到了我国自身环境问题的严重性。1973 年 8 月，我国召开全国环境保护会议。这是我国召开的第一次环境保护会议，是斯德哥尔摩会议在中国开花结果的产物，会议通过了中国环境保护 32 字方针，即"全面规划、合理布局、综合利用、化害为利、依靠群众、大家动手、保护环境、造福人民"。全国环境保护会议之后，国务院环境保护领导小组随即成立了，下设办公室。1979 年《中华人民共和国环境保护法（试行）》正式颁布，标志着中国环境保护开始迈上法制轨道。

1983 年，第二次全国环境保护会议确立了环境保护是基本国策。基本国策地位的确立，使环境保护从经济建设的边缘地位转移到中心位置，为环保工作的开展打下了一个坚实基础。与此同时，为落实环境保护基本国策，国务院制定出台了"同步发展"方针，即"经济建设、城乡建设、环境建设同步规划、同步实施、同步发展，实现经济效益、社会效益、环境效益相统一"的战略方针，摒弃了"先污染后治理"的老路，体现了走有中国特色环保之路的要求。

1989 年，第三次全国环境保护会议提出了环境保护三大政策和八项管理制度。三大政策是指预防为主、防治结合，谁污染谁治理，以及强化环境管理。八项管理制度是指"三同时"制度、环境影响评价制度、排污收费制度、城市环境综合整治定量考核制度、环境保护目标责任制、排污申报登记与排污许可证制度、限期治理制度和污染集中控制制度。

1996 年，第四次全国环境保护会议进一步确认了可持续发展战略，提出保护环境是实施可持续发展战略的关键，保护环境就是保护生产力。国务院发布了《关于加强环境保护若干问题的决定》，明确了跨世纪环境保护工作的目标、任务和措施，确定了坚持污染防治和生态保护并重的方针，实施《污染物排放总量控制计划》和《中国跨世纪绿色工程规划》两大举措。全国开始展开了大规模的重点城市、流域、区域、海域的污染防治及生态建设和保护工程。

2002 年，第五次全国环境保护会议提出环境保护是政府的一项重要职能，要按照社会主义市场经济的要求，动员全社会的力量做好这项工作。会议的主题是贯彻落实国务院批准的《国家环境保护"十五"计划》，部署"十五"期间的环境保护工作。

2006 年，第六次全国环境保护大会提出了"三个转变"：一是从重经济增长、轻环境保护转变为保护环境与经济增长并重，把加强环境保护作为调整经济结构、转变经济增长方式的重要手段，在保护环境中求发展。二是从环境保护滞后于经济发展转变为环境保护与经济发展同步，做到不欠新账、多还旧账，改变"先污染后治理、边治理边破坏"的状况。三是从主要用行政办法保护环境转变为综合运用法律、经济、技术和必要的行政办法解决环境问题，自觉遵循经济规律和自然规律，提高环境保护工作水平。

2011年，第七次全国环境保护大会认为，我国的基本国情、所处的发展阶段和现实情况都表明，发展经济改善民生的任务十分繁重，经济转型的要求日益迫切，环境保护任重道远。保护环境是关系当前与长远、国计与民生、和谐与稳定的大事，关系党和政府的形象和公信力，进一步加强环境保护具有十分重大的意义。本次大会提出要坚持在发展中保护、在保护中发展，积极探索环境保护新道路，全面开创环境保护工作新局面。

二、全国环境保护大会上的环境经济政策

从全国环境保护大会的历史发展来看，对环境保护和经济发展相互关系的深刻认识，已经经历了三次重大突破。

第一次重大突破是把环境保护和经济社会发展联系起来，并把环境保护确定为基本国策。从全球来看，直到1972年才认识到环境保护是发展的重要组成部分。在周恩来总理的重视和安排下，我国于1973年召开了第一次全国环境保护会议，揭开了我国环境保护事业的序幕。1983年，我国对环境保护和经济发展相互关系的认识取得了重大突破，在第二次全国环境保护会议上提出了"环境保护是现代化建设事业中的一项基本国策"和"同步发展方针"，破除了认识禁区，体现了经济、社会与环境保护发展相统一的理念；顺应了历史潮流，指明了正确处理环境与发展关系的方向。

第二次重大突破是环境保护进入国家政治、经济、社会生活的主干线、主战场和大舞台。在第四次全国环境保护会议上，江泽民总书记发表重要讲话，提出"保护环境的实质是保护生产力"，扭转了环境保护和经济发展的认识对立。进入21世纪，党和国家对环境保护更为重视。党的十六大指出要使经济发展和人口、资源、环境相协调，并把生态环境改善列入全面建设小康社会四项重要目标之中。在第六次全国环境保护大会上，温家宝总理提出要实现"三个转变"。党的十七大把生态文明首次写入了政治报告中，将建设资源节约型、环境友好型社会写入党章，把建设生态文明作为一项战略任务和全面建设小康社会目标首次明确下来，标志着环境保护作为基本国策和全党意志，进入了国家政治、经济、社会生活的主干线、主战场、大舞台。

第七次全国环境保护大会确立的"在发展中保护，在保护中发展，积极探索环境保护新道路"，是对环境保护和经济发展相互关系认识的第三次重大突破。环境保护和经济发展两者既相互制约又相互促进，离开经济发展抓环境保护是"缘木求鱼"，一味保护而没有发展，特别是没有新兴产业的发展，保护将最终无从着力；脱离环境保护搞经济发展是"竭泽而渔"，一味发展而没有保护，特别是失去对资源承载力这个发展前提基础的保护，发展将最终无从立足。环保人矢志不渝地推进环境保护与经济发展的相互融合，要害是经济转型。加快发展可以促进经济转型，可以通过环保的先导作用来促进经济发展进入转型的轨道，即保护环境、促进资源节约的大发展和快发展，在促转变和保护环境中谋发展。加强环保可以倒逼经济转型，可以通过环境容量的倒逼机制来推动经济发展进入转型的轨道，即不符合环境保护的少发展甚至不发展，在发展中促转变和保护环境。

三、我国环境经济政策的实践现状

直接管制类政策在环境管理实践中遇到的问题催生了环境经济政策。由社会经济活动的纯经济性和行为的无约束性所导致的外部不经济性，是环境问题形成的理论根源。同时，由于自然环境具有典型公共物品的性质，因此"直接控制制度"从一开始就成为环境管理的主要方法。我国目前已形成的以"三同时"等8项制度为框架的环境管理制度和政策体系，就大部分都是行政管理手段（如表1-1所示）。

表1-1　　　　　　　我国环境管理8项基本制度及其他制度的类别划分

类别	行政手段	经济手段
基本环境管理制度	环境保护目标责任制、城市环境综合整治定量考核制度、污染集中控制制度、限期治理制度、"三同时"制度、排污申报登记与排污许可证制度、环境影响评价制度	排污收费制度
其他环境管理制度	环境保护规划制度、环境监测制度、现场检查制度、突发环境事件信息报告制度	环境保护经济激励制度

我国长期主要依赖行政手段控制环境污染，实践证明，采取行政命令手段在短期内可能会获得较大的环境效益，但我们也逐步意识到，直接控制制度的社会成本过高，在有些领域的作用十分有限，甚至可能阻碍经济的发展。因此，政策制定者开始重点研究和运用成本更低、更有效、不阻碍甚至能够刺激经济发展的激励制度——环境经济政策。

对环境问题产生的原因在理论上更深入的认识，使得环境经济政策的研究和实践越来越受到重视。除去极少的纯粹由自然效应和自然灾害所导致的环境污染事件外，绝大部分环境污染都是人类的各种行为造成的，而人类行为归根结底可以分为两类，即生产行为和消费行为。为此，七次环保大会明确指出"环境问题本质上是发展方式、经济结构和消费模式问题"，具体来讲，粗放的经济发展方式导致我国单位产出的资源能效消耗远高于发达国家，重投资贸易、轻消费的不合理的经济结构使我国污染形势复杂、污染事故多发、污染留在国内、产品出口国外的现象严重，无节制、不公平的消费模式极大地加速了资源和环境的耗竭速度，因而，新时期环境政策的制定应围绕"优化生产方式、引导消费模式"这一核心要求展开，而能够基于生产、流通、消费、再生产全流程制定相关措施，统筹兼顾投资、出口、消费三方面的发展与保护的环境经济政策就得到了更多的重视和应用。

新时期、新阶段我国发展遇到的新问题以及外部的新挑战，对环境经济政策提出了新的任务和要求。一是我国现有的资源环境压力巨大。由于资源匮乏、环境脆弱、人口众多、经济增长方式粗放、环境监管滞后等历史和现实原因，我国当前所面临的资源环境问题比任何国家都要突出。二是发展的新阶段可能带来新的资源环境问题。我国人均国内生产总值已超过 8 000 美元，进入中等偏上收入国家行列，前一时期快速发展中积聚的各种矛盾可能集中爆发，加之该阶段我国发展将面临后工业化等一系列新特征，使得我国可能面临新的资源环境问题。三是国际形势的变化对我国解决资源环境问题提出了新挑战。当下发达国家可能集体遭遇"失去的十年"，房地产泡沫破灭、资产价格下跌、失业率高企、消费低迷等现象同时出现，在金融领域去杠杆化并重启国内制造业，国际经济形势发生重大变化。同时，以我国限制 9 种原材料出口案败诉为标志的资源环境领域的贸易争端有进一步加大的趋势，极大地压缩了我国一直以来倚重的通过贸易限制保护资源、倒逼环保升级的政策空间，国际贸易形势发生了重大变化。

环境经济政策的研究和应用还存在诸多问题。一是对环保的促进作用有限。"十一五"时期，以污水处理收费政策、脱硫电价补贴等为代表的环境经济政策对促进化学需氧量（COD）和二氧化硫（SO_2）减排起到了重大作用，但是，除针对大规模污染源（如火电厂和污水处理厂）的减排工作外，将环境成本内部化的工作整体进展缓慢，市场机制在污染防治、生态保护和资源配置中的作用没有得到充分发挥，企业节能减排的内生性动力仍然不足。二是以环境保护优化经济发展的环境经济政策种类少、作用小，绿色贸易、绿色金融、绿色信贷等能够有效促进先进生产力跨越式发展的环境经济政策受重视不够、研究不深、实践不广。目前上述政策的应用基本仅停留在通过限制落后来倒逼污染治理和环保升级上，而对能够通过环保优化发展的鼓励先导类贸易、信贷和金融的环境经济政策的研究和应用还非常少。三是对环境经济政策政策效益的评估尚待深入，区别于传统的直接管制类政策，环境经济政策的作用对象界限不清晰、作用机理复杂、政策协同运用多，导致其政策效益较难评估。具体体现在，首先，缺乏对部分环境经济政策环境效益的评估，比如绿色信贷政策，对其效果的评估仅局限于"4万余条环境违法信息、7 000余条项目环评审批验收信息进入银行征信管理系统"；其次，缺乏对大部分环境经济政策经济效益的评估，各项环境经济政策减少了多少污染、减少了多少资源消耗等资源环境效益，相对来说较好估算，但是，其具体减轻了多少环境代价、取得了多少经济效益、相对备选的直接管制类政策的成本效益究竟如何，研究较少；最后，对环境经济政策效益的定量化评估，整体上进展缓慢。

第二节 "十一五"时期的三个转变①

"十一五"时期，党中央、国务院把环境保护摆上更加重要的战略位置。在2006年第六次全国环境保护大会上提出要加快实现三个转变：从重经济增长、轻环境保护转变为保护环境与经济增长并重，从环境保护滞后于经济发展转变为环境保护和经济发展同步，从主要用行政办法保护环境转变为综合运用法律、经济、技术和必要的行政办法解决环境问题，这是科学发展观在环境保护工作领域的具体体现，已经成为指导和加强新时期环境保护工作的方法论。

"三个转变"的提出，科学界定了环境保护和经济发展的关系，是我国环境保护理论和实践的伟大创新。建设生态文明，在保护环境中求发展，把环境保护视为重大民生问题，反映了党对人类发展规律、社会主义建设规律、执政规律、环境保护内在客观规律、经济发展和环境保护相互作用规律的新认识和再升华，初步满足了广大人民群众对环境保护的新期待和高要求，为确保我国社会经济又好又快发展、应对社会矛盾挑战、完成日益繁重的环境保护问题提供了思想保障。

一、"三个转变"的重要意义

加快推进"三个转变"，是第六次全国环境保护大会的标志性成果，具有举旗定向之功，从思想观念、工作思路、管理手段三个方面明确了"十一五"时

---

① 张平淡，牛海鹏，朱艳春．"十一五"："三个转变"引航中国环保新道路．环境经济，2011(10)：33-37.

期我国环境保护的核心举措。

从重经济增长、轻环境保护转变为保护环境与经济增长并重，深层次解决了思想观念问题，反映了我国经济和环境关系的根本性调整。很长一段时间以来，一些地方没有正确认识和处理好环境保护和经济发展的关系，高度重视经济发展，伴生了对环境保护的漠视、轻视和忽视，导致环境问题成为制约经济发展、损害群众健康、影响社会稳定的重要因素。提出"保护环境与经济增长并重"，就是致力于摆脱经济发展与环境保护"一条腿长、一条腿短"的窘境，就是要实现环境保护和经济发展"两手都要抓、两手都要硬"的形势，形成以保护环境优化经济的新局面，实现环境保护和经济发展的内在统一和外在融合。

从环境保护滞后于经济发展转变为环境保护和经济发展同步，在工作思路上指明了大方向。改革开放以来，我国把环境保护作为一项基本国策，环境保护工作也取得了积极成效，但"先污染后治理、边治理边污染"并不少见。提出"环境保护和经济发展同步"，就是要通过经济发展和环境保护的同步推进，做到不欠新账，多还旧账，通过规划前置、关口前移等切实可行的做法，就是要实现从事后治污到事前积极防范的转变，实现从治标到标本兼治的转变，实现从事后被动补救到全过程管理的转变。

从主要用行政办法保护环境转变为综合运用法律、经济、技术和必要的行政办法解决环境问题，这是从管理手段上落地实现。长期以来，环境保护被作为只有投入、没有产出的公益事业，主要依靠行政手段保护环境，结果严重制约着资源配置的水平和效率。提出"综合运用法律、经济、技术和必要的行政办法解决问题"，就是要改变以政府为单一主体、单位管理为主要载体、行政管理为主要办法、管控为主要目标的传统模式，最终形成以政府管理与社会推动和公众参与的良性互动格局，以单位管理和区域管理相结合、多种手段和工具综合运用、管理和服务相融合、有序规范的多元治理、共建、共享的新模式，从而构建与社会主义经济建设、政治建设、文化建设、社会建设相和谐的生态文明建设新方法、新体系和新道路。

加快推进"三个转变"是持续探索环保新道路的全新举措。只有加快推进"三个转变"，我们才有机会扭转较长时间以来存在的环境被动局面；只有加快推进"三个转变"，我们才能创造机遇，创新实现环境保护优化经济增长的历史机遇；只有加快推进"三个转变"，我们才能推进环境保护的历史性转变，才能实现环境保护工作的转折，最终走上环境保护的正确道路，实现环境保护工作的真正转型。

二、"三个转变"的基本特点

"十一五"的五年，是加快推进"三个转变"的五年。这五年，国家将主要污染物减排作为国民经济和社会发展规划的约束性指标，着力解决影响可持续发展和损害群众健康的突出环境问题，环境保护从认识到实践都发生了重要变化，环保事业蓬勃发展，环境质量持续改善，环保能力迅速增强，环保工作取得突破性进展。这些成绩的取得，在于实际工作中做到了"五个坚持"。

一是坚持以人为本、服务优先。环保问题是保障民生、改善民生的重大问题，实质就在于以人为本、环保为民，尊重、维护、保障人民群众的环境权益，实现好、维护好、发展好民众所期望的环境质量，着力解决损害群众健康的突出环境问题。在具体实践中，做到了依法管理、科学管理、人性化管理，给予企业以生态关怀，还进一步寓管理于服务当中，使人民群众的环境权益得到保障、环境安全得到基本保证、环境质量得到逐步改善。

二是坚持多方参与、共同治理。我国环保问题具有明显的阶段性特征，过去、现在和未来很长一段时间，都要充分发挥政府的主导作用，在此基础上，"十一五"时期还建起了最广泛的环保统一战线，动员、团结、凝聚各种社会力量，大力发挥多元主体的协同、自治、自律、互律作用，切实加强环保宣传和公众环保意识培育工作，形成环境保护的合力，共同建设，共同推进环保事业的发展。

三是坚持统筹兼顾、动态协调。加快推进"三个转变"，必须注重统筹兼顾，"十一五"时期努力做到了准确反映各个层次、各个方面、各个阶段的矛盾和诉求，遵循规律，把握关键，既要从国家宏观层面解决环境问题，又要动态协调环境的刚性、利益的柔性、新问题的弹性之间的对立统一；既要"左顾右盼"，又要"瞻前顾后"；既要考虑城乡一体，又要兼顾大局与细节；在前进中发展，在发展中前进，从而实现了环境保护工作的总体提升。

四是坚持规范有序、活力激发。针对我国环境问题的结构型、复合型、压缩型等特征，"十一五"时期我国推行了最严肃的生态环境保护制度、最严格的环境保护政策、最严密的环境执法行为，全面保障环境保护工作的扎实、规范、有序运行，与此同时，多渠道、多源头、多方式为环保工作注入活力，各部门、各地区、各方面不断涌现创新的环保工作措施和方法，全面提升了全社会的环境保护活力。

五是坚持立足国情、改革创新。解决我国的环境问题，必须立足国情，必须积极探索代价小、效益好、排放低、可持续的环保新道路。在"十一五"时期，充分发挥了社会主义制度的优越性和政治优势，各级党委、政府和广大领导干部的环境责任意识明显增强，切实把环境保护放在全局工作的突出位置；充分发挥了传统文化的精华，倡导绿色消费和绿色文明；全面借鉴国外先进经验，全面吸收历史经验，特别是最近三十多年我国环境保护的积极探索，在推进环保事业中贯穿改革之神之魂，为两型社会建设提供不竭动力。

三、"三个转变"的主要成果

"十一五"时期，中国环境保护取得了重大进展，治污减排的约束性任务提前超额完成，流域治理取得初步成效，生态建设加快推进，环境基础设施显著改善，这直接受益于"三个转变"的加快推进。全面来看，"十一五"时期我国环保工作在七个方面取得了突破。

一是工作指导方针的发展与丰富。在"三个转变"之后，我国环保工作指导方针不断发展和丰富，"推进环境保护历史性转变""节能减排是转方式调结构的重要抓手""让江河湖泊休养生息""环境保护是重要民生问题""探索环境保护新道路""建设生态文明"等层层推进，新思想、新观点、新模式为我国环保工作的发展提供了坚实的思想武器。

二是环境管理能力全面提高，建立了先进的环境监测预警体系、完备的执法监督体系、相对完善的环保法规体系。"立法是依据，执法是关键，监督是保证，监测是基础"，既是经验，更是实践。我国环保法规不断完善，《中华人民共和国水污染防治法》修订颁布，《中华人民共和国大气污染防治法》颁布实施，《中华人民共和国循环经济促进法》制定实施，《规划环境影响评价条例》《废弃电器电子产品回收处理管理条例》等7项环境保护行政法规相继出台，《节能减排综合性工作方案》《中国应对气候变化国家方案》等法规性文件先后发布。先进的环境监测预警体系已经建成，完善了全国环境质量监测和污染源监督性监测网络，形成了科学的网络运行机制和信息发布机制，提高了常规监测能力和应急监测能力，环境监察标准化建设稳步推进。完备的执法监督体系正在发挥强大作用，五年来，全国共出动执法人员1 100余万人次，查处环境违法企业14万多家次，取缔关闭违法排污企业2万多家，严厉打击了环境违法行为。

三是全防全控的防范体系初步建成。"十一五"期间我国建立起了全面覆盖经济社会发展的环境保护体系，推进清洁生产，发展循环经济，对传统产业实行生态化技术改造，从生产源头和全过程减轻环境污染。第一次全国污染源普查胜利完成，调查工业源、农业源、生活源和集中式污染治理设施4大类普查对象592万多个，建立了污染源信息数据库，查清了主要污染物产生、处理和排放情况，掌握了农业源污染物排放情况，摸清了有毒有害污染物区域分布。水专项成果显然，水污染防治取得重大突破。"十一五"期间，地表水国控监测断面劣Ⅴ类水质断面比例降低 5.3 个百分点，七大水系Ⅰ～Ⅲ类水质断面比例提高 18.6 个百分点，基本满足群众的饮用水安全。区域空气联防联控机制深入探索，重点城市空气质量明显改善，95.6％的重点城市空气质量优良天数超过 292 天，比 2005 年提高了 27.1 个百分点。重金属污染防治取得新进展，继 2008 年妥善处置多起密集发生的重金属、类金属污染事件后，联合多部门开展重金属污染企业专项检查，有力遏制了重金属污染事件高发态势。核能与核技术利用安全状况良好，放射性污染防治工作稳步开展，高风险污染源逐步得到控制，全国辐射环境质量状况保持良好。农村环境保护全面推进，生态保护深入开展，"十一五"期间全国新建各类自然保护区 192 处。

四是环境经济政策的作用日益显现，环境基础设施建设突飞猛进。"十一五"期间，环境保护主动参与国家宏观调控，环境保护优化经济增长的综合作用日益显现。燃煤电厂脱硫实行每度电 1.5 分钱的加价政策，直接推动了燃煤电厂脱硫装机容量的快速提升。到"十一五"时期末，全国累计建成运行燃煤电厂脱硫设施 5.32 亿千瓦，火电脱硫机组装机容量比例从 2005 年的 12％提高到 82.6％，电力行业 30 万千瓦以上火电机组占火电装机容量的比重从 2005 年的 47％提高到 70％以上。生态补偿机制、"双高"（高污染、高环境风险）产品名录、排污费征收、环评审批验收信息进入银行征信管理系统、环境污染责任保险产品、政府绿色采购等发挥的作用越来越大，排污权交易、生态补偿试点走向深入。全国环境基础设施建设突飞猛进，"十一五"期间累计新增城市污水日处理能力超过 6 000 万立方米，城市污水日处理能力达到 1.25 亿立方米，城市污水处理率由 2005 年的 52％提高到 75％以上。

五是建立了相对完善的环境法规政策标准体系。规划环评、战略环评、项目环评等环评制度落到实处。"十一五"期间，对不符合要求的 813 个项目环评文件做出不予受理、不予审批或暂缓审批等决定，涉及投资超过 2.9 万亿元，给"两高一资"、低水平重复建设和产能过剩项目设置了不可逾越的"防火墙"。在工程建设领域突出环保问题专项治理工作中，各级环保部门共组织排查了 11.8 万个建设项目，发现问题 1.6 万个，已整改 10 400 多个。多次采取"区域限批"及"行业限批"措施，有效遏制了环境违法行为。与此同时，国家环保标准的数量以每年 100 项的速度递增，填补了声环境质量标准的空白，完成了 60 余项重点行业污染物排放标准的制修订，开展了 1 050 项国家环保标准的制修订工作。现行国家环保标准达 1 300 项，比"十五"期间新增 502 项。

六是减排责任考核得到落实。"十一五"时期国家把主要污染物减排目标纳入国家社会经济发展的约束性指标，通过签订目标责任书逐一分解落实到各省级政府和6家电力集团公司，各省级政府又将减排指标、减排工程和减排措施分解落实到地市和重点排污单位。创造性地提出淡化基数、算清增量、核实减量的原则，落实了环境影响评价制度、污染物排放总量控制制度、环境目标责任制等三项制度，摸索出一整套核查核算的有效办法，建成了治污减排统计、监测和考核三大体系，强化结构减排、工程减排和管理减排措施，严格考核问责，形成上下联动、左右协同的治污减排工作模式。

七是妥善应对突发环境事件、圆满完成特大自然灾害环境应急处置和重大活动的环境质量保障任务。"十一五"期间，国内及周边都出现了一些突发环境事件，无论是松花江重大水环境污染事件、重金属类金属污染事件，还是朝核试验、日本核电泄漏辐射应急监测和分析，都能迅速构建应急体系，妥善应对，环境应急体制机制日益完善。在汶川地震、玉树地震和舟曲特大山洪泥石流灾害等特大自然灾害发生之后，应急监测科学快捷，有效防范了次生环境灾害。积极推进大气污染联防联控机制，确保北京奥运会、上海世博会、广州亚运会等重大活动的空气质量保障任务。

第三节 在发展中保护，在保护中发展

我国人口总量持续增长，工业化、城镇化快速推进，能源消费总量不断上升，污染物产生量继续增加，人民群众的环境诉求不断提升，突发环境事件数量居高不下，环境总体恶化的趋势尚未根本改变，形势依然严峻，压力还在加大，如何实现环境保护与经济发展的相互协调、相互促进呢？坚持在发展中保护、在保护中发展，积极探索环境保护新道路，这是第七次全国环境保护大会所给出的全面、清晰和完整的回答，《国家环境保护"十二五"规划》在此基础上进一步明确了环境保护工作的主要任务和重点工程。而且，在第七次全国环境保护大会召开之前，国务院发布了《关于加强环境保护重点工作的意见》（国发〔2011〕35号）。

一、《关于加强环境保护重点工作的意见》①

为深入贯彻落实科学发展观，加快推动经济发展方式转变，提高生态文明

---

① 张平淡，牛海鹏．如何看待国环十六条．中国发展观察，2012（2）：33-35．

建设水平，在第七次全国环境保护大会召开之前，国务院发布了《关于加强环境保护重点工作的意见》，全文 5 000 余字，共 16 条（故简称为"国环 16 条"），全面汇集了新形势下我国环境保护的国家意志，是指导全国环保工作的纲领性文件，有四个主要特点：

一是举重若轻。"国环 16 条"具有鲜明的时代特征，肯定、坚持和发扬了已有的成功经验和有效做法，深化、提炼、升华了对环保工作的认识，其核心主旨是"积极探索代价小、效益好、排放低、可持续的环境保护新道路"，根本动力是"以改革创新为动力"，目标指向是"推进环境保护历史性转变"，前提条件是"不断增强环境保护能力"，基本保障是"健全环境管理体制和工作机制"，基本要求是"强化对环境保护工作的领导和考核"，基本做法是建设六大体系，即与我国国情相适应的环境保护宏观战略体系、全面高效的污染防治体系、健全的环境质量评价体系、完善的环境保护法规政策和科技标准体系、完备的环境管理和执法监督体系、全民参与的社会行动体系。

二是有的放矢。"继续加强主要污染物总量减排"仍然是当前及今后一段时期的中心任务。长期内我国经济发展速度仍将处于高位，短期内我国能源消费结构还无法根本性扭转，因此，改善环境质量、提升生态文明建设水平的基本表现就是"特征污染物排放总量控制"，为此，需要设置前提条件，划定生态红线，构筑法律保障，发展环保产业。设置前提条件就是"把主要污染物排放总量控制指标作为新改扩建项目环境影响评价审批的前置条件"，继续严格执行环境影响评价制度这一成功做法。划定生态红线就是"编制环境功能区划，在重要生态功能区、陆地和海洋生态环境敏感区、脆弱区等区域划定生态红线"，从而可以对各类主体功能区进行分类管理，分别制定相应的环境标准和环境政策来加大生态保护力度。构筑法律保障就是要全面构建环境法律法规框架，需要"抓紧推动制定和修订相关法律法规"，需要"健全执法程序，规范执法行为，建立执法责任制"，从而为环境保护提供更加完备、有效的法制保障。发展环保产业的重点就是"加大政策扶持力度"，运用先进技术来推动传统产业的环保化发展。

三是抓大放小。践行科学发展观，落实以人为本，在环保领域就是要着力解决影响科学发展和损害群众健康的突出环境问题。重金属污染防治主要是做好集中治理和合理调整，要"对重点防控的重金属污染地区、行业和企业进行集中治理"，要"合理调整涉重金属企业布局，严格落实卫生防护距离，坚决禁止在重点防控区域新改扩建增加重金属污染物排放总量的项目"。化学品环境管理要从"科学规划和合理布局"入手，关键是"提高化学品生产的环境准入条件和建设标准"，出路是"推行工业产品生态设计"。要继续深化重点领域的污染综合防治，水污染综合防治的范围要从地表深入到地下，大气污染综合防治的标准要逐步提高。农村环保要推行"农村环境综合整治目标责任制"，重点治理农村土壤和饮用水水源地污染。"以运行核设施为监管重点，强化对新建、扩建核设施的安全审查和评估，推进老旧核设施退役和放射性废物治理"来确保核与辐射安全。

四是均衡统筹。在战略上要均衡统筹环境保护和经济社会发展、环境政策和经济政策的关系，做到"在发展中保护，在保护中发展"；在宏观上要均衡统筹环境基本公共服务的覆盖，要"把环境保护列入各级财政年度预算并逐步增加投入"，要"完善中央财政转移支付制度，加大对中西部地区、民族自治地方和重点生态功能区环境保护的转移支付力度"；在策略上要均衡统筹治理与风险防范的同步，要"完善以预防为主的环境风险管理制度"，有效防范环境风险和妥善处置突发环境事件；在工作上要均衡统筹公众参与对国家环保意志的支撑，在环境影响评价过程中要"充分征求社会公众意见"，在加强环境保护能力中要"培育壮大环保志愿者队伍"。

总体而言，我国环境状况是局部有所改善、总体尚未遏制、形势依然严峻、压力继续加大，环境压力比世界上任何国家都大，环境资源问题比任何国家都突出，解决起来比任何国家都困难。"十二五"时期我国的环保工作，任还重道尚远，主要应把握以下三点：

一是抓住难点，即正确处理环境保护与经济发展的关系。当下的资源挑战和环境压力，就是没有完全处理好环境保护与经济发展之间关系的后果。积极探索环保新道路，就是致力于正确处理环境保护与经济发展的关系。近年的环保事业发展，基本做到了环境质量不退化、环境问题不恶化，今后几年乃至更长时期，要把环境保护全面融入经济社会发展全局，要坚持环境保护与经济发展相协调，积极参与宏观调控，主动服务经济发展大局，以环境容量优化区域布局，以环境管理优化产业结构，以环境成本优化增长方式，推动绿色发展、安全发展。要构筑有效防范环境污染和资源环境损耗的重要防线，在群众要求、条件允许的情况下可以考虑经济增长让步于环境保护，以尽可能小的环境代价支撑更大规模的经济活动，不断推动经济社会可持续发展，提高生态文明建设水平。

二是应对热点，即完成《国家环境保护"十二五"规划》确定的减排目标。就我国目前的环境与经济发展状况而言，治污减排既是攻坚战，又是持久战。《国家环境保护"十二五"规划》确定的减排指标增多了，减排潜力却减少了，因此，"国环 16 条"创造性地提出了许多有效措施，如"把主要污染物排放总量控制指标作为新改扩建项目环境影响评价审批的前置条件""完善减排统计、监测和考核体系，鼓励各地区实施特征污染物排放总量控制""提高重点行业环境准入和排放标准""在大气污染联防联控重点区域开展煤炭消费总量控制试点"，等等。这些措施既强化了减排指标的约束作用，又为各地区下一阶段减排工作的开展指明了方向；既有"十一五"时期成功经验的延续和发展，也有新形势、新条件下的政策制度创新。

三是突破重点，即着力解决影响科学发展和损害群众健康的突出环境问题，从严控制"两高一资"、低水平重复建设和产能过剩建设项目，优先解决重金属污染、持久性有机污染物和土壤污染问题。为此，"国环16条"在具体措施方面提出了24个"加强"、11个"强化"；在具体方法上提出了7个"总量控制"、2个"禁止"、2个标准"提高"；在具体手段上提出了13个"责任"、1个"问责"、4个"追究"；在执行细节上下了真功夫，加大了工作力度。

二、践行"在发展中保护、在保护中发展"①

"在发展中保护，在保护中发展，积极探索环境保护新道路"是新形势、新起点下正确认识环境保护和经济发展相互关系的基本要旨，在实践中要牢牢把握、不懈坚持以下五个基本方面。

其一，基本原则是明确环境是重要的发展资源，良好环境本身就是稀缺资源。发展离不开劳动资源、资金资源和技术创新，除此之外，可持续发展还离不开良好的生态环境。考虑到环境状况与人的健康状况息息相关，国家和政府要勇于承担环境保护责任，要采取最严格的环保制度、最先进的环境准入标准、最严厉的执法尺度，确保"生态红线"不逾越、环境基本公共服务底线不突破。

其二，长效机制是进一步完善环境经济政策、充分发挥市场机制的作用。环境是资源，环境问题的背后是资源问题，是资源过度消耗的问题；环境、环保的本质是发展，环境问题本质上首要的是发展方式问题；也就是说，企业是环境保护的主体，要进一步充分发挥市场机制的作用来统筹发展和环保，进一步推进环境经济政策进入再生产全过程，充分发挥环保投入的带动作用，充分发挥"以奖促保"、"以奖促治"、"以奖代补"、绿色证券等的先导作用，充分发挥环境资源价格的调节作用，充分发挥脱硫脱硝电价等的促进作用，充分发挥生态补偿的扩容作用，充分发挥排污权交易的倒逼作用等。

其三，关键环节是环境质量改善。基本的环境质量是一种公共产品，是政

---

① 张平淡，牛海鹏，徐毅. 向环境保护和经济发展的相互融合大步迈进. 环境保护，2012（4）：36-37.

府必须确保的公共服务。环境质量稳定并有改善是环境保护和经济发展相互融合的直观感受，要围绕推进环境基本公共服务均等化和改善环境质量状况，完善一般性转移支付制度，加大对国家重点生态功能区、中西部地区和民族自治地方环境保护的转移支付力度。

其四，新的增长点是大力发展节能环保产业。新形势下环保更需要大投资、大投入，这就是扩内需；发展节能环保产业就是构建资源节约、环境友好的国民经济体系，因此，要大力发展节能环保产业，加强科技支撑，迅速提高环保产业化水平，环保产业的工业增加值要超过环保投入，与此同时，促进传统产业的环保化，使创新产出大于治理投入。

其五，共同愿景是实现经济效益、社会效益、资源环境效益的多赢。强化倒逼机制，进一步提高企业的环境准入门槛，促进企业环保投入进一步加大，确保单位产品污染物排放量进一步降低。丰富先导机制，继续执行差别化产业政策，促进消费模式的改进，微观上要确保节能环保能帮助企业增效，形成正激励；宏观上要能够确保环保投入的经济效益，实现正循环。

三、新时期的环境经济政策[①]

在认清国情、妥处世情的基础上，七次环保大会制定了"在发展中保护、在保护中发展"的总基调，提出了"积极探索代价小、效益好、排放低、可持续的环保新道路"的总要求，指导"十二五"时期环保工作的开展。七次环保大会为新时期、新形势下的环保工作提出了更高的要求，同时也为连接环境政策与经济政策、全面协调发展与保护关系的环境经济政策的研究制定，赋予了新任务、提供了新机遇，具体来讲，从宏观、中观和微观三个层面提出了明确的任务和要求。

一是要从宏观层面研究制定覆盖再生产全过程的环境经济政策。针对经济活动的"生产、流通、分配、消费"等环节均存在环境污染的现象，应有针对性地设计研究相关政策手段从而建立覆盖整个经济活动的环境经济政策体系。影响企业生产环节的环境经济政策主要有绿色信贷、绿色保险、环境财政、环境税/费政策，其中，来自金融机构的资金是企业生产活动得以维持的根本，因而绿色金融政策会直接影响企业的生存；环境税/费政策一方面通过惩罚性手段使得外部性内部化，增加企业生产成本，另一方面通过优惠政策来激励企业改

---

① 李晓亮，张平淡，牛海鹏，徐毅. 以探索环保新道路为实践主体的中国环境经济政策体系. 环境保护，2012 (5)：43-46.

善自身环境行为，降低企业生产成本；而环境财政政策通常为激励性政策，通过补贴或转移支付的形式来降低企业生产成本。影响商品消费环节的环境经济政策主要包括绿色采购政策、环境标志产品认证政策、环境税/费政策和信息公开政策，上述政策主要是需求侧管理，其中，绿色采购、环境标志产品认证和信息公开政策可直接引导各消费主体选择环境绩效较好的厂家生产的商品或本身环境污染较轻的商品，而环境税/费政策通过增加或降低消费者的消费成本，引导绿色消费。而环境污染责任保险制度可有效降低生产、流通、消费环节的环境污染事故发生的风险。绿色贸易政策旨在抑制"两高一资"产品的出口，可以鼓励生产过程中污染轻、生态影响小的产品的出口，从有针对性地抑制和鼓励国外消费的角度，引导和倒逼国内环保升级。上述多环节、多层面、多角度且各有侧重的环境经济政策，为达到刺激内需、调整经济结构、提高发展质量的政策目标，从"经济增长、结构调整、民生改善"这个聚集点和连接点，直接提供了灵活、有效的备选政策工具组合。

二是从中观层面研究制定针对特定区域和行业的环境经济政策。针对重点行业和重点区域的环境问题有针对性地制定政策、开展工作，就是牵住了环保工作的"牛鼻子"。电力行业和钢铁行业是典型的高硫、高氮行业，二者的二氧化硫和氮氧化物排放量占工业排放量的60%左右，造纸行业和印染行业的化学需氧量和氨氮占工业排放量的40%左右，控制住了四个行业的排放总量，就为总量减排目标的实现提供了重要保障。同时，我国的大气、地表水、地下水、重金属等污染，均呈现典型的区域化特征，如京津冀、长三角、珠三角等区域细粒子导致的灰霾天气，湘江流域、"锰三角"等区域的重金属污染等。如果能够针对区域性的问题出台一些地区性的环境经济政策，或是将一些主要环境经济政策的试点选择在重点区域，将对区域性的环境质量改善起到巨大支撑作用。具体来讲，主要有针对重点行业和区域开展排污交易试点，针对重点行业深入开展差异对待、兼顾奖惩的绿色贸易和绿色信贷研究，在区别基本需求和非基本需求的基础上对电、水、气等涉及民生的资源产品实行有区别的价格政策，以及完善旨在维护区域间发展与环保机会公平均等的生态补偿和绿色财政政策等。而且，上述中观层面的环境经济政策，一方面是促进总量减排、质量改善和风险防范等环保重点工作的关键环节，同时也是促进环境基本公共服务均等化、保障和改善环境基本人权、更好地发挥环保在服务民生中的重要作用的政策保证。

三是从微观层面研究制定直接作用于企业的环境经济政策。直接运用价格、税收、财政、金融等经济调节手段，给予经济主体足够的激励，将环境问题内化到企业的决策过程中，成为其决策的变量，这样企业在做决策之前就会像考虑劳动力与资金成本一样，将所采取的行动作为一个决策因素，或是将保护环境本身作为一种可盈利的事业加以发展，从而实现经济发展与环境保护的双赢。具体来讲，该部分的环境经济政策主要包括资源定价、绿色税收、环保投资、绿色保险、绿色证券、排污收费等。这是为充分发挥市场机制在污染防治、生态保护和资源配置中的作用，催生企业节能减排的内生性动力而进行的资源环境改革的关键环节，是牵一发动全身的基本制度和根本措施。

总体来讲，在新时期，我们需要建立和完善低成本、高效益、广覆盖，与环保法律法规体系有效配合衔接，激励和约束并重的环境经济政策体系。充分发挥市场机制在污染防治、生态保护和资源配置中的基础作用，从宏观层面协调经济发展和环境保护，从中观层面引导和倒逼经济转型，从微观层面直接刺激企业等社会主体自觉开展节能减排。

四、新时期环境经济政策的基本框架

第七次环境保护大会对"十二五"时期环境经济政策的研究制定从宏观、中观和微观三个层面分别指明了方向、提出了要求，而《国家环境保护"十二五"规划》和国务院《关于加强环境保护重点工作的意见》等一系列重要文件则基于"污染者付费、开发者保护、利用者补偿、破坏者恢复"四项基本原则，围绕着"在发展中保护，在保护中发展"的主题和解决现阶段重大的环境问题的目标导向，分别提出了33项和27项"十二五"时期拟重点研究和应用的环境经济政策，明确布置了该时期环境经济政策研究制定的整体框架和重点任务，具体有：

（1）建立一个基本制度，即完善环境产权制度。从法律层面明确环境的稀缺资源地位，界定环境剩余容量用益物权的地位，为有效发挥环境对经济转型的倒逼作用，同时也为建立基于此的市场交易和环境金融创新等环境经济政策打下坚实的理论和实践基础。赋予地方政府环境产权和使用权的分配权力，通过排污许可证制度、排污权交易和生态补偿等手段，利用市场机制促进节能减排。

（2）完善一项根本措施，即建立全成本的资源定价机制。建立全面反映资源开发、污染治理、环境损害、生态恢复和安全生产成本的资源定价机制，运用价格杠杆调节资源的开发利用行为，收回开发和使用成本。

（3）构建一套基础方法，即环境经济政策效果综合预测与评估方法，结合未来国家环境经济政策研究制定领域的重大需求，采用多学科交叉理论与方法，运用先进的模型和计算机模拟技术，围绕环境经济形势分析与预测、环境经济政策的环境与经济效益模拟分析、多政策效果协同评估等重大方向，构建有效满足需求、辅助决策的环境经济政策效果综合预测与评估方法，为我国环境经济政策的研究制定提供强有力的技术支持。

就环境经济政策的框架和层次来说，宏观层面的覆盖再生产全过程的环境经济政策主要包括建立和完善绿色信贷制度等31项具体政策，中观层面的针对特定区域和行业的环境经济政策主要包括建立重金属排放等高环境风险企业强制保险制度等11项，微观层面的直接作用于企业和个体的环境经济政策主要包括对高耗水行业实行差别水价等11项。具体如表1-2所示。

表1-2　　　两个主要文件中环境经济政策相关内容对比分析

环境经济政策条目	《关于加强环境保护重点工作的意见》	《国家环境保护"十二五"规划》	所属类别*
绿色信贷	加大对符合要求的企业和项目的信贷支持	加大对符合要求的企业和项目的信贷支持	一
	建立企业环境行为信用评价制度	建立企业环境行为信用评价制度	一
		建立银行绿色评级制度	一
绿色保险	开展环境污染强制责任保险试点	建立重金属排放等高环境风险企业强制保险制度	一、二
其他绿色金融	上市企业环保核查	支持符合条件的环保企业发行债券或改制上市	一
	支持企业发债用于环境保护项目	鼓励符合条件的环保上市公司实施再融资	一
		探索排污权抵押融资模式	一
		建立财政投入与银行贷款、社会资金的组合使用模式	一
		鼓励符合条件的地方融资平台公司拓宽环境保护投融资渠道	一
价格政策	落实燃煤电厂烟气脱硫电价政策	落实燃煤电厂烟气脱硫电价政策	二、三
	制定燃煤电厂脱硝电价政策	制定燃煤电厂脱硝电价政策	二、三
	对高耗能、高污染行业实行差别电价	对非居民用水实行超额累进加价制度	三
	对污水处理、污泥无害化处理设施、非电力行业脱硫脱硝和垃圾处理设施等鼓励类企业实行电价优惠	对污水处理、污泥无害化处理设施、非电力行业脱硫脱硝和垃圾处理设施等鼓励类企业实行电价优惠	二、三

续前表

环境经济政策条目	《关于加强环境保护重点工作的意见》	《国家环境保护"十二五"规划》	所属类别*
价格政策	改革污泥、垃圾和医疗废物无害化处置的收费标准和征收方式	完善污水处理收费标准，满足处理设施运行和污泥无害化处置需求	二、三
		加大垃圾处理费征收力度，提高收费标准和财政补贴水平	二、三
		对高耗水行业实行差别水价	二、三
排污交易	推行排污许可证制度	各省在非重点区域内探索重金属排放量交易试点	一、二
	开展排污权有偿使用和交易试点	发展排污交易市场	一
	建立国家排污权交易中心		一
生态补偿	以奖促治和以奖代补政策	深化以奖促防、以奖促治、以奖代补等政策	一
	加大对重点生态功能区环保转移支付力度	中央财政加大对重点地区的支持力度	一、二
	生态补偿机制	生态补偿机制	一
	国家生态补偿专项资金	探索建立国家生态补偿专项资金	一
绿色财政	环保列入各级财政预算并逐增	环保列入各级财政预算并逐增	一
	增加同级环保能力建设经费安排	增加同级环保能力建设经费安排	一
	重点流域水污染防治专项资金		一、二
		地方政府要保障环保基本公共服务支出	一、二
		推行政府绿色采购	一
绿色贸易	对"双高"产品调整进出口关税	调整"双高"产品的进出口关税	一、三
环境税费	研究开征环境保护税		一、三
	生产符合要求的车用燃油的企业，消费税优惠		一、三
		完善排污收费制度	一、三
环保产业	环保产业发展基金	鼓励多渠道建立环保产业发展基金	一
		探索发展环保设备设施的融资租赁业务	一

续前表

环境经济政策条目	《关于加强环境保护重点工作的意见》	《国家环境保护"十二五"规划》	所属类别*
重要配套政策	制定和完善环境保护综合名录	制定和完善环境保护综合名录	一
其他	建立环境事故损害赔偿恢复机制	建立环境事故损害赔偿恢复机制	一
	可再生能源发电、余热发电和垃圾焚烧发电实行优先上网		一
		引导各类创业投资企业等社会资金增加对环保领域的投入	一

　　*所属类别分三类，分别为一、二、三类，分别对应宏观层面、中观层面和微观层面的环境经济政策。

五、十八届三中全会后的环保改革与发展①

　　党的十八大报告提出，要把生态文明建设放在突出地位，融入经济建设、政治建设、文化建设、社会建设各方面和全过程，努力建设美丽中国，实现中华民族永续发展。

　　十八届三中全会《中共中央关于全面深化改革若干重大问题的决定》（以下简称《决定》）中专设"加快生态文明制度建设"篇章，对环境保护改革与发展做出了科学的顶层设计和制度安排，提出了崭新的改革思路与发展模式、明晰的制度理念与制度框架，设计了系统整体、覆盖全面、功能齐备、结构协调、统分结合、充满活力的环境保护制度体系，新一届中央领导集体对加强环保工作不仅在认识上"高屋建瓴"，而且在举措上"点穴到位"。具体来讲，《决定》勾勒出了环境保护改革与发展的路线图，主要体现在九个方面：

　　一是从发展理念来看，要终结以牺牲结构和资源环境换取经济增长速度的模式。《决定》从理论认识和制度安排两个层面，深化和丰富了对发展的认识，破除了对GDP的盲目崇拜，摒弃了"一切为了增长，增长就是一切"的错误发展理念，不再把GDP作为评价考核工作的唯一指标，消除了官员晋升激励单一与政府全面职能间的矛盾，封死了以牺牲结构和资源环境换取经济增长速度的生存空间。

---

　　① 李晓亮，牛海鹏，张平淡. 从十八届三中全会决定"九看"环境保护改革与发展. 环境保护，2014（4）：24-27.

改革开放以来，我国经济以年均 9.9% 的速度增长，从一个贫困落后的国家顺利跨入中等收入国家行列，超越了历史上任何一个经济体所创造的发展奇迹。可是，经济高增长、环境高恶化的特征显著，污染事件频繁发生，当年西方国家"先污染后治理"的覆辙重蹈似乎在所难免。这与我国底子薄、科技落后等基础国情有关，也与我们对发展的内涵、本质与要求认识不足有关，更重要的是与片面追求增长速度的扭曲政绩观和相关制度安排有关。由于传统 GDP 的计算方式存在着未扣除资源消耗成本和环境退化成本的缺陷，"发展是硬道理"被片面甚至被肆意理解为"增长是硬道理"，因而"提高 GDP 是第一要务"，"不顾一切要增长"，在追求 GDP 规模扩大的刺激下，各地反复重演"冲向底部"锦标赛，不断降低投资门槛，引进高消耗、高污染项目，导致了生态系统与经济系统相逆向、同背离、齐异化。

破除唯 GDP 发展模式，关键在于破除针对 GDP 的"一刀切"式考核机制，尊重与突出发展的全面性、协调性和差异性。经济社会发展和现代化建设是由各种要素和环节构成的，是一个外部总量提升、内部结构优化的过程，不仅要关注经济规模增长，更应将资源消耗、环境损害、生态效益等指标纳入经济社会发展综合评价体系，并大幅增加考核权重，促进更全面、更健康和更均衡的发展。

二是从改革与发展的路径来看，要走一条靠体制改革、制度约束的新路。《决定》明确将靠体制改革、靠制度约束逐步、系统推进作为加强生态文明建设的指导思想、基本思路和基点前提，深刻反映了环境保护改革与发展的趋势和要求，回应了人民群众的期盼和关切，为在新的历史起点上全面深化改革、加强环境保护工作指明了方向。

近年来，环保工作力度加大，但生态环境仍不断走下坡路的惨痛教训表明，靠环境污染自动催生发展转型、靠个别地方或部门大胆突破、靠官员思想自觉实现断腕改革的零星探索，这样的环境保护老路是走不长、走不久、走不通的。生态文明建设是一场涉及生产方式、生活方式、思维方式和价值观念的革命性变革，必须依靠制度来整体、系统、有序推动变革，依靠制度规范和约束各个主体从而形成新的行为模式，使各主体各司其职、各就其位，集全社会力量建设生态文明。

当前，特别是要完善科学决策制度，提高各级决策者对环境保护的政治领导力；要强化法制，提高各类当事主体对环境保护法律法规的执行力；要形成道德文化制度，提高全社会对生态文明理念的行动力。要通过改革生态环境保护管理体制，通过完善生态文明制度体系，把党和政府全面深化改革、推进现代化建设的决心和力度与人民群众享受蓝天碧水、建设宜居小康的愿望和干劲有机结合起来，形成强大合力，努力建设产业美、环境美、人居美、文化美、生活美的现代化城乡，构建人口、经济、社会、生态等协调发展的全面小康，建设生态文明的美丽中国。

三是从改革与发展的主题来看，要努力构建人与自然和谐发展的现代化建设新格局。人是发展的动力，也是发展的目的，人的发展更是社会历史进步的尺度。自然是经济社会发展和人全面自由发展的基础和保障。《决定》提出要推动形成人与自然和谐发展现代化建设新格局，从人类社会与生态系统的发展目标、发展互动和发展路径等对加强环境保护提出了具体要求，要达到人类经济社会发展与生态系统同向发展、和谐共生、互相促进、良性循环的终极目标。当前，人与自然的关系是经济社会发展和现代化建设所要厘清和阐明的首要基本问题，也正是生态文明建设所着力调节和理顺的重要课题，人与自然关系的紧密、融洽、同向和融合程度更是现代化进程的衡量标尺之一。

现代化建设需要环境保护提供动力。资源环境问题是我国经济社会发展所面临的重大短板、制约与瓶颈，如马斯洛需求理论所寓，越是向前发展，人们就会有越多、越高的期待，不仅要提高物质生活水平、追求精神生活的丰富，更希望生活的环境优美宜居，能喝上干净的水、呼吸上清新的空气、吃上安全放心的食品，正所谓"民之所望、施政所向"，现代化给环境保护提出了新的更高要求，也为环境保护提供了新的驱动力。

现代化建设需要环境保护指引路径与格局。我国要立足于国内实际，不能像发达国家那样立足于"污染转嫁"，要探索出一条绿色发展之路，需要弥合经济社会再生产与资源环境再生产两者间的矛盾，建立生态环境物质流与经济社会价值流之间的融合关系，为在人与自然和谐发展约束下推进人类自身发展、推动现代化建设、从根本上解决全人类与生态环境之间关系协调的难题做出历史性贡献。

四是从改革与发展主线来看，要在着力打造中国经济升级版进程中加强环境保护。打造中国经济升级版，就是打破对传统发展路径的依赖，推动经济发展质量和效益"上轨道"，从已有的不平衡、不协调、不可持续的发展轨道转换到新型的更加平衡、更加协调、可持续的发展轨道上，着力扭转与改变现有结构重、消耗高、排放多、循环少的经济结构、生产方式和消费模式。

环境问题本质上是发展方式、经济结构和消费模式问题，制约资源节约、影响环境友好的制度环境和个人行为中的绝大部分也产生和存在于经济系统。当前，我国传统污染问题尚未得到有效解决，新污染问题接踵而至，环境恶化的趋势尚未得到有效遏制，污染物排放拐点以及环境质量拐点均未出现，少数几项污染物排放指标下降并不意味着环境状况开始好转。环境问题的解决，仍需要回归到其原因之中探索解决之道。因此，中国经济升级版的成功打造、环境友好的国民经济体系、产业结构、生产方式和消费模式的成功构建，是生态文明和资源节约、环境友好型社会建设的标志性成果。

打造中国经济升级版的环境保护，就要大力发展绿色经济、循环经济和低碳经济，以生态环境容量和资源承载力作为发展的约束条件和内生要素，将资本、人力、技术和环境等诸要素组合、优化来促进经济发展与效率提升，逐步摒弃依靠要素投入型的粗放式增长方式，形成节约资源和环境友好的空间格局、产业结构、生产方式和生活方式，实现经济发展与环境保护的协同协调与双赢，使经济系统在创造财富和利润的同时，也不断创造生态盈余、积累生态资本。

五是从改革与发展的动力来看，提出要依靠市场这只"看不见的手"来助推环境保护。《决定》将推进国家治理体系和治理能力现代化作为全面深化改革的总目标，着力建设法治型、服务型、开放型政府，管住政府这只"闲不住的手"，使政府职能越位的归位、缺位的到位、错位的正位，真正成为规则的制定者、秩序的维护者和公平正义的守望者。环境保护既是关系国计民生、长远发展的基础领域，也是政府越位、缺位和错位现象多发的突出领域，更是提升治理能力、改善治理模式的关键领域。

处理好政府与市场的关系，是改革的核心，也是环保改革与发展需解决的重大问题。既要充分发挥政府调控作用，建立公平开放透明的市场规则，以弥补市场失效；更要充分发挥市场机制的决定性作用，通过明晰产权提高环境资源利用效率，利用市场机制低成本高效解决环境污染问题，彻底打破资源低价、环境廉价的体制根源与制度环境。

发挥市场对资源包括环境资源配置的基础性作用，要通过推进生态成本核算，加快自然资源及其产品价格改革，实行资源有偿使用和生态补偿制度等，全面反映市场供求、资源稀缺程度、生态环境损害成本和修复效益，充分体现环境容量资源的价格属性、生态保护的合理回报、生态投资的资本收益。通过推行节能量、碳排放权、排污权、水权交易制度，建立吸引社会资本投入生态环境保护的市场化机制，推行环境污染第三方治理等，更多地运用市场经济的手段来推进环境保护。

六是从处理环境保护与经济发展关系来看，要结合政府职能转变推进环保工作。发展仍是解决我国所有问题的关键，但迫切需要在环境与发展之间寻求新的平衡，摆脱过去那种经济决定环境的藩篱，走向环境决定经济的新轨。不管经济如何增长，不管如何降低能耗和排放量，都必须以生态承载力为依据。

现阶段，我国环保工作处于从企稳求进、筑基有为向稳中有进、强基向好转换的阶段，面对严峻的环境问题，一些地方政府仍然缺乏紧迫感与积极性。事实上，当 GDP 增长仍在一些人心目中占据主导地位的时候，环境安全往往被抛诸脑后，一旦出现问题，要么处罚企业，要么撤换环保局长，而淡化甚至忽略自己的责任。没有严格的问责标准，没有严厉的执行手段，地方政府必然存在侥幸心理。《决定》第一次将环境保护纳入地方政府职能范畴，明确了地方政府在生态环境保护中的角色与职能。

结合政府职能转变推进环保工作，就要完善科学决策制度，提高对建设生态文明的政治领导力，改革党政干部考核评价任用制度，加大对各级党政领导者环保工作的问责力度，特别是把环保工作实绩作为任用干部的依据。更为基础的是，还要推动形成道德文化制度，提高全社会保护环境的自觉行动能力，需要将环境保护观纳入社会主义核心价值体系，强化企业的社会责任感和荣誉感，弘扬保护环境为荣的道德风气，培育公众的现代环境公益意识和环境权利意识，逐步形成"利益相关、匹夫有责"的社会主流风气。

七是从工作思路和方法来看，要整体推进和重点突破。《决定》既注重若干基础性、长效性制度的逐步构建与完善，如自然资源产权制度及以该制度为基础的一系列资产化、市场化的管理制度，同时，又针对我国现有资源环境管理制度体系中的重大问题和关键欠缺，直接指明了重点制度建设与完善工作。

要加强统一监管体制建设。生态文明建设必须尊重顺应自然生态规律，而生态系统具有整体性、系统性等特点，所以不能用孤立、割裂的观点来推进环保工作。在现有体制中，生态、环境、资源管理权限分散在过多的部门中，既阻碍了相关资源的科学有效配置，也不利于开展统一协调和监督管理，降低了市场和政府两方面的效率。《决定》提出了要改革生态文明体制，加强统一监管，建立生态文明建设的顶层设计和决策部门，促进环境与发展的综合决策机制，改善环境要素综合保护与自然生态系统管理的关系，明晰相关部门的生态保护责任与职能分工关系，加强协调与合作，理顺管理体制。

要建立和完善严格监管所有污染物排放的环境保护管理制度。一方面，我国目前环境管理主要是针对常规综合理化污染物指标的监督管理，缺乏针对毒性污染物的精细化管理；另一方面，环境问题与污染现象内嵌于经济社会发展全过程、各方面，具有产排污主体多、节点多、来源多、原因多、因子多、差异大、波动大、问题种类多、链条长、耦合复杂等原因与特点，导致监督监管难度极大。《决定》明确提出要"建立和完善严格监管所有污染物排放的环境保护管理制度",实现环境管理政策对污染行业、污染行为和污染物的全覆盖以及精细化管理,切实建立基于环境健康的环境管理体系。

八是从融入经济社会发展主战场来看,提出要以环境保护优化新型城镇化健康发展。城镇化最有希望的,也最是短板的就是环境保护。《决定》提出推进以人为核心的城镇化,中央城镇化工作会议进一步提出在城镇化过程中要"坚持绿色循环低碳发展",切实将资源节约、生态安全、环境容量、开发强度、人的感受等作为城镇化的出发基点、约束条件及目标导向,走出有中国特色的城乡生态文明一体化、协同化发展的新型城镇化道路。

走中国特色新型城镇化道路,需要推动产业和城镇融合发展。要坚持以生态文明的理念建立空间规划体系,科学划定生产、生活、生态空间开发管制界限,落实用途管制,划定生态红线,统筹城乡人口、资源、环境以及产业成长、基础设施、公共服务等协调发展。要将生态文明的理念渗透到传统产业的转型、升级、改造中去,渗透到新兴产业的研发、建设、发展中去,走集约、环保、节能、生态的产业与城镇融合发展新路,既要防止出现"睡城""空城",也不能造成"垃圾围城""雾霾罩城"。

走中国特色新型城镇化道路,需要促进城镇化和新农村建设协调推进。当前,应该更加重视农村地区环境保护,用生态文明的理念来发展现代农业、培育新型农民、建设新农村。特别是要通过构建资源节约、环境友好的农业生产体系,提升农业的经济、社会和生态效益,发展"美丽产业",激活"美丽经济",建设"美丽新农村"。

九是从制度保障体系建设来看,要建立"源头严防、过程严管、后果严惩"的生态文明制度体系。西方国家经历过环境污染历史,其环境拐点或源自对法规的严格执行,或来自民间频发的环境诉讼,有时也可以来自资源能源价格的大幅度调整。但这样的动力来源代价过高,波动太大,在我国又是欠缺的。《决定》从源头、过程、后果的全过程,按照"源头严防、过程严管、后果严惩"的思路,针对政府决策、国土开发、企业运营等市场经济中所有相关主体的主要行为,设计提出了在关键节点、主要环节实施全程管控、精准调控的环境保护制度框架体系,旨在将生态文明的思维方式和行为模式灌输和拓展到经济社会发展的各方面和全过程,在拓展制度覆盖面、增强制度威慑力的同时,也特别注重明晰制度间的具体分工和增强理顺内在逻辑关系。

一方面,从生态环境的本质特征来看,环境是一个由多重要素组成、受多种因素影响的复杂的巨系统,同时,环境问题产生于经济社会发展的各方面和全过程,即环境系统与经济社会系统深度耦合,呈现现象多样、来源复杂、主体繁多等特点。另一方面，我国污染形势呈现结构型、压缩型和复合型的复杂特征，更使得仅针对少数的、现阶段表现突出的资源环境问题，实施相对孤立、单一的对策、手段，无法从根本上全面有效解决资源环境问题，必须建立全面系统、针对性强的制度体系和长效机制，全面增强制度的覆盖面和针对性，优化制度间的内在逻辑与分工协同，针对所有主体、关键环节、主要行为进行协同有效的"防、管、惩"，整体系统而又分工明确地推进生态文明建设。

完善环境保护制度框架，需要统筹考虑和完善新制度与现有制度，从而形成制度合力，还需要明确部门职责分工，进一步明确环保、林业、农业等部门的生态文明职责与任务，加强统一和协调，增进部门间的协调性，形成有效合作联动机制。建立环境与发展综合决策机制、参与机制、监督机制、考评机制、技术创新机制并理顺行政管理体制，形成经济发展与资源环境保护的良性互动关系。

《决定》以更高的层面、更广的视野审视环保工作，既加强完善了环保制度的顶层设计，又切实指明了改革推进的目标、方向、路径和重点，为环境保护的改革与发展提供了重要机遇。我们要以克服制约环境保护的制度性桎梏为突破口，以环保领域重大战略任务为切入点，以基础性、根本性重大制度与政策构建完善为主攻方向，系统筹划与精心设计环境保护改革与发展任务，通过全面深化改革，促进生态文明建设的提质增效，为实现中华民族伟大复兴的"中国梦"和建设"美丽中国"提供长效机制与制度保障。

第　二　章

环境质量与经济增长

自 20 世纪 60 年代开始，随着地球上的资源存量锐减和人类生存环境的恶化，特别是发达资本主义国家出现了震惊世界的环境公害事件，环境问题越来越受到普通民众、政府以及学者的关注。人们辩论环境质量与经济增长的关系并转向对于环境问题的关注。

目前，在学术界主要存在着三种观点。第一种观点认为，由于资源有限性在本质上无法改变，如果不合理地开发利用，对它的消耗超过其更新能力和更新速度，资源就会由于得不到恢复而受到破坏，直至从地球上消失，并且经济增长必然使环境污染加剧，所以经济增长与环境之间是此消彼长的矛盾关系。

1972 年，以 Meadows 为首的罗马俱乐部一些经济学家发表了名为《增长的极限》的报告。该报告以 1900—1970 年的历史数据为依据，采用系统动态模型进行模拟研究，得出结论：影响经济增长的五个因素（人口增长、粮食供应、资本投资、环境污染和资源耗竭）呈指数增长，会导致不可再生资源短缺，100 年后将出现经济增长的停滞，技术进步只能缓解人口和工业增长达到极限的时间，不能消除增长的最终极限；"世界体系的基本行为方式是人口和资本的指数增长和随后的崩溃"；他们认为应实现"零增长"，才能避免世界体系崩溃。该报告的发表引发了经济学家对因环境恶化造成经济增长极限的辩论和研究。Meadows（1972）、Cleveland（1984）、Arrow（1995）等经济学家认为，经济增长与环境资源的关系是此消彼长的关系。选择了资源环境保护就必须以牺牲经济增长为代价；反之，选择经济增长就必须牺牲资源和环境，两者不可兼得。这种关系若用几何图形表示，就类似于 GE 曲线（见图 2-1）。[①] 它表明经济增长越快，资源环境存量就越低，而对资源环境存量要求越高，就越不可能有高速的经济增长。

尽管《增长的极限》中的观点带有片面性和悲观性，但它所提出的资源供给和环境容量无法满足外延式经济增长模式的观点引起了全世界的极大关注。可以说它是人类对现代高生产、高消费、高排放经济增长模式的首次反思。它的论证为后来的环境保护与可持续发展的理论奠定了基础，是经济增长研究史上的一座里程碑。

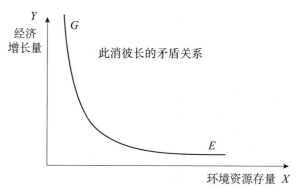

图 2-1　经济增长与资源环境存量关系图

20 世纪 80 年代末和 90 年代初，可持续发展的概念被提出。其重要标志是1987 年布伦特兰（Brundtland）夫人代表世界环境与发展委员会提交的联合国大会主题报告《我们共同的未来》、1992 年世界银行发表的世界发展报告《发展与环境》以及 1992 年在巴西里约热内卢召开的联合国环境与发展国家首脑会议上通过的《21 世纪议程》。这些报告的发表引发了经济学家对经济与环境协调发展条件的研究和讨论。与可持续发展的思想类似，第二种观点认为，人类在今后的生产实践中会依靠科学发展和技术发明，不断发掘新的可替代资源，也会开发出依靠过去所不能开发的储量丰富的资源，环境污染问题也会因技术进步和经济发展而得到改善，经济增长对环境有益，二者之间是相互促进的和谐关系。

到 20 世纪 90 年代以后，不少学者就开始定量研究环境与经济之间的关系。

---

① 潘家华. 持续发展途径的经济学分析. 北京：中国人民大学出版社，1997.

环境库兹涅茨曲线（Environmental Kuznets Curve，EKC）就是其中的一个研究模式。第三种观点就是环境库兹涅茨曲线假说（简称"EKC 假说"）。该假说认为，在经济增长过程中，环境存在着先恶化再改善的过程。

环境库兹涅茨曲线假说由普林斯顿大学的 Gene Grossman 和 Alan Krueger 在 20 世纪 90 年代初提出。他们研究了 66 个国家不同地区内 14 种空气污染和水污染物质的变动情况，发现大多数污染物质的变动趋势与人均国民收入水平的变动趋势间呈倒 U 形关系，即污染程度随人均收入增长先增加、后下降。污染程度的峰值大约位于中等收入水平阶段。据此，他们在 1993 年发表的文章中提出了环境库兹涅茨曲线假说。其含义是：当一国经济发展水平较低时环境污染较轻，但其恶化程度随经济增长而加剧，当该国经济发展达到一定水平后，环境质量会逐渐改善。他们试图以此研究模式来说明，若存在一定的环境政策干预，一个国家的整体环境质量或污染水平随着经济增长和经济实力增强表现为先恶化后改善的趋势。同年，Panayotou 进一步证实了这一结论。自此以后，国际上环境经济学界的研究者们用大量的统计数据并利用模型来验证环境库兹涅茨曲线（Andreonia and Levinsonb，2001；Bartoszczuk et al.，2002；Ezzati et al.，2001；Giles and Mosk，2003；Hilton and Levinson，1998；Selden and Song，1994），发现这条曲线对于发达经济体和新兴工业化经济体在工业化时期都是普遍适用的，如美国、西欧、日本、韩国、新加坡等经济体的经验分析均符合倒 U 形环境库兹涅茨曲线的特征。

十多年以来，国内外学者对经济增长过程中环境质量的变化进行了大量的实证研究，取得了众多优秀成果。这些经济学家选用一些环境质量指标，用回归分析法研究这些指标随人均收入增长的变动情况。现有研究更多关注的只是经济增长能否不影响环境的可持续，普遍忽略了保持环境可持续对经济增长的影响，因此提出的政策建议几乎都集中在环境政策上。但是，多数的环境政策都会制约经济增长，在很多发展中国家，环境政策很难实施也正是因为这一原因。由于环境政策只是将天平由增长一边倾斜到了环境一边，现有研究将可持续经济增长简单地理解为经济系统和环境系统协调发展的一种状态，因此研究视角是静态的，没有分析经济增长与环境关系的动态变化，尤其是经济增长路径由不可持续转为可持续、由可持续转为不可持续的可能性及引起这种变化的内在机制。如果经济增长引起的环境恶化只是经济增长过程中的阶段性现象，那么使增长路径由不可持续转向可持续的最好方法就是推进经济增长。但如果经济系统和环境系统不具有自发的协调机制，实现可持续经济增长就必须依靠政府的政策。

目前 EKC 假说和 EKC 实证检验严重脱节，大多数 EKC 理论模型没有实证验证，EKC 实证研究没有理论依据，这不利于 EKC 研究的开展。有鉴于此，需要在理论研究和实践研究之间架起一座沟通的桥梁，使二者能够互相促进、共同发展。

第二节　环境质量与经济增长研究的核心问题

一、EKC 假说的简化式模型

EKC 假说的简化式模型只含一个方程，最常用的如：

$$y_{it} = \alpha + \beta_1 x_{it} + \beta_2 x_{it}^2 + \beta_3 x_{it}^3 + \beta_4 z_{it} + \varepsilon_{it} \tag{2—1}$$

式中，y 为环境退化变量，衡量环境压力，x 为人均收入，i 为国家，t 是时间，α 是常数，β_1、β_2、β_3、β_4 是系数，ε 是随机误差项，z 是由影响环境的其他变量构成的一个向量，包括技术、贸易、地理位置、人口密度及经济结构等影响因素。

选择不同的 β_1、β_2、β_3、β_4，将导致方程不同。

(a) $\beta_1 > 0$，$\beta_2 = \beta_3 = 0$，表示伴随着经济增长，环境质量急剧恶化。

(b) $\beta_1 < 0$，$\beta_2 = \beta_3 = 0$，表示经济增长与环境质量的关系是相互促进的和谐关系，伴随着经济增长，环境质量亦相应改善。

(c) $\beta_1 < 0$，$\beta_2 > 0$，$\beta_3 = 0$，表示经济增长与环境质量之间存在 U 形关系，是与环境库兹涅茨曲线完全相反的关系。

(d) $\beta_1 > 0$，$\beta_2 < 0$，$\beta_3 = 0$，表示经济增长与环境质量之间存在倒 U 形关系，是典型的环境库兹涅茨曲线，当经济发展到一定程度之后，经济增长将有利于环境质量的改善。

(e) $\beta_1 > 0$，$\beta_2 < 0$，$\beta_3 > 0$，表示经济增长与环境质量之间的关系是 N 形，在经济增长的一段时期内与倒 U 形关系相似，但经济发展到更高阶段时，环境质量会随着经济增长而恶化。

(f) $\beta_1 < 0$，$\beta_2 < 0$，$\beta_3 > 0$，表示经济增长与环境质量之间的关系为倒 N 形，在经济增长的早期，环境质量会改善，但经济增长到一定程度时，环境质量会恶化，随着经济的增长最后环境质量会改善。

(g) $\beta_1 = \beta_2 = \beta_3 = 0$，表示经济增长和环境质量之间没有联系。

由此，环境与经济有 7 种关系，如图 2-2 所示。

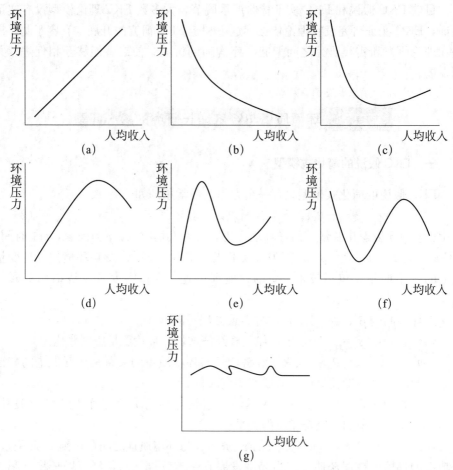

图 2-2　环境与经济的 7 种关系

在 EKC 研究中，环境质量指标通常包括二氧化硫（SO_2）、悬浮颗粒物、烟尘、氮氧化物（NO_x）、一氧化碳（CO）、二氧化碳（CO_2）、化学需氧量（COD）、致病菌和重金属等。研究模型多使用减量形式，将环境质量的影响因素抽象成收入。对于环境质量指标，有的人用排量法，有的人用环境退化指数，对于收入，有的人用 PPP 方法计算，有的人用市场汇价计算，加上各种研究使用的数据不同，EKC 假说的实证研究得出的结论差异较大。

二、EKC 假说的假设

根据已有研究的结论，大部分 EKC 假说基于的假设包括：

（1）存在可以确切定义的致污因素（dirty factor）。它们的存在和增长只会单一地促进污染型工业发展，而非清洁产业的发展。

（2）污染的边际破坏不断升高。

（3）消费的边际效用是稳态的或者是下降的。

（4）污染的负效用不断升高。

（5）当政策效应较强，存在一定数量有能力通过提供污染治理的成本和效益的全方位信息并对污染进行有效管制的公共机构。

（6）政策效应较弱，薄弱的政策效应使得技术效益可以忽略不计，那么规模效应就是影响污染水平的最重要因素。

（7）污染的负外部性是区域性的，不跨越国界。

（8）在发展的不同时期，会出现不同要素的堆积（accumulation）。

只有在诸多假设成立的情况下，方可得出环境—收入的倒 U 形关系。但现实与模型的区别就在于很多假设是难以成立的。

以 Copeland and Taylor（1995，2004）的研究为例，他们认为导致增长的源头主要有两种，即物理资本和人力资本。前者的增长所导致的人均收入的提高会造成污染水平的提高，而后者的增长所导致的人均收入的提高会造成污染水平的下降。因此，在人类经济发展前期，以物力资本积累为主的增长方式必然会带来更多污染，而随着发展，经济增长模式逐渐转变为以人力资本积累为主，污染就会逐渐减少。并据此认为，从增长源角度来看，EKC 假说是成立的。

此外，有学者提出，EKC 假说暗含着与收入和环境压力之间关系有关的三个重要假设。在没有验证这三个假设之前，即便经验研究得出倒 U 形的 EKC，也不能用来支持 EKC 假说。

1. 长期均衡假设

EKC 假说认为经济增长能够减轻环境压力。模型（2—1）选取的主要解释变量是给定时点的人均收入 x，而经济增长则是收入水平随时间的动态变化$\left(\text{即}\dfrac{\mathrm{d}x}{\mathrm{d}t}\right)$，因此，模型（2—1）并没有直接检验经济增长对环境压力的影响。

之所以这样处理，主要是因为经济增长的直接结果只是收入的增长，当收入提高之后，经济当中的技术和制度会相应发生变化，这些变化才是决定环境压力大小的根本力量。由于收入的变化转化为技术和制度的变化是一个缓慢的过程，模型（2—1）用水平变量作为解释变量，实际上正是假定经济增长对环境压力的影响是长期的，因此，回归得到的环境库兹涅茨曲线反映的是一种长期均衡关系。但是，现有研究并没有对这一假设进行检验。正如我们在后面所要讨论的那样，检验长期均衡假设需要对模型（2—1）中的变量进行协整检验。如果收入和环境压力指标不是协整的，二者之间将不存在长期稳定的比例关系，任何外来冲击都会对收入和环境压力之间的关系产生永久性的影响。在这种情况下，模型（2—1）给出的倒 U 形曲线是不稳定的，据此难以得出经济增长能够减轻环境压力的结论。

2. 同质性假设

现有研究基本都用平行数据来回归模型（2—1）。平行数据估计将不同国家在不同时点的样本观测值融合在一起，与单一国家的时间序列分析和不同国家在同一时点的截面分析相比，样本容量更高，显著水平的统计检验更有说服力，但由于所有国家的参数估计值都相同，不能反映国与国之间的差异。

在模型（2—1）中，β_1、β_2、β_3 和 β_4 对所有的国家都相同，这实际上是假定，在每个国家，收入对环境压力的影响都是相同的，不管国家如何变化，收入与环境压力之间都存在着唯一的确定关系。然而，到目前为止，并没有研究检验不同国家的上述四个参数是否真的相同或相似，对比目前为数不多的利用一国时间序列数据进行的环境库兹涅茨曲线研究可以发现，由于经济结构、发展路径和制度等方面的不同，国与国的转折点收入存在很大的差别。这间接说明，模型（2—1）设置均一的 β_i 值，使不同国家拥有同样的倒 U 形曲线和转折点，是不符合实际的。判断这一假定是否成立需要进行 F 检验。

3. 趋势平稳假设

模型（2—1）暗含的第三个假设与时间参数 β_4 有关。环境库兹涅茨曲线描述的是收入和环境压力之间的倒 U 形关系。要想将环境库兹涅茨曲线解释为一国的环境压力会随收入的增长而下降，时间参数 β_4 的数值必须显著小于 0。在模型（2—1）中，时间变量 t 并不影响曲线的形状，只影响曲线的截距。如果 β_4 为负数，用特定年份的截面数据得到的环境库兹涅茨曲线会随时间的推移向下移动。

如图 2-3 所示，假定 $t_1 \sim t_4$ 四个年份，各年的环境库兹涅茨曲线用 $EKCt_i$ 表示，每一条 EKC 描述的是该年份样本包括的各个国家收入与环境压力之间的关系。可以看到，从 $EKCt_1$ 开始，EKC 逐年向下平移。当将这四个年份的截面数据综合成平行数据进行估计时，需要在模型中引入负的线性时间趋势或负的时间虚拟变量来表示这种变化。如果用固定效应模型估计（2—1），就是在 $EKCt_1$ 的参数估计值基础上加入一个负的线性时间趋势，平行数据估计后的曲线形状会与 $EKCt_1$ 相同，转折点仍然会位于收入 Y_3。然而，使用平行数据估计出的环境库兹涅茨曲线并不能反映单个国家环境压力随收入的变化。对一个国家来说，在每个年份，与特定的收入水平相对应的环境压力由该年份的环境库兹涅茨曲线决定。

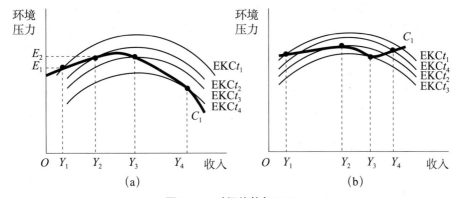

图 2-3　时间趋势与 EKC

假定一国在 t_1 年的收入为 Y_1，对应的环境压力为曲线 EKCt_1 上的 E_1，t_2 年的收入为 Y_2，环境压力为 EKCt_2 上的 E_2，依此类推。因此，该国的收入与环境压力之间的关系为图 2-3（a）中的曲线 C_1，与用平行估计得出的 EKC 的形状并不相同。特别是，该国的转折点收入为 Y_2，比平行估计得到的转折点收入 Y_3 要低。这说明，各项研究给出的转折点并不是一个国家环境压力随收入下降的真实转折点。尽管多个国家的平行数据显示环境压力与收入之间存在倒 U 形的环境库兹涅茨曲线，单独一个国家的环境压力随收入的变化路径却很可能与此不同。

当模型（2—1）中的时间趋势不是显著不为 0 时，如图 2-3（b）所示，假定用不同年份的截面数据估计得到的 EKC 并没有随着时间的推移逐渐向下移动，相反，第 4 年的 EKC 位于第 2 年和第 3 年的 EKC 之上，此时，描述一个国家环境压力和收入关系的曲线 C_1 由倒 U 形曲线变为 N 形曲线，当该国收入达到这儿之后，环境压力会再次上升。虽然固定效应估计还会产生倒 U 形的环境库兹涅茨曲线，但具体到该国，环境压力却并不能随着收入的增长而下降，因此要想将平行数据下的环境库兹涅茨曲线解释为一国的经济增长能够降低环境压力，必须保证存在负的线性时间效应。然而，在多数经验研究中，线性时间效应在统计上并不显著。这将使我们对 EKC 假说的正确性产生了怀疑。

由于线性时间趋势关系到一个国家是否存在环境库兹涅茨曲线的论断，线性时间趋势能否正确反映环境压力随时间的动态变化也就成为至关重要的一个问题。因此，模型（2—1）暗含的第三个假定就是环境压力与收入是趋势平稳的，引入线性时间趋势能够消除变量的自相关。

然而，Nelson and Plosser（1982）指出，多数时间序列并非趋势平稳，而是差分平稳。这意味着模型（2—1）中的线性时间趋势很可能没有完全消除估计中的自相关问题。如果存在自相关，模型（2—1）中的随机误差项丧失了同方差性，估计结果的显著性检验将会失效。虽然现有的一些研究利用广义最小二乘法矫正显著性偏差（Stem，1996），但这种方法只能消除异方差性，而与时间有关的误差至今尚未有人研究。通过扩充的 Dikcye-Fuller 平稳性检验，即单位根检验，也许可以验证模型（2—1）暗含的趋势平稳假设。

三、EKC 假说的政策含义

第一，环境—收入关系的形状暗示，当人均收入达到一定水平，经济发展进入一定阶段时，环境会自然好转，因此刺激经济发展的政策将有利于环境的改善。

第二，国家不应只顾全力发展经济，还应积极制定政策或设立制度来干预环境问题。

这是因为一方面，经济发展达到 EKC 下降区间是一个长期过程，等待的时间越长，所需的政府干预越多，而污染物排放及其带来的环境恶化会随着时间的推移出现积累效应。因此把这种政府干预推迟到以后的经济发展阶段将导致高昂的污染治理成本。如果是这样，那么即使那些从自然规律上来说可逆的环境破坏，从经济上来说也将变成不可逆。

另一方面，如果环境污染超过自然承受程度，我们将进入环境破坏不可知和不可逆的区域，即 EKC 高于阈值水平以上的部分，这意味着在达到 EKC 峰值之前，环境恶化就已不可逆转了。如果是这样，那么未来开拓 EKC 下降的道路将不可能。再加上实证检验出的 EKC 不稳定性，即 EKC 随时间推移而移动位置和改变形状，使得环境破坏不可逆情况更易发生。

因此国家对环境问题持有观望态度很危险。作为国家干预手段的环境政策或制度涉及了方方面面，有技术导向的，有经济结构导向的，有环境监管导向的，有贸易结构导向的，还有有国际合作导向的等，但其中最根本的措施是消除环境补贴和内部化环境成本即矫正扭曲的环境价格体系，这是因为环境问题产生的经济根源是环境的外部性导致市场机制失灵，进而造成资源配置的非帕累托有效。上述所有政策或制度不仅适用于单个国家，而且适用于全球范围。只不过由于当今国际政治形势使得协调问题变得非常重要，例如世界各国如何实现经济共同繁荣，如何重新定位、建立并规范吸收环境成本的有效统一的全球价格体制等。

从 EKC 研究文献来看，上述政策规制大体通过两个渠道提出来：其一是取自 EKC 数量模型的自变量，因为通过敏感性分析可知，这些自变量的变化对环境指标有重大影响，因此有必要针对这些自变量拟订相关政策法规；其二是从实践经验和现实情况出发提出政策建议。

第三节　环境质量与经济增长理论研究的现状

一、EKC 假说研究脉络

对于环境库兹涅茨曲线的成因，已有的理论解释主要集中在三个方面。

第一种解释认为观察到的污染与收入间的倒 U 形关系是经济发展自然进程的反映。随着收入的提高，服务业在一国总产出中所占比重逐渐增大，污染密集型生产活动则被转移到其他低收入国家。因此，高收入国家的污染水平会呈现下降趋势。

第二种解释强调的是经济增长过程中技术条件和经济个体偏好的变化。Stokey（1998）认为，清洁技术的使用存在阈值效应。当一国收入水平较低时，只能使用高污染的技术。而当经济活动规模超过某一水平时，清洁技术将取代高污染的技术，导致收入与污染之间呈倒 U 形关系。Jaeger 通过假定消费者对清洁环境的需求随收入增长而提高，也同样得出污染与收入具有倒 U 形关系的结论。

第三种解释是，污染与外部性有关，解决这种外部性需要相对完善的集体决策机制，而只有发达国家才能够建立这种决策机制。例如，Jones 等构建了一个代际交叠模型，使经济增长速度由市场决定，而污染管制措施由年轻一代集体决定。结果表明，根据决策方式不同，污染与收入之间的关系既可以是倒 U 形，也可以是单调递增，甚至可能为 S 形。此外，其他一些学者还从环境投资、污染问题的不可逆性等角度对环境库兹涅茨曲线的存在进行了解释。

二、EKC 假说发生机理分析

环境库兹涅茨曲线假说认为，环境恶化只是经济增长过程中的阶段性现象，经济增长路径会自发地向可持续经济增长路径收敛。因为回归模型暗含的假设与实际不符，尽管很多经验研究发现了倒 U 形的环境库兹涅茨曲线，但却不能用来支持这一假说。而且，环境库兹涅茨曲线的回归模型是一个简化模型，其描述的只是环境压力与经济增长之间的关系，并没有说明是什么原因导致了这种关系。那么，如何解释观察到的部分环境压力指标随经济增长的下降现象？结构效应和技术效应是否会自动抵消规模效应，从而使经济增长不会带来环境压力的增长？这些问题促使很多学者从理论角度分析环境库兹涅茨曲线的成因，证明可持续经济增长的自发性。

在很多学者看来，倒 U 形的环境库兹涅茨曲线是"看不见的环境之手"作用的结果，正像价格机制会协调资源的优化配置一样，经济当中也存在着能够协调经济增长与环境可持续矛盾的机制，使得经济增长路径自动向可持续路径收敛。然而，对于这只"看不见的环境之手"到底是什么，现有研究并没有达成共识。

对 EKC 从不同角度进行理论或政策解释，主要包括以下几个方面：

1. 规模、技术和结构效应

经济增长是通过这三种效应影响环境质量的。规模效应是经济活动规模的扩大，将会导致污染物排放的增加从而使环境质量下降；技术效应就是通过技术作用提高经济活动的效率（如提高资源使用效率）以及提高治污减排技术促使污染物排放减少而提高环境质量；而结构效应就是污染密集型的工业转向轻污染工业的变化使环境质量改善。通过这三种效应所占比重的变化，环境质量随之变化。特别是技术的变化一方面能使经济增长，另一方面又能促进治污减排，提高环境质量。如 Komen et al.（1997）指出因富裕的国家会在研发上投入更多，在经济增长过程中用新技术和更清洁技术替代污染技术和过时技术，从而提高环境质量。

技术进步通过两种效应对环境质量的改善产生影响：一是技术进步提高投入—产出效率，使得在既定产出下资源消耗和环境破坏减少；二是清洁技术的采用，将有效地循环利用资源，减少单位产出的污染物排放。

"如果说环境质量需求收入弹性大于 1 是 EKC 成立的前提条件，那么技术进步则是 EKC 出现拐点不可或缺的必要条件。"[1]

技术进步导致人们更有效地使用能源和物资，从而人们可以生产同样水平的商品，但减轻了自然资源和环境的沉重压力。这种进步的一个方面表现在更有效率地对物资进行重新利用和循环使用上，双倍有效地利用物资能够帮助人

---

[1] 何立华，金江. 自然资源、技术进步与环境库兹涅茨曲线. 中国人口、资源与环境，2010，20（2）：56 - 61.

类保存大量的自然资源。

　　收入增加时，人们愿意接受高效的科学技术，从而获得更洁净的环境。民众的这种偏好行为可以通过他们的收入弹性来反映。公共研究和发展支出对于环境保护的收入弹性为正意味着改善环境所需要的这类公共投资在收入水平上升时对促进环境的改善、缓解环境退化具有深刻的意义。经济增长对污染和排放的影响在高收入国家之间也存在显著差异，相对收入和政治结构的不同决定了 EKC 下降部分出现的区间，这同样取决于对于新技术的接受程度。

　　毫无疑问的是，新技术将提高劳动生产率，但同样也为社会招致了潜在的危险，例如带来了新的危险品、风险及其他人类问题。这些外部性在技术扩散的初期都不为人所知，而在后续阶段才引起管制方的注意。一旦技术被管制了，就可能会刺激现有技术被淘汰。因此，技术出现循环创新的模式，即首先扩散，然后被管制，最终被下一代技术淘汰。当我们考虑到技术的更迭时，同样可能出现倒 U 形的 EKC。由于创新模式、收入增长、污染之间不断循环，对应每一期的技术则可能出现一系列的 EKC，其形状可能是倒 U 形、N 形或者是倒 L 形。EKC 假说能够被几种污染物的经验证明证实。早期的 EKC 研究证明了某些污染物与收入之间呈现 N 形关系，不同污染物的转折点不同。这就暗示着，当收入增加一段时期以后，某种污染物的排放量虽然降低了，但是可能由于新技术的接受带来了另一种污染物排放量的上升。

　　改良的技术不仅极大地增加了生产旧产品的工业生产率，而且促进了新产品的发展。对不同产业来说，重新审视生产过程，并因而考虑生产的环境后果逐渐成为趋势。这些思考不仅包括传统的技术方面，而且包括生产的组织形式以及产品的设计。与生产过程相联系的技术变化同样可能引起物资和燃料的投入构成的变化。先进经济的一个重要表现可能是物资的替代性，从而能够对环境施加更少的影响，广义的经济体改革通常会在持续时间内获得经济、社会和环境回报。EKC 的思路是试图将一国经济发展的不同阶段与环境退化相联系，而发展中国家则可以通过对工业化国家经历的学习，重新架构增长和发展，从而避免走同样的路——增长包含着代价高昂（甚至是不可逆的）的环境伤害。因此，所有对 EKC 的研究都隐含着强烈的政策暗示，这一点对发展中国家来说尤为关键。

　　然而，一些学者对结构效应、收入效应提出质疑。首先，产业结构的变化影响的只是一个经济的产出结构，如果消费结构没有发生相应的变化，对环境密集型产品的需求必定要通过进口来满足，这意味着污染产业和其他资源消耗量高的产业会转移给其他国家，本国环境压力的下降实际上是以他国环境压力的上升为代价的。其次，假定收入的增加会转变人们对环境的态度，至少从目前来看是与现实不符的。一个普遍的现象是，人们收入提高之后更可能选择离开环境恶化的地区，而不是去改善环境。而且，当一种环境物品的消费不具有排他性时，每个经济个体难以形成以可持续方式使用环境资源的意愿，此时对环境质量需求的增加反而会导致环境退化。

2. 环境质量需求的收入弹性

对环境库兹涅茨曲线成因的第二种解释是，当一国的收入达到某一特定的水平后，环境舒适度对经济个体的价值会越来越高。换句话说，环境是一种需求收入弹性大于1的奢侈品。穷人为了生存很少关心环境质量，但是随着经济的增长，当人们的收入超过特定的水平时，对环境质量的需求将迅速上升，并且上升的速度大于收入的增长速度。一方面人们会增加环境保护预算，为环境组织捐款，或者选择消费环境友好产品；另一方面人们会通过选举、外交谈判、推进制度变革等方式要求政府采取更为严格的环境保护政策。所有这一切将引致有利于环境的结构效应和技术效应，推动经济增长过程中环境压力的降低。

Crossman and Krueger（1991）指出，一个经济在变富的过程中，其成员对环境质量的需求量会急剧上升，这会改变经济增长与环境的矛盾关系。Osung Kwon（2001）用内生经济增长模型证明，当经济个体的效用中环境舒适度对物质消费的边际替代弹性大于1时，经济增长与环境压力之间会存在环境库兹涅茨曲线。Jaeger（1998）通过假定消费者对清洁环境需求随收入增长而提高，也同样得出了污染与收入具有倒U形关系的结论。

Panayotou等学者是从人们对环境服务的消费倾向展开研究的。他们把环境质量看作商品，研究它的收入弹性。在那些正处于经济起飞阶段的国家，人均收入水平较低，其关注的焦点是如何摆脱贫困和获得快速的经济增长，再加上初期的环境污染程度较轻，人们对环境服务的需求较低，从而忽略了对环境的保护，导致环境状况恶化，此时环境服务是奢侈品。随着国民收入的提高，产业结构变化，人们的消费结构也随之变化，人们自发产生对优美环境的需求，此时环境服务成为正常品。收入水平越高这种需求越迫切，即高收入时的环境需求收入弹性大于低收入时的环境需求收入弹性。因此随着收入水平的提高，人们会主动采取环境友好措施，并从个人消费角度自发做出有益环境的选择，从而逐步减缓乃至消除环境污染。

随着经济增长和人均收入的提高，人们对安全、生活质量等有更高的要求，从而提出了对环境的更高需求。环境质量需求的收入弹性会逐渐增大，并从个人消费角度自发做出有益于环境的选择，环境质量就会逐渐改善。从近年来频繁出现的环境事件中，我们可以观察到舆论和民意对事件反应的及时性和关注程度都大大提高了。

Antle、Heidebrinke、McConnell、Rothman、Neha 等把环境质量看作商品，研究它的收入弹性，发现随着收入水平的提高，人们会自发产生对"优美环境"的需求；收入水平越高这种需求越迫切。于是可以把环境质量看成"奢侈品"（luxury goods），即高收入下的收入弹性高于低收入下的收入弹性。随着收入水平的提高，人们会主动采取环境友好措施，或者从个人消费的角度自发做出有益环境的选择。

3. 国际贸易

主要包括替代假设和污染天堂假设两个方面。Lopezl 等学者认为，由于不同国家的收入水平不同，导致其对环境需求不同，其中原委环境需求说有详细论述，这为国家间的贸易创造了条件。通过国际上的贸易和直接投资造成了在低收入国家生产高污染产品，在高收入国家消费这些产品的局面，这种环境倾销使发达国家环境质量好转，但其代价是发展中国家的环境恶化程度加深。

Lopez、Copeland、Taylor、Suric、Roldan 等从贸易对环境的影响研究 EKC。污染企业通过国际贸易和国际直接投资从高收入国家转移到低收入国家，使发达国家环境质量好转而发展中国家环境质量进一步恶化，即出现"环境倾销"现象。

污染天堂假设就是因为发展中国家中环境管制标准低，发达国家通过跨国公司把较高污染的经济活动转移出去，从而发达国家的环境质量得到改善，而那些低环境管制标准的发展中国家环境质量下降（Copeland and Taylor，1995；Agras and Chapman，1999；Rock，1996；Liddle，2001）。

污染产业的跨国转移是导致倒 U 形曲线的深层原因，因为大量数据表明，在发达国家污染下降的同时，发展中国家的污染在上升。如果这种观点正确，估计到的转折点对发展中国家的适用性就更低了。正像 Arrow（1995）以及 Rahgbendra and Murthy（2003）所指出的，随着更多的国家由贫穷走向富裕，今天的发展中国家将无法像过去的发达国家那样，找到足够的场所转移自己的污染产业。用历史数据回归得到的环境库兹涅茨曲线转折点可能适合发达国家，但当发展中国家达到同样的收入时，环境压力却并不一定会随着进一步的经济增长而下降。

4. 市场机制

一种观点认为，观察到的部分环境压力指标与收入之间的倒 U 形关系是市场竞争压力导致的结果。伴随着经济增长，市场竞争会越来越激烈，巨大的成本压力一方面迫使厂商提高资源的使用效率，降低单位产出的资源消耗量；另一方面会激励厂商用新的资本存量更新原有的资本存量，由于新的资本存量效率更高，因此，环境压力会随着经济增长自动趋于下降。Bulet and Soest（2001）以厂商的生产决策为例，构建了二部门的生产模型，表明竞争压力导致的价格变化会改变厂商的自然资本利用决策，形成倒 U 形的环境库兹涅茨曲线，Stgeer（1996）利用内生经济增长模型也得出相似的结论。

随着经济发展和市场机制的完善，资源和污染逐渐被纳入市场体系，资源的稀缺性通过价格反映出来，在价格机制的作用下，企业不断进行节约资源和治污减排等技术创新来降低成本。同时，经济发展到一定阶段后，市场参与者日益重视环境质量，如银行把环境指标作为企业贷款的主要依据，消费者购买绿色产品，外部对企业施加的压力对维持或改善环境质量起到了重要作用。（Torras and Borce，1998；Dasgupta et al.，2001；Gupta and Goldar，2003）。

5. 规制理论

规制理论包括正式规制、非正式规制以及产权，一方面是建立正式或非正式的环境管理制度，另一方面是对自然资源或能源建立明晰的产权制度。环境质量会因这些制度的变化而变化（Panayotou，1997，1999；Chichilinsky，1994；Hettige et al.，1995；Pargal and Wheeler，1996）。

规制理论将环境规制与 EKC 结合起来分析，用以衡量或说明环境规制的绩效。Panayotou（1997）运用 30 个发达国家和发展中国家 1982—1994 年间的数据进行分析，结果表明，政策和制度能够显著减少由于二氧化硫引起的环境退化，它们能够在低收入水平显著减少环境的退化，并且能够在高收入水平加速环境的改进，因此能使 EKC 变得扁平，并且减轻经济增长所付出的环境代价。Hettige et al.（2000）利用巴西、中国、印度、美国等 12 个发达国家和发展中国家企业层面的工业污水排放的数据进行计量分析发现，使工业废水排放量随着收入增加而减少的主要因素是严格的环境规制。Bhattarai and Hammig（2001）考查了拉丁美洲、亚洲和非洲的 66 个国家森林采伐和经济发展的关系，结果表明，环境规制的改善能够显著减少森林采伐。Dasgupta et al.（2002）通过研究指出，严格的环境规制使经济增长的每一时期污染物排放水平都低于没有规制时的排放水平，拐点也可能提前出现，环境库兹涅茨曲线因此变得比较平坦且处于相对较低的位置。规制理论还分析了环境规制对于污染密集型产业的影响。Conrad and Wastl（1995）对 1976—1991 年间德国污染密集型产业的全要素生产率和环境规制的实证研究表明，环境规制会减少污染密集型产业的全要素生产率水平。Greenstone（2002）使用 175 万个企业的普查数据检验了环境规制对污染密集型产业发展的影响，实证结果表明环境规制会限制污染密集型产业的发展。

国内对环境规制绩效的实证研究起步较晚，主要研究文献有吴玉萍等（2002）和夏永久等（2006）借助环境库兹涅茨曲线对环境规制进行的评价。吴玉萍等建立的北京市经济增长与环境污染水平计量模型的实证分析为评价北京市环境政策提供了依据。研究表明，北京市各环境指标与人均 GDP 关系轨迹呈现显著的环境库兹涅茨曲线特征，但比发达国家较早地实现了环境库兹涅茨曲线拐点，且到达拐点的时间跨度小于发达国家，这主要归功于北京近十年来有效的环境政策。夏永久等运用环境库兹涅茨曲线打破传统的二次方程描述环境库兹涅茨曲线的方法，采用三次曲线的分析方法，为兰州市环境政策评价提供数量依据。结果表明，近年来兰州市在经济基础相对薄弱、生态环境比较恶劣、公众环保意识较差的情况下，通过结合自身优势并实施一定的环境政策，不仅保持着经济的持续快速增长，而且城市环境质量也得到明显改善，基本遏制住了环境污染加剧的趋势，避免了发达地区同期经济发展水平下出现的严重环境污染事件。

近几年，还有一批学者尝试建立指标体系和指数来评价环境规制的绩效。曹颖（2006）按照压力—状态—响应（P-S-R）的因果逻辑关系，初步构建了云南省环境绩效评估指标体系。王晓宁等（2006）采用层次分析法和专家评分法建立了对环境保护机构能力评价的指标体系，并以河南省 13 个县级环境保护局为例，评价了县级环境保护部门的能力。研究结果表明，地方环境保护机构能力总体处于较差水平并且区域差异较大。陈劭锋（2007）提出了资源环境综合绩效指数，并用其对 2000—2005 年中国及各省的资源环境绩效水平进行了综合评估。结果表明，这一期间中国资源环境综合绩效指数总体上呈下降态势，平均每年下降 2.7%。傅京燕（2002）和段琼等（2002）分析了环境规制对污染密集型产业国际竞争力的影响，其实证结果都不支持环境规制对污染密集型产业国际竞争力有负面影响这一假设，两者之间的关系是不确定的。

从这些研究可以看出，国内外学者在对环境规制绩效进行评价时，多忽略环境规制可能对污染密集型产业发展产生的影响。

6. 产业结构

不少研究者都从结构转变的角度研究 EKC：经济行为的规模和构成、生产技术等。尽管结构转变是非常直观的概念，但是从经验证据上，我们仍然可以找到生产结构的差异对纺织工业的污染物排放带来的影响（Lucas et al.，

1992)。同时也有不少经济学家试图通过不同方法解释 EKC 下降的部分。发达国家快速地实现工业化之后，生产结构通常比较稳定；但发展中国家的生产结构往往不稳定，并且结构转变对污染物排放带来的影响也不那么显著。结构转变对排污的影响不如技术创新明显，主要表现在产业部门间排污密度的变化上。发达国家的生产结构转变并不会同时伴随着生产构成的同等变化。

环境库兹涅茨曲线是经济增长自然进程的反映。一国在收入较低的时候出于维持生计的需要会集中发展农业，农业在总产出中所占的比重较高，环境压力较低。随着工业化的到来，重工业成为优先发展的重点，自然资源消耗和环境污染的增长速度往往会高于经济增长的速度，环境压力上升。当收入增长到一定阶段后，发展重点转向轻工业，最终服务业在总产出中所占的比重会逐步增大，成为一国的支柱产业，从而使环境压力逐步下降。由于产业结构的优化是由经济增长过程中资本的积累和知识密集型产业的重要性日益上升所导致的，与政府的政策无关，因此会使环境压力自发地经历先增后降的过程。加速经济增长是降低环境压力、实现可持续增长的根本途径。Malneb（1978）、Baldwin（1995）和 Panayotou（1993）利用不同的模型均得出了以上结论。

Grossman 等学者认为，EKC 现象是规模效应和经济结构自然演进双重作用的结果。这是因为随着人均收入的提高，经济规模变得越来越大，需要的资源投入越来越多，而产出的提高意味着经济活动副产品污染的增长，从而使得环境状况恶化，这就是规模效应，规模效应是收入的单调递增函数。与此同时，经济发展也使其经济结构发生变化。当一国经济从以农耕为主向以工业为主转变时，污染加重，因为伴随着工业化步伐的加快，越来越多的资源被开发利用，资源消耗速率开始超过资源的再生速率，污染大幅增加，从而使环境质量下降；而当经济发展到更高水平时，产业结构升级，能源密集型为主的重工业向服务业和技术密集型产业转移，污染减少，这就是结构效应。结构效应暗含着技术效应，因为产业结构升级需要技术支持，即用较为清洁的生产技术代替污染严重的技术。可以说，倒 U 形 EKC 的产生正是规模效应与技术效应二者之间权衡的结果。

Grossman、Krueger、Panayotou 等从经济结构的改变解释 EKC，他们认为 EKC 是经济规模效应和经济结构效应自然演进相互作用的结果。随着经济的发展，经济规模变得越来越大，需要的资源投入不断增加，而产出的增加意味着经济活动的副产品——污染的增长，从而使得环境状况恶化。以此同时，伴随着经济发展水平的提高，经济结构将发生变化，高耗能、高污染的重化工业在经过一段时期的增长后向服务业和技术密集型产业转移，环境污染便会逐渐减少，环境质量随之改善。

要解决与增长有关的环境问题，不能仅仅考虑转换污染的时间和地点。值得思考的是，环境质量的改善实际上可能是富裕国家消费者的消费能力不断增强的表现，他们远离了那些与其消费相对应的环境退化。假如将"距离"假说作为 EKC 结论产生的可能原因之一，那么国家内部的移民就可能成为可以观测到的 EKC 对有毒废弃物显著成立的一个重要的解释来源。不同的社会团体同样可以从制造重要的有毒废弃物的地点移出，这样的移民机制有可能成为环境质量不平等的原因。因而，移民也是 EKC 背后的重要因素之一。

由于制造业在总 GDP 中占据着高额比重，同时也伴随着能源消费的高水平，因此经济中产业结构转变带来的影响可以通过产业在 GDP 中所占的份额来解释。特别需要注意的是，发达国家的工业份额在石油危机之后开始迅速下降。20 世纪 70 年代的石油危机影响了个别国家的生产。石油危机之前，二氧化碳的排放与收入之间呈现正相关关系；而在石油危机以后呈现负相关关系，EKC 假说在很大程度上归功于经济结构的转型。

随着经济的发展，一国的社会、法律和财政结构等对于实施环境管制等非常重要的上层建筑也会得到相应的发展。民众需要更清洁的环境而带来的制度变化在民主国家发生的可能性更大。政治和公民权利对环境带来的影响在民主国家更为显著。然而，当样本被分为高收入国家和低收入国家的集合时，结果恰好相反，大多数在研究中被调查的污染物在更民主的低收入国家反而低得多。

国内学者还对实证研究结果分别进行相应的理论解释，主要有以下两种类型：一是经济发展阶段解释，因不同发展阶段有不同的产业结构、经济规模和技术水平，这三方面将对环境质量造成影响。如刘燕等（2006）认为我国目前还处在工业化初期，工业生产结构仍然以产品的初级加工为主，且绝大部分工业企业的生产技术也处于相对低位的水平，这就将导致我国经济发展与环境质量中的工业废水排放量呈倒 N 形关系而与工业废气排放量又呈 N 形关系。刘荣茂等（2006）研究认为工业化比重对这三种污染物的排放均有正的影响，即随着工业比重的增加，污染物的排放量会增加。

用产业结构的变化解释"看不见的环境之手"，其实质是假定经济增长能够自动引致有利于环境的结构效应，这种观点虽然看起来很有说服力，但经验研究的结论却存在分歧。例如，Suri and Chapman（1998）在收入和环境压力的回归模型中增加了 GDP 中的工业份额作为解释变量，发现该变量对能源消耗水平的影响显著为正，表明工业的产出份额越高，能源消耗量越高。Kuafmann

（1998）用单位 GDP 的钢材出口量作为经济结构的衡量指标，发现钢材出口水平越高，二氧化硫的浓度越高。然而，运用分解分析技术的很多研究却显示，产业结构的变化并不是经济增长过程中环境压力的主要决定因素，无论是污染物排放量，还是能源消耗量都是如此。[1][2] 产业结构的变化影响的只是一个经济的产出结构，如果消费结构没有发生相应的变化，对环境密集型产品的需求必定要通过进口来满足。这意味着污染产业和其他资源消耗量高的产业会转移给其他国家，本国环境压力的下降是以他国环境压力的上升为代价的。此外，产业结构的变化只会影响单位产出的环境压力，即便产业结构沿着农业—工业—服务业的路径变化，也不能保证经济增长的总体环境压力一定会下降。

7. 污染治理的规模收益

一些学者从治理污染的规模经济出发来对 EKC 进行论证。如 Andreoni and Levinson（2001）等的模型显示，污染治理的规模经济性就可保证 EKC 形成。[3]

陈艳（2002）利用一个简单的微观模型，从消费和污染治理技术间的联系入手，分析经济增长和环境间的关系。其模型表明，污染治理的规模收益递增是环境库兹涅茨曲线存在的最基本原因。

一般说来，污染治理技术普遍具有固定成本投资大、运行成本相对较低的特点，尤其是高效的污染处理技术。因此，规模越大，每单位污染物的治理成本越低。陈艳（2002）指出，当一个行业的规模扩大 1 倍时，污染治理费用的增长幅度小于 1 倍，即污染治理活动具有递增的规模收益。

美国环境保护署（EPA）对大型燃煤高炉的污染控制成本进行的研究也表明，当高炉的功率增加 20 倍时，二氧化硫的单位控制成本平均下降为之前的1/4。对其他污染物的研究也得出了类似的结论。[4] 这说明，在企业层面上，污染治理的规模收益也是递增的。

---

① Tovranger, A., 1991. Manuafcturing sector carbon dioxide emissions in nine OECD countries, 1973—1987. *Energy Economies* 13, 168 - 186.

② Howarth, R.B., 1991. Manufacturing enegry use in eight OECD countries: Decomposing the impacts of changes in out put, industry structure and energy intensity. *Energy Economies* 12, 135 - 142.

③ Andreoni, J. and Levinson, A., 2001. The simple analytics of the environmental Kuznets curve. *Journal of Public Economics* 80, 269 - 286.

④ Andreoni, J. and Levinson, A., 2001. The simple analytics of the environmental Kuznets curve. *Journal of Public Economics* 80, 286 - 296.

第四节　环境质量与经济增长实证研究的现状

一、地域性研究

自 20 世纪 90 年代初以来，由于全球环境监控系统、世界银行和世界资源协会等建立了环境指标数据库，对不同国家或地区的经济增长与环境质量间的演进是否存在 EKC 假说的实证研究就变得容易起来。近十多年来，这方面的实证研究论文非常多，内容丰富，包含范围也广，但差别主要表现在研究方法、研究对象以及研究结果上。

实证研究主要包括两个方面的内容：一是不同国家或地区的经济增长与环境质量间的演进是否存在 EKC 假说；二是对 EKC 从不同角度进行理论或政策解释。

在地域方面，EKC 的研究范围有三个层次：跨国、单个国家、某一国的地区。跨国研究一般分为两种思路：OECD 国家和非 OECD 国家的对比，发达国家和发展中国家的对比。

二、污染物

实证研究所使用的污染物指标也存在很大差异，包括大气环境指标（如 SO_2、城市空气悬浮颗粒物、烟尘、NO_x、CO 和 CO_2）、水环境质量指标、固体废弃物污染指标（如重金属），还包括其他环境质量指标（如森林覆盖率等）。

1. 二氧化硫（SO_2）

着眼于大气环境质量方面的研究主要有：从污染物存量的角度出发，Grossman and Krueger（1991）估计大气中烟尘浓度的转折点在人均 GDP 4 772～5 965美元（1985 年美元不变价）。Grossman and Krueger（1995）利用 1977—1993 年 42 个国家的二氧化硫数据分析了城市空气污染与人均 GNP 的关系，发现两者之间不存在倒 U 形关系，而呈 N 形曲线，其第一峰值和第二峰值点的人均收入分别为 4 100 美元和 14 000 美元。

Shafik and Bandyopadhyay（1992）利用 1986 年之前 32 个国家的二氧化硫数据，发现大气中的二氧化硫浓度和悬浮颗粒浓度的转折点分别为人均 GDP 3 670美元和 3 500 美元（1985 年美元不变价）。Shafik（1994）利用 1972—1988 年间 31 个国家的二氧化硫数据估算出转折点为人均 GDP 4 739 美元。

Panayotou（1997）利用 1970—1992 年间 31 个国家的二氧化硫数据估计二氧化硫人均排放量的转折点发生在人均 GDP 5 965 美元（1985 年美元不变价）。Selden and Song（1994）估计上述两种人均排放量的转折点应发生在人均 GDP 超过 8 000 美元（1985 年美元不变价）之处。

Cole（1997）分析了 1970—1992 年 11 个 OECD 国家的数据，得到转折点分别为人均 GDP 8 232 美元。Torras and Boyce（1998）得到了 N 形曲线。但是，Panayotou（1993），Shafik（1992），Selden and Song（1995）等认为两者之间存在倒 U 形关系，他们分析得出的曲线峰值点的人均收入分别为 10 700 美元、3 700 美元和 5 900 美元。

2. 城市空气悬浮颗粒物

Grossman and Krueger（1995）、Selden and Song（1995）、Panayotou（1993）的研究均认为，城市空气悬浮颗粒物与人均收入曲线呈倒 U 形关系，他们计算出的曲线峰值分别是人均收入 16 000 美元、9 800 美元和 9 600 美元。

3. 烟尘

Gorssman and Krueger（1995）认为烟尘与人均收入曲线为 N 形关系，他们利用 37 个国家的空气悬浮物数据，计算出的第一、第二峰值点的人均收入分别为 6 200 美元和 10 000 美元，利用美国数据计算出的第一、第二峰值点的人均收入分别是 4 700 美元和 10 000 美元。

4. 氮氧化物（NO$_x$）

Grossman（1995）认为 NO$_x$ 与人均收入呈倒 U 形关系，峰值点的人均收入为 18 500 美。Selden and Song（1995）、Panayotou（1993）也认为其呈倒 U 形关系，他们计算出的峰值点的人均收入分别为 12 000 美元和 5 500 美元。

5. 一氧化碳（CO）

Grossman（1995）、Selden and Song（1995）的研究均发现这种污染物随收入增长变化曲线呈倒 U 形，他们计算出的峰值点的人均收入分别为 22 800 美元和 6 200 美元。

6. 二氧化碳（CO$_2$）

由于环境库兹涅茨曲线只是一个经验性的假说，也有部分研究没有发现该现象，如二氧化碳的排放量在长期中并没有发现明显的趋势（Holtz-Eakin and Selden，1995；Roberts and Grimes，1997）。同时，也有研究发现许多污染物找不到环境库兹涅茨曲线这种轨迹（Egli，2001；Harbaugh et al.，2002）。此外，有研究者认为即使能观测到倒 U 形关系，这种关系在长期内也可能无法保持，比如 N 形曲线，它存在较大的波动，在最初看来是倒 U 形曲线，但当收入达到一定阶段后，收入与污染物排放之间又将呈现正相关关系（Shafik，1994）。

Shafik（1994）认为这种污染物的变化和收入增长之间不存在倒 U 形曲线关系。Holtz-Eakin（1992）的研究认为两者之间存在倒 U 形关系，他以人均二氧化碳排放水平与人均收入计算的峰值点的人均收入是 35 400 美元，以每单位资本排放量与人均收入计算的峰值点的人均收入预计高达 800 万美元，这显然使得研究结果失去了说服力。

7. 水环境质量

着眼于水环境质量方面的研究主要有：Grossman and Krueger（1991，1995）通过研究发现溶解氧的顶点位置在人均收入 2 700 美元左右，硝酸盐的顶点位置在人均收入 10 000 美元左右才出现；后来 Cole（1997）等研究硝酸盐得到的顶点位置更高，为 15 600 美元（1985 年美元不变价）；Paudel et al.（2002）的研究结果表明，水污染物在环境库兹涅茨曲线的转折点为从 6 636 美元到 12 993 美元。

8. 重金属

Grossman and Krueger（1995）还发现一些重金属污染指标也呈倒 U 形曲线。Hettige et al.（2000）和 Rock（1996）对一般金属的浓度和一般性有毒物质做了研究，发现顶点在 10 000～13 000 美元范围内出现。

三、实证研究方法

在研究方法上，实证研究是通过建立简单形式（reduced-form）的计量模型来研究环境与经济增长间的关系，即在环境质量各种单个指标或综合指标与人均收入间建立多元回归模型，其模型形式包括一次、二次、三次等形式以及带有对数的一次、二次和三次等形式。研究对象是欧美发达国家或地区和部分发展中国家或地区，如印度。从研究结果来看，对欧美发达国家的大部分实证研究表明，环境与经济增长间存在 EKC 假说，但部分发展中国家或西方发达国家及地区的实证研究结果表明，环境与经济增长间并不存在 EKC 假说，环境质量指标与收入间关系表现为其他形状的曲线，如 S 形、N 形等，而不是倒 U 形，以及即使存在倒 U 形曲线，但转折点的位置也不相同（Susmita Dasgupta，2002；Soumyananda Dinda，2004；Jie He，2007；Sacchidananda Mukherje and Vinish Kathuria，2006）。Jie He（2007）对环境质量指标与收入间关系为什么会导致不同形状的曲线以及转折点位置不同的原因进行了比较详细的总结和归纳，认为这主要在于样本的选择时间周期、对象（国家）、回归模型以及环境质量指标的不同。从研究内容上，实证研究不仅研究环境质量与收入增长的关系，而且研究决定这个关系的作用于经济增长的其他因素，如政治结构、投资、贸易和人口密度等（Shafik，1994；Harbaugh，Levinson and Wilson，2002）。

1. 数据来源

EKC 研究尤其是跨国的 EKC 研究的数据主要来源于全球环境监控系统（GEMS）。此系统是由联合国发起创建的，囊括了发达国家和发展中国家的大量污染数据，涵盖了除 CO_2 外的所有通常受监控的空气和水中污染物信息。至于 CO_2，世界上大多数国家的 CO_2 排放数据可从美国橡树岭国家实验室（ORNL）的 CO_2 信息分析中心（CDIAC）获得。此外还有数不清的其他数据来源渠道，如世界资源研究所（WRI）、美国环保署（US EPA）、世界银行和国际能源机构（IEA）等。

2. 数据类型

EKC 研究中使用的数据有三种：一是时间序列数据；二是截面数据；三是面板数据。

不仅同一个国家或地区的环境—经济增长曲线形状在不同时间里不一致，具有时间序列维度特征，同一时间不同发展水平的国家的环境—人均收入曲线也存在差异，也具有截面的特征。面板数据同时具有截面数据和时间序列数据的特征，就样本数据量而言，面板数据包含较多数据点，因而带来较大的自由度，因此结合时间序列和截面两维特征的面板数据能够反映出人均收入水平变化和地区差异对环境—经济增长关系的综合影响。

而中国区域间经济和文化的空间差异显著，各时间阶段环境与经济状况也不一致，本节认为采取面板数据模型能够较好地处理我国区域发展不平衡的特点，将有利于判断环境—经济增长曲线形状。

3. 指标、变量与模型

研究 EKC 的模型涉及两个方面变量：决定环境污染的变量和表征环境污染的变量。

（1）决定环境污染的变量。

①类型。

在已有的 EKC 研究中，决定环境污染变量的选择有两类：第一类是选用单一变量；第二类是选用多变量。在多变量 EKC 研究中，变量数量和种类也不尽相同。

②来源。

选择决定因素的途径有两条：一条是源自模拟环境和发展关系的 EKC 模型

的逻辑演绎；另一条是源自人们生产生活的实践经验和日常知识。

（2）表征环境污染的变量。

①从量纲角度来划分的指标类型。

纵览 EKC 研究文献，纵坐标的形式有四种：其一是人均污染物排放量；其二是污染物总排放量；其三是污染物排放密度，即每单位 GDP 的污染物排放量；其四是污染物浓度。

②从时间角度来划分的指标类型。

按时间性质，可分为流量指标和存量指标。

③从影响范围角度来划分的指标类型。

根据环境指标的外部性，其大致可分成三类：第一类是代表与环境和资源物品密切相关的一般生活条件的指标；第二类是反映地方或国家水平上的周围环境和资源质量的指标；第三类是强烈影响全球环境或资源的指标。第一类到第三类环境指标对人们日常生活的影响程度逐渐降低，外部性逐渐减弱。

EKC 模型可分为简化式和结构式两大类模型，模型中变量估计技术最常用的是普通最小二乘法（OLS）。

最简单常见的方程形式是收入与资源环境关系的二次方程，有的为了突出曲线特征形状而使用收入取对数后的二次方程，得到明显的倒 U 形曲线。三次方程（如 Madhusudan 等的研究）显示为 N 形曲线，说明现实中存在很多波动效应。

4. 基于横截面数据的实证

Panayotou 直接用人均 GDP 作为经济指标，采用 1985 年的 54 个国家样本，除了选取二氧化硫、氮氧化物、悬浮颗粒物指标外，还选取了生态破坏指标森林砍伐率。研究发现二氧化硫、氮氧化物和悬浮颗粒物三种污染物与人均收入的关系符合对数二次函数模型，呈现倒 U 形曲线。此外，建立了森林砍伐率与人均收入和人口密度之间的函数，进一步证实了环境库兹涅茨曲线的存在。Carson 使用美国 50 个州的数据，用七种污染物分别对人均收入作回归，计算结果和 EKC 预测的结果相一致。Wang et al.（2002）运用 1990 年美国城市的有毒废物横截面数据，研究认为存在城市收入和有毒废物之间的倒 U 形曲线。Cropper 和 Griffiths 研究了非洲、拉丁美洲和亚洲三个区域的森林砍伐率与人均 GDP 的关系。选取的环境指标也是生态破坏指标（森林砍伐率），样本空间也更大了，结果表明经济增长并不能自行解决森林砍伐问题。Bagliani 等研究了 141 个国家人均收入与环境压力的关系，其中用生态足迹表征环境压力，结果表明人均收入与环境压力不存在倒 U 形关系。

本节认为从截面数据获得的倒 U 形曲线只是表明所选样本国家存在 EKC 特征，而不能预测这些国家或地区以后的环境形势，因此从截面数据获得的倒 U 形曲线的证据并不能令人信服。

5. 基于时间序列的实证研究

Vincent 检验了马来西亚从 20 世纪 70 年代后期到 90 年代初期人均收入和大量空气污染、水污染物质之间的关系。他从这种单个国家研究中得出两个重要的结论：第一，跨国研究可能无法预测人均收入与环境在单个国家中的关系；第二，Vincent 所检验的污染物质中没有一个与人均收入呈倒 U 形关系。Bruyn et al.（1998）利用时间序列数据对单一国家是否存在 EKC 做了研究，这些研究结果表明单一国家内存在环境库兹涅茨曲线是值得怀疑的。

四、国内实证研究

国内对经济增长与环境关系的研究起步较晚，基本上处于跟踪国外研究阶段。国内的学者不仅在理论上有诸多研究，而且在实证研究方面做了很多工作。其主要研究我国整体或省市地方经济发展与环境的关系是否具备环境库兹涅茨曲线假说特征。

因为东部地区经济发展速度快，生态环境问题（尤其是污染问题）也更严重，而且数据系列比较完全，能观察到比较完整的 EKC 过程，因此得到人们更多的关注。吴玉萍和董锁成（2002）、吴玉萍等（2003）等选取北京市的统计数据建立经济增长与环境污染水平计量模型，发现了显著的倒 U 形曲线特征，而且结果显示北京市比发达国家更早地达到了转折点，认为这是北京市施行了比较有效的环境政策的结果；杨凯等（2003）、袁雯和杨凯（2002）等对上海 1978—2000 年人均 GDP 与城市废弃物增长数据的拟合计算表明，上海城区废弃物增长与人均 GDP 之间存在比较明显的环境库兹涅茨二次曲线特征；沈满洪和许云华（2000）等用浙江省经济与环境数据得到各类指标的 N 形曲线，认为中国的发展轨迹与发达国家不同，存在更多波动；凌亢等（2001）利用行业数据验证了南京的 EKC，发现废气排放量和二氧化硫浓度都随收入增长严格递增，整体污染趋势在扩大；陈华文和刘康兵等通过最大化效用函数提出了对环境库兹涅茨曲线的一个微观解释，使用上海市的空气质量与人均收入的数据，认为部分环境指标存在环境库兹涅茨曲线假说所描述的情况，但一氧化碳的污染状况经历了"改善—恶化—再改善"的过程，而二氧化硫的浓度与经济增长表现为正 U 形关系，等等。

在全国层面上，陆虹（2000）发现全国人均二氧化碳排放量表现出随收入上升而增长的特点；李周和包晓斌（2002）根据"单位 GDP 污染物排放量预测"和"GDP 总量预测"方法对"污染物总排放量"进行估算，预测了中国废水、废气、固体废弃物排放量达到顶点的时间分别是废水在 2006 年前后、废气在 2010 年前后、固体废弃物在 2004 年前后，而且从东部到西部存在阶梯性差异；陈艳莹（2002）根据污染治理的规模效益理论发展了 EKC 模型并用该模型剖析了几个国内城市案例。

上述研究虽然得出了对中国部分地区和部分指标的环境库兹涅茨曲线的拟合结果，但由于时间序列样本点过少和地域限制，其论证并不十分严密，不具有普遍性。因此，并不能以此为依据得到环境库兹涅茨曲线在中国普遍意义上的污染转折点，且在大多数研究中环境库兹涅茨曲线及其转折点的估计值仅仅是建立在若干跨国数据和时间序列数据上的对经验数据的描述，并不能直接用于预测（胡大源，1998）。

这些研究得到的一个更为重要的结论是，环境质量的改善并不会自动地发生，它有赖于全社会环保意识的提高，有赖于严格的限制污染的环境政策的实施，同时还需要技术进步的支持（Xepapadeas and Amri，1998）。

国内研究具有以下特点：

（1）研究所采用的都是与国外类似的研究方法和简化模型，如刘燕等（2006）借鉴 Grossman and Krueger（1994）的模型。不过个别学者采用较复杂的分析方法，如彭水军和包群（2006）采用基于向量自回归系统的分析来考察中国经济是否存在理论模型上所表明的增长—环境的双向作用。其主要包括以下几个方面：一是通过协整检验，除废水指标以外，其他变量（工业废水、二氧化硫、烟尘排放和工业固体废弃物）与 GDP 之间都存在着稳定的协整关系。二是格兰杰（Granger）因果关系检验结果表明，收入变化是导致环境质量变化的重要原因，但环境质量变化却不是引起收入变化的原因。三是基于 VaR 模型的动态分析结果表明经济增长是影响我国污染物排放的重要原因，而环境变化、污染物排放对经济增长也存在反作用力。四是方差分析结果表明经济增长对解释污染物排放预测方差起着重要作用，然而污染物排放对经济增长预测方差的贡献较小。

（2）研究对象是全国或省市的经济与环境关系。

（3）研究结果不统一，有的研究结果验证了环境库兹涅茨曲线假说，而有的研究结果反映经济与环境的关系比较复杂，不存在倒 U 形曲线，而是如 S 形、正 U 形等形状。如刘小琴（2006）研究发现环境综合指标与收入间呈 S 形，刘燕等（2006）研究发现工业废气与收入间呈正 U 形等。

（4）选用的环境指标基本上都是以单个指标为主，很少采用环境综合指标，如刘小琴（2006）分别采用了环境综合指标和单个环境指标。

（5）部分学者不仅考虑经济增长（人均 GDP）与环境质量间的关系，还考虑开放条件下的贸易、直接投资对环境质量的影响，如刘燕等（2006）和刘荣茂等（2006）。

五、国内外实证研究比较

第一，从数据选取来看，国外的实证研究在模型的设定和估计上多采用面板数据，少量研究采用截面数据或时间序列数据，而国内大多数研究利用时间序列数据验证某区域（省、市）是否存在倒 U 形的 EKC，或是求证该区域经济增长与环境关系的曲线形状，近几年也有部分国内研究尝试采用面板数据，然而采用面板数据、截面数据还未成为国内实证研究的主流。由于面板数据具有截面数据和时间序列数据的双重特征，采用面板数据的研究将会成为国内外实证研究的主流。

第二，从指标选取来看，国内外研究所用经济指标较简单，主要是人均 GDP、人均收入等。国外的实证研究选取的环境质量指标非常广泛，几乎涵盖环境质量的各个方面，既有环境污染指标，也有资源生态指标和能源指标。不过目前对资源生态指标和能源指标的研究较少，尚无一般性结论。如对于森林砍伐量指标，Cropper、Shafik and Panayotou 的研究结果也不同。在能源指标的研究中，Cole and Suri 认为随着经济的增长，能源总消耗量直线上升，而 Galli 认为单位美元 GDP 的能耗可能会下降。Seppala 研究了美国、德国、日本、新西兰和芬兰的直接物质流，发现其与经济增长无关。国内的实证研究选取的环境指标主要为环境污染类指标，很少涉及难以量化的生态破坏指标。

第三，从研究方法来看，国内外实证研究并未实现方法、模型上的突破，所选择的方法大部分是对 Grossman 和 Krueger 方法的继承或完善，即一般方法是通过在经济指标与环境指标之间建立经济模型进行回归分析，得出经济增长与环境质量之间的关系。国外研究使用线性或对数的拟合模型，国内多选取线性的拟合模型。因此，对研究方法的改进也是未来的一个研究重点。

鉴于当前 EKC 研究的不足，未来 EKC 研究应重点在如下领域着手进行改进和突破。

1. 数据的获取和处理

第一，不断改进数据采集工作。一方面，环境数据的采样点要尽可能地均匀分布。当前联合国环境规划委员会和世界银行正组织收集更多的发展中国家环境数据。另一方面，要不断跟踪环境污染发展的最新动态，及时扩充环境污染数据的种类、地域和数量。目前人们已经意识到了这个问题的紧迫性，如英美等一些发达国家已启动了有毒污染物数据的收集工作，并发布工业有毒物排放公报。

第二，大力改善数据整理工作。一方面，数据只有在审核合格后才可使用；另一方面，对于时间上和空间上存在差异的数据，只有转换成可比数据才可使用。

2. 环境指标

EKC 考察环境质量与收入水平之间的动态关系，主要涉及收入水平和环境质量指标。其中，收入水平指标一般为人均收入或中值收入。

关于环境质量指标的问题则更为复杂。首先，在 EKC 研究领域中，目前还没有一个能够全面、科学地表征环境破坏和资源损耗整体水平的一般性环境指标。在绝大多数情况下人们只能采用各种各样的具体指标，如以"森林覆盖率"代表环境质量水平的高低，这其实是非常肤浅的，原始森林被完全毁灭后进行"生态建设"而成的人工林，与自然的生态系统是根本无法相提并论的。这样，用单一指标表现的环境改善，很难说是真实的"改善"。虽然有些研究中用了复合指标如产出指数（TI）和人文发展指数（HDI），比单一指标前进了一步，但它们还是不能代表全部的环境压力。而且，广义上的环境质量，不仅包括环境污染，还包括生态破坏，如土地沙化、草场退化、毁林、物种灭绝等，而目前对生态破坏与收入之间关系的研究还很少。

其次，表征环境破坏指标包括人均污染物排放量、污染物总排放量、污染物排放密度和污染物浓度，它们反映了事物的不同方面，具有不同的含义。例如一些污染严重、人烟稀少的产油国，其二氧化碳排放密度很高，而人均二氧化碳排放量却很少，在这种情况下分别用排放密度指标和人均排放指标去回归EKC，显然会得出不同甚至自相矛盾的结论。例如，韩国学者 Jackyu Lim 以韩国为样本对经济增长与环境污染的关系进行实证研究后发现，大气污染物二氧化硫浓度与经济增长存在倒 U 形关系，而人均二氧化硫排放量与经济增长则呈现单调递增的关系。Selden 利用二氧化硫和二氧化碳的排放量得出大气污染物的转折点远高于 Grossman 用浓度数据计算得出的转折点。由此可见，对同样的环境数据，由于所选指标不同而可能得到完全不同的结论。这种研究的混乱局面，不仅降低了 EKC 研究的可信性，同时也会使决策无所适从。

在指标选取方面，国内的实证研究选取的环境指标主要为环境污染类指标，随着经济的发展、社会的进步和科技水平的不断提高，越来越多的环境污染物能够被治理，但生态问题越来越严重。广义上的环境质量，不仅包括环境污染，还包括生态破坏，如土地沙化、草场退化、毁林、物种灭绝、全球气温上升等。因此EKC的研究不能局限于环境污染，选取生态环境和资源方面的指标是未来研究的一个重要方面。

第一，在选择环境指标时，要做到有的放矢。例如，当环境恶化是由人口增长导致的自然资源过度开发引起时，最好采用人均污染物排放量；当环境恶化是由重工业的发展引起时，最好采用污染物排放密度；当要了解全球污染情况时，最好采用污染物密度。第二，加强环境存量指标的EKC研究。第三，寻找一个能够反映整体生态环境状况的综合性指标，这方面的尝试有孙立等提出的人均能源利用等。或者换个角度，可以考虑设立人类可持续发展指标。第四，用环境指标的自然对数形式代替环境指标作为因变量。第五，环境指标的设置也要与时俱进，忌讳一成不变。例如应高度关注有毒污染物环境指标设置问题；又如像我国这样的人口大国和像我国东北重工业聚集区这样的高密度污染地区应增设单位国土面积污染量环境指标。

3. 模型

在进行经济增长与环境质量关系实证研究时，数量模型较为单一，不能反映其他因素对经济增长与环境质量关系的影响，因此建立一种能够反映主要因素且简单明了的数量模型，对表征经济增长与环境质量的关系具有实际意义。

EKC表征的是经济增长对环境质量的影响，不考虑生态环境对经济增长的反馈作用。实际上，作为人类社会生产活动基础的生态环境既受社会经济增长的影响，又反作用于社会经济活动，制约经济效益。只看到经济增长对生态环境演变的作用，看不到生态环境演变对于社会经济的反作用是很不够的，它无法圆满解释社会经济成长过程中出现的诸如增长与停滞甚至倒退的复杂现象，一时的生产力发展或生产关系进步而社会经济反而呈萎缩状况的现象等等。虽然EKC的实证研究很多，但得出的结果不一，经济增长与生态环境的相互作用机制还不清晰。因而，在未来研究中应重视生态环境退化或改善对经济的反作用，在其相互作用机制方面进行深入研究，这对改善环境质量和指导人类发展具有重要意义。

影响环境的因素不胜枚举，如经济结构（包括投入结构和产出结构）、技术水平、贸易状况、收入的环境需求弹性、国家环境政策等。目前多数EKC研究只有人均收入单一变量，少数模型虽然采用了收入水平附加其他变量来研究EKC，但普遍表现出变量选取的随意性，并未认真考虑所选变量是否重要和完全，导致明显的变量遗漏和变量选取非关键性的问题，结果造成模型不完整和计量偏差。

第一，影响环境的因素数量很多，且它们之间的关系错综复杂，因此，如何从众多因素中筛选出既有代表性又可获得数据的要素作为环境污染的决定变量是一大难题。但鉴于此项工作的至关重要性，我们必须仔细思量。

第二，除了前述的建立结构式的联立方程模型外，把环境对经济的影响通过环境污染的经济决定变量的增减来体现，也是解决经济环境的同时决定性问题的途径之一。

第三，尽管不大可能把EKC的横坐标人均收入均值换为人均收入中值，但可以修正预测结果。例如校正EKC转折点出现的时间，这是因为收入不是正态分布，而是偏态分布，且偏度系数很高，低于人均收入均值的人数要远远多于高于人均收入均值的人数，这导致人均收入中值低于人均收入均值，从而造成环境开始改善实际所需的时间要比预测的时间更长。

4. 数学方法

一方面，寻求解决当前计量模型存在的各种问题的方法。例如对于最小二乘法（OLS）应用中的异方差问题，可用加权最小二乘法（GLS）来修正，GLS通过给大方差以小权重、给小方差以大权重的方式，使异方差变成同方差。又如对于经济和环境的同时性问题，可用联立方程形式的计量模型来修正。另一方面，在拟合现实和方便应用间找到平衡，力求建立适宜的EKC计量模型。当前的EKC计量模型是在对许多重要方面进行严格假设前提下建立的过度简化的模型，这些假定与事实相悖，纯属为了研究之便，而且模型忽略了许多影响环境的重要决定因素，因此我们应把EKC研究放在经济—生态环境—社会系统的大视野中去分析，逐步放松假定，量化决定因素，改进计量方法，不断改良模型。但是由事物的二律背反性可知，模型也不是越艰深越好，因为模型越复杂，涉及的变量越广，数据要求越多，计算越烦琐，偏差也越大。因此选择适当的量化模型才能保证研究趋于问题的核心，才能找到问题的简洁有效的答案，才能获得所需的模拟精度。

当前绝大多数模型都是单方程的计量模型，这相当于假设环境对经济增长没有反馈作用。这种"只有经济影响环境"的单方向因果关系假定是不合适的，直接导致了估计的不准确。

截面数据一般都有异质性，当采用截面数据回归时，往往会出现异方差现象。EKC研究中的数据都含有时间序列数据的性质，而时间序列数据常存在自相关问题。而且，在经济领域里，多数变量特别是宏观变量都是非平稳的，只有这些变量间具有协整关系，才能得到正确的回归关系式，否则将会出现虚假回归现象。Perman and Stern（2003）对EKC研究中的协整问题进行了探讨，他们对数据和模型分别做了单位根检验和协整性检验，结果发现变量间的协整关系不明确。[①] Kathleen（2001）利用加拿大数据对人均收入和污染指标进行了单位根检验，结果发现二者都是非平稳的，格兰杰检验和最大特征根检验表明二者不存在协整关系。[②]

　　纵观 EKC 实证研究，可以发现环境和经济的关系曲线有五个特征：一是就经济和环境二者而言，不存在适合所有地方、所有污染物的单一关系模式，甚至对同一污染物、同一地区，采用的计量方法不同，都会得到不同的曲线形状。二是环境指标与人们日常生活越直接相关，其曲线形状越可能为倒 U 形，其转折点越早出现（若存在 EKC）。三是环境指标的影响范围越广、外部性越强，其曲线形状越可能为单调递增型。四是传统的污染物曲线可能会是倒 U 形，而鲜为人知的污染物和有毒污染物等新型污染物却是一直处于上升阶段。五是一般而言，发达国家比发展中国家更易得到倒 U 形曲线，其转折点出现得更早（若存在 EKC），但能有效利用后发优势的发展中国家则情况恰好相反。综上所述，我们可以看出，虽然目前计量技术水平的有限性使我们不能给出一个确定无疑的答案，但大量的实证研究似乎预示着如下结论：其一，倒 U 形 EKC 情形只存在于局部（如国家或地区）的具体传统污染物的环境指标；全球范围的、代表环境受损整体程度的污染物总量是经济发展水平的单调递增函数；层出不穷的新型污染物的曲线形状还有待于更深入的考察。其二，即便 EKC 存在，然而不同的数据、不同的模型也会有不同的结果，这些现象暗示着环境和发展之间 EKC 关系的脆弱性。

① Perman R.，Stern，D. I.，2003. Evidence from panel unit root and cointegration tests that the environmental Kuznets curve does not exist. *Australian Journal of Agricultural and Resource Economics* 47，325-347.

② Kathleen，M.，2001. Growth and environment in canada：An empirical analysis. *Ecological Economics* 51，197-216.

第 三 章

治污减排与经济结构调整、经济增长

　　将治污减排视为"因",把经济结构调整(经济发展)视为"果",需要研究以下三个命题:一是污染物排放、经济结构与经济增长之间的关系,二是治污减排与经济结构之间的关系,三是治污减排与经济结构调整之间的关系。

第一节　污染物排放、经济结构与经济增长[①]

　　环境领域中探讨污染物排放与经济发展的研究起源于 EKC 假说,即随着经济增长、经济结构的调整,污染问题会逐步得到解决。然而,EKC 假说提出的背景和所依托的数据基础是政府对环保的干预和作用较小,但我国近三十年的环保都是在强环境规制之下进行的,因此,我国治污减排与经济结构调整(乃至经济发展)的历史实践应该与 EKC 假说有所不同。

　　而且,以往研究往往忽略了经济结构在经济增长与污染物排放之间的作用。对于环境与经济增长问题的研究也常常注重经济增长对环境的作用,忽略了经济增长与环境质量变化之间的双向反馈机制。实际上,经济增长、经济结构与污染物排放之间存在相互影响的关系。合理的经济结构或产业结构能够促进经济增长,经济结构调整可以通过相关产业政策、技术标准以及环保法规等途径实现,从而降低污染物排放,实现经济增长与环境保护的协调。同时,治污减

---

　　① Jiao Roujing, Zhang Pingdan, Zhu Song, He Li, Niu Haipeng, 2014. Identification and implications of relationships among pollutant emission, economic structure and economic growth in China through multivariate analysis. *Journal of Environmental Science and Management* 17 (1): 1 - 11.

排反过来会进一步促进经济结构的调整，而且环境外部效应对于经济结构和经济增长也会产生积极作用。

一、理论分析

环境库兹涅茨曲线假说认为经济发展与污染物排放之间存在倒 U 形曲线关系，即随着经济水平的提高，污染物排放呈现先上升后下降的过程（Kuznets，1955）。后续的研究常常注重经济发展对污染物排放的影响，而事实上，最近的研究发现经济增长与污染物排放之间存在双向影响（贺彩霞和冉茂盛，2009；Fodha and Zaghdoud，2010）。因此，深入分析污染物排放对经济发展的作用机理是十分有必要的。

自 1996 年第四次全国环境保护会议以来，党中央、国务院就把环境保护摆在更为重要的战略位置。特别是"十一五"以来，国务院明确提出："转变经济发展方式与环境保护相辅相成，通过环境保护，可以促进各方面更新观念、调整结构、提升水平，实现绿色清洁发展、节约集约发展。节约资源、保护环境是加快转变经济发展方式的重要测量仪和助推器。……我们要坚持在保护中发展，在发展中保护，把节能减排作为转方式调结构的重要抓手。"可见，污染物排放与经济发展之间已经不再是简单的单向关系或双向关系，而是一个更加复杂的作用体系。我们认为，经济结构在污染物排放与经济发展的关系中起着非常重要的作用。污染物排放的减少能够通过经济结构调整实现（Bruyn et al.，1998），而经济结构在一定程度上能够促进经济的发展（Mohtadi，1996）。污染物排放不仅能直接对经济发展产生负面影响，还能阻碍经济结构的优化调整，从而对经济发展产生间接的负面影响。

1. 经济增长对污染物排放的影响

环境库兹涅茨曲线等一系列研究发现经济增长和环境质量之间存在倒 U 形曲线关系（Grossman and Krueger，1991；Panayotou，1993；Copeland and Taylor，2004；Dasputa et al.，2002；Dinda，2004；宋涛等，2007；刘金全等，2009；吴玉萍等，2002），但也有一些研究认为经济增长和环境质量之间是线性关系或 N 形关系（Stern，2004；Perman and Stern，2003；Shen and Hashimoto，2004；朱平辉等，2010）。Bruyn et al.（1998）等研究发现，污染物排放的减少能够通过经济结构调整以及技术结构调整实现。而经济结构以及技术结构的调整在一定程度上能够促进经济的发展，不过，这种促进作用取决于增长是否可持续以及环境污染对当下经济增长的影响（Mohtadi，1996）。

环境库兹涅茨曲线认为不同的经济增长水平会造成污染物排放方面的差异，

随着经济水平的提高，污染物排放会呈现先上升后下降的过程。首先，污染物排放的很大一部分来自第一和第二产业的影响，而第一、第二产业如果占经济比重较大，即产业结构偏重第一、第二产业，那么环境污染会相当严重。也就是说，经济增长与污染物排放之间的关系在一定程度上可能是由既定的产业结构造成的。其次，即使是在现有的经济结构下，即第一、第二产业占比重一定的情况下，产业集中度等也会对污染物排放产生重要影响。比如，在第一、第二产业比重既定的情况下，钢铁行业产业集中度较高或较低这两种情况下污染物排放差异明显，即集群规模对污染物排放有影响。最后，即使产业集中度较高，而技术较为落后与较为先进相比较，前者往往污染更加严重，即技术因素对污染物排放也有影响。因此，环境库兹涅茨曲线假说所发现的经济增长对污染物排放的影响，可能是通过经济结构（产业结构、集群规模、技术）联系在一起的，而经济结构是由一定的经济增长水平决定的。

2. 污染物排放对经济增长的影响

随着环境问题的恶化，污染物排放对经济增长的制约和影响越来越显著，也越来越受到关注。环境对经济增长的影响表现在很多方面，包括直接影响生产（Mohtadi，1996），以及间接的限制等（Rosendahl，1997）。一些研究基于内生增长理论（Lucas，1988）在经济增长模型中引入了环境对经济发展的影响（Smulders，1995），发现经济活动会对环境产生负的外部性（Michel and Rotillon，1995）。好的环境会对经济活动产生积极作用，不好的环境会对经济活动产生负向影响。

事实上，环境是重要的发展资源，随着经济增长导致的环境污染问题越来越严重，以及消费者对环境质量要求的提高，良好的环境已经成为经济社会发展的重要稀缺资源。在这种情况下，环境变化、资源的开采及利用方式、污染物排放等均会影响到产出变化与消费偏好，从而对经济增长产生反作用，对于长期稳定的持续经济增长而言，这种反作用更为明显（贺彩霞和冉茂盛，2009）。

3. 环境规制对经济增长的影响

在不存在环境管制的情况下，企业往往会出于利润最大化动机而进行较多的污染物排放，表现为经济增长初期，忽略、忽视或不考虑环境问题。这种肆无忌惮的污染物排放会造成环境的恶化，产生外部负效应，影响经济的发展。

而在存在环境管制的情况下，由于污染物排放的增多会增加企业的生产成本，降低企业的效益，从而使得经济增长放缓。从宏观角度看，污染物排放也对环境造成了恶化，影响了其他产业的发展，即产生了负的溢出效应。因此，污染物排放会对经济增长产生负面影响。

实际上，追求好的环境治理并不会阻碍经济增长和发展，而且环境管制与经济增长之间还会呈现一定程度的正相关关系。不过，目前国内外研究对此并没有一致的结论。一些研究发现环境管制对生产力、投资效率以及经济增长有积极作用（Jaffe et al.，1995；Ederington et al.，2005；Fredriksson et al.，2003；List et al.，2003；Chintrakarn，2008），但也有研究发现环境管制有显著负面影响（Berman and Bui，2001；Henderson and Millimet，2005）。随着人们环境质量需求弹性的提高，政府对环境质量的重视，环境对企业生产行为的约束机制正逐步形成，但可能由于人们通过自身消费影响产出的作用有限和环境政策实施存在滞后性等原因，这种机制的形成存在一定滞后，从而影响到经济增长。

4. 经济增长、经济结构与污染物排放

以往的研究往往忽略了经济结构对经济增长与污染物排放的作用。对于环境与经济增长问题的研究也常常注重经济增长对环境的作用，忽略了经济增长与环境质量变化之间的双向反馈机制。而实际上，经济增长、经济结构与污染物排放之间存在相互影响的关系。

合理的经济结构或产业结构能够促进经济增长（干春晖等，2011），经济结构调整可以通过相关产业政策、技术标准以及环保法规等途径实现，从而降低污染物排放，实现经济增长与环境保护的协调。同时，治污减排反过来会进一步促进经济结构的调整，而且环境外部效应对于经济结构和经济增长也会产生积极作用。

二、研究设计

1. 模型设定

由于经济增长与污染物排放之间存在双向影响（贺彩霞和冉茂盛，2009；Fodha and Zaghdoud，2010），而且基于本书前面的分析，经济结构对经济增长与污染物排放有着重要的影响，因此本书采用联立模型对此进行研究。模型设定如下：

$$Pollu_t = \alpha_0 + \alpha_1 GDP_t + \alpha_2 GDP_t^2 + \alpha_3 GDP_t^3 + \alpha_4 Tech_t + \alpha_5 Invest_t + \alpha_6 Structure_t + \alpha_7 Fisdis_t + \alpha_8 Pollu_{t-1} + \varepsilon \tag{3—1}$$

$$Structure_t = \beta_0 + \beta_1 Pollu_t + \beta_2 Structure_{t-1} + \beta_3 GDP_{t-1}\beta_4 Labor_t + \varepsilon \tag{3—2}$$

$$\ln GDP_t = \gamma_0 + \gamma_1 Pollu_t + \gamma_2 Pollu_{t-1} + \gamma_3 Pollu_{t-2} + \gamma_4 Pollu_{t-3}$$

$$+\gamma_5 Structure_t + \gamma_6 Pollu_t \times Structure_t + \gamma_7 GDP_{t-1} + \gamma_8 Invest_t$$
$$+\gamma_9 Consume_t + \gamma_{10} Impexp_t + \varepsilon \tag{3—3}$$

模型（3—1）为经济增长对污染物排放的影响。绝大多数研究认为经济增长与污染物排放存在非线性关系（Stern，2004；Perman and Stern，2003；Shen and Hashimoto，2004；朱平辉等，2010），因此模型（3—1）采用了三次方模拟非线性关系（GDP、GDP^2、GDP^3）。另外，在 EKC 模型基础上增加了技术（$Tech$）、规模（$Invest$）和结构（$Structure$）等因素对污染物排放的制约。同时，本书也考虑到当地政府的财政支出水平（$Fisdis$），在当前阶段，政府承担了环保的主体责任，承担了大多数的环保投资。另外，本书也控制了污染物排放的前期排放水平（$Pollu_{t-1}$）。

模型（3—2）为污染物排放对经济结构的影响。模型中加入了上期经济增长（GDP_{t-1}）、上期经济结构（$Stucture_{t-1}$）以及当期的就业水平（$Labor_t$）的影响。

模型（3—3）为污染物排放对经济增长的影响。基于投资（$Invest$）、消费（$Consume$）以及进出口（$Impexp$）对经济增长的影响，考虑到污染的滞后影响，模型中加入了当期污染物排放（$Pollu_t$）以及滞后 1 期（$Pollu_{t-1}$）、滞后 2 期（$Pollu_{t-2}$）及滞后 3 期（$Pollu_{t-3}$）的污染物排放。同时，模型也考虑了经济结构（$Structure$）以及上期经济增长水平（GDP_{t-1}）的影响。模型（3—3）中污染物排放与经济结构的交叉项（$Pollu_t \times Structure_t$）反映了污染物排放对经济增长与经济结构之间关系的影响。

以上模型设定中都考虑了上一期的因素（如 $Pollu_{t-1}$，$Structure_{t-1}$ 和 GDP_{t-1}），因此，回归结果在一定程度上验证了污染物排放变化与经济结构变化和经济增长之间的关系。

2. 变量定义

经济增长采用国内生产总值来衡量，回归中采用国内生产总值的自然对数（ln GDP）以降低各地区经济增长规模差异的影响。GDP^2 为 GDP 的二次方，GDP^3 为 GDP 的三次方。本书在稳健性检验中也采用了各地区 GDP 占全国 GDP 的比例来反映各地区的经济增长水平，即区域经济增长水平。

经济结构[①]采用产业结构来表征，即第三产业占 GDP 的比重（$Third$）。在稳健性检验中，本书也采用了第一产业占 GDP 的比重和第二产业占 GDP 的比

---

① 经济结构是一个由许多系统构成的多层次、多因素的复合体，包括出口结构、需求结构、要素结构、产业结构、分配结构、技术结构、劳动力结构等。

重分别衡量经济结构。

污染物包括工业废气、工业二氧化硫、工业固体废物、工业废水以及工业废水中化学含氧量，回归中采用人均指标。$Pollu_t$、$Pollu_{t-1}$、$Pollu_{t-2}$、$Pollu_{t-3}$分别代表当期、滞后1期、滞后2期和滞后3期的人均污染物排放。Gas为人均工业废气排放量（标立方米/人），SO_2为人均工业二氧化硫排放量（吨/人），COD为人均工业废水中化学含氧量排放量[①]（吨/人），$Solid$为人均工业固体废物产生量（吨/人），$Water$为人均工业废水排放量（吨/人）。稳健性检验中采用了各地区各种污染物排放总量占全国各种污染物排放总量的比例来反映各地区的污染物排放水平，即区域污染水平。

投资（$Invest$）的影响采用各地人均全社会固定资产投资（元/人）衡量，消费（$Consume$）为各地人均消费（元/人），进出口（$Impexp$）为各地净进出口额（元/人）。技术（$Tech$）因素对污染物排放的制约采用各地人均技术市场成交额（元/人）衡量，劳动就业（$Labor$）的影响采用各地职工人数占各地总人口的比例，财政支出（$Fisdis$）采用各地当年一般财政人均预算总支出（元/人）。

3. 数据与样本

本书从《中国统计年鉴》（1985—2010年）收集了我国31个省（市、区）的污染物排放数据（工业废气数据期间为1991—2009年，工业二氧化硫数据期间为1991—2009年，工业固体废物数据期间为1986—2009年，工业废水排放数据期间为1985—2009年，工业废水中化学含氧量数据期间为2000—2008年）、各地GDP、技术市场成交额、全社会固定资产投资、各地一般财政总支出、各地总人口以及年底职工人数。

由于回归中考虑了滞后3期的影响，因此回归样本有所缺失。同时，删除了其他数据缺失的样本，最终为1998—2009年全国30个地区350个样本点。化学含氧量由于仅有2000—2008年的数据，因此最终为180个样本点。

三、实证检验

1. 描述性统计

图3-1为我国1998—2009年几种污染物人均排放与人均GDP散点图。虽然各种污染物的人均水平与人均GDP在经济发展水平较高的情况下呈现一定的倒U形关系，但是在经济发展初期（经济发展水平相对较低时），也表现出一定的先下降然后上升的趋势。

---

① 为简洁起见，以下简称为人均化学含氧量或人均COD。

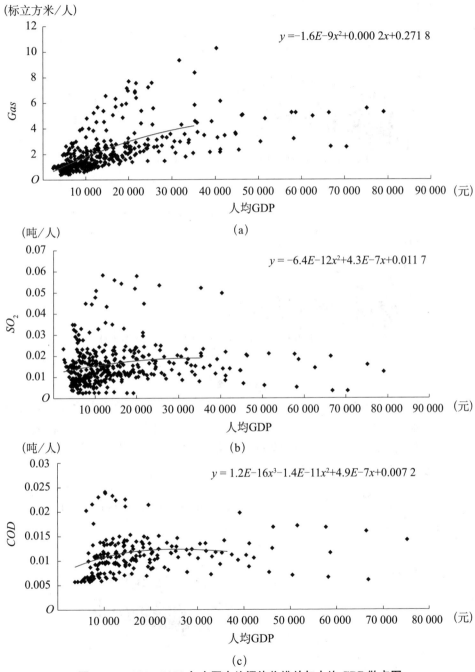

图 3-1 1998—2009 年中国人均污染物排放与人均 GDP 散点图

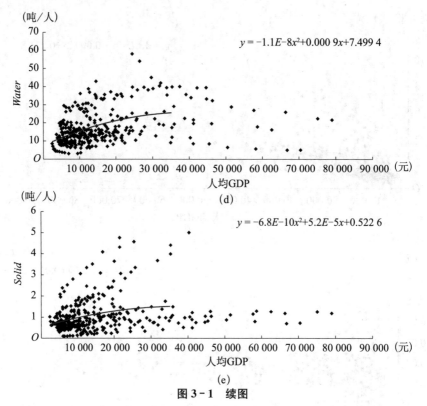

图 3-1 续图

图 3-2 又采用 GDP 的对数构建我国 1998—2009 年几种污染物人均排放与经济发展水平的散点图。同样地,各种污染物的人均水平与人均 GDP 在经济发展水平较高的情况下呈现一定的倒 U 形关系,但是在经济发展初期,也表现出一定的先下降然后上升的趋势。

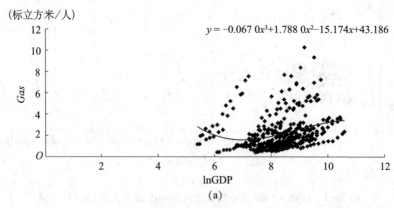

图 3-2 1998—2009 年中国人均污染物排放与 GDP 对数散点图

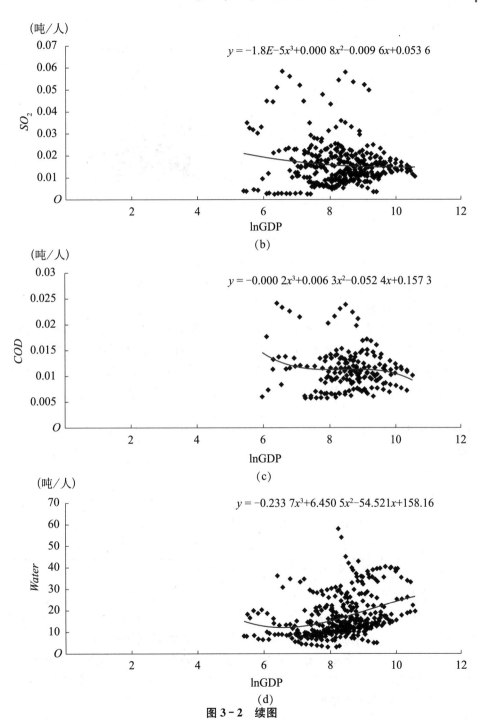

$y = -1.8E\text{-}5x^3 + 0.000\,8x^2 - 0.009\,6x + 0.053\,6$

(b)

$y = -0.000\,2x^3 + 0.006\,3x^2 - 0.052\,4x + 0.157\,3$

(c)

$y = -0.233\,7x^3 + 6.450\,5x^2 - 54.521x + 158.16$

(d)

图 3-2　续图

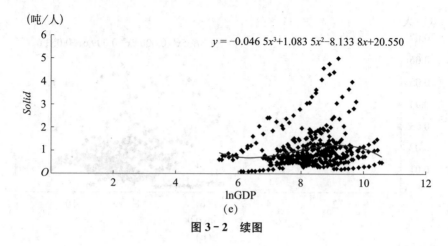

图 3-2 续图

综合图 3-1 和图 3-2，不难发现，我国各地区经济增长与污染物排放并不是环境库兹涅茨曲线所预期的倒 U 形曲线关系，而是呈现倒 N 形曲线关系。

2. 单位根检验

表 3-1 为 1998—2009 年我国各地区经济增长与各种污染物排放情况的单位根检验。ADF 和 Phillips-Perron 检验都显示，不论是经济增长（GDP 自然对数）还是各种污染物排放（人均废气、人均二氧化硫、人均固体废物、人均废水、人均化学含氧量）都拒绝了单位根检验，即各项数据都是平稳的。

表 3-1   单位根检验

	ADF 检验	Phillips-Perron 检验
GDP	$-3.667\ 1^{***}$	$-9.744\ 3^{***}$
Third	$-18.710\ 5^{***}$	$-18.721\ 9^{***}$
Gas	$-4.952\ 1^{***}$	$-9.192\ 3^{***}$
SO_2	$-7.037\ 7^{***}$	$-15.415\ 3^{***}$
Solid	$-5.123\ 0^{***}$	$-7.366\ 3^{***}$
Water	$-9.454\ 1^{***}$	$-15.735\ 8^{***}$
COD	$-4.077\ 6^{***}$	$-4.156\ 6^{***}$

注：***、**、*分别表示在 0.01、0.05 和 0.10 的水平上显著。

3. 协整检验

由于各项数据都是平稳序列，因此表 3-2 对 1998—2009 年我国各地区经济增长与各种污染物排放之间的协整关系进行了检验（Johanson 协整检验）。Trace 统计量和 Max-Eigen 统计量都高度显著，即经济增长（GDP 的自然对数）与各项污染物排放（人均废气、人均二氧化硫、人均固体废物、人均废水、人均化学含氧量）都是协整的。

表 3 - 2 协整检验

		Trace 检验	Max - Eigen 检验
GDP	*Third*	107. 644 6***	87. 225 3***
	Gas	86. 308 7***	55. 366 6***
	SO₂	74. 509 0***	45. 679 2***
	Solid	111. 617 0***	75. 131 1***
	Water	145. 581 0***	124. 575 8***
	COD	19. 802 1**	13. 186 9 *
Third	GDP	107. 644 6***	87. 225 3***
	Gas	105. 889 1***	80. 583 7***
	SO₂	115. 399 9***	93. 675 9***
	Solid	148. 556 0***	127. 662 8***
	Water	187. 965 0***	144. 909 4***
	COD	59. 378 6***	47. 446 6***

注：***、**、* 分别表示在 0.01、0.05 和 0.10 的水平上显著。

4. 格兰杰因果检验

表 3 - 3 为 1998—2009 年我国各地区经济增长、经济结构与污染物排放情况的格兰杰因果检验。考虑到滞后影响[①]，经济增长（GDP）是污染物排放的格兰杰原因（人均废气情况不显著），而污染物排放同时也会严重影响和制约经济增长，污染物排放基本是经济增长的格兰杰原因（人均化学含氧量不显著）。格兰杰检验表明，1998—2009 年我国各地区的经济增长与污染物排放之间存在相互影响的关系。

表 3 - 3 经济增长与污染物排放格兰杰因果检验

		假设	滞后期	F 值	P 值	结果
经济增长与污染物排放	经济增长对污染物排放的影响	GDP 不是 *Gas* 的原因	滞后 3 期	0. 948 2	0. 417 4	不拒绝
		GDP 不是 *SO₂* 的原因	滞后 3 期	3. 254 1	0. 021 9	拒绝
		GDP 不是 *Solid* 的原因	滞后 3 期	4. 499 9	0. 004 1	拒绝
		GDP 不是 *Water* 的原因	滞后 3 期	8. 792 8	0. 000 0	拒绝
		GDP 不是 *COD* 的原因	滞后 3 期	2. 451 3	0. 065 2	拒绝
	污染物排放对经济增长的影响	*Gas* 不是 GDP 的原因	滞后 3 期	7. 268 5	0. 000 1	拒绝
		SO₂ 不是 GDP 的原因	滞后 3 期	4. 585 8	0. 003 7	拒绝
		Solid 不是 GDP 的原因	滞后 3 期	4. 729 3	0. 003 0	拒绝
		Water 不是 GDP 的原因	滞后 3 期	2. 837 4	0. 038 1	拒绝
		COD 不是 GDP 的原因	滞后 3 期	0. 680 4	0. 565 2	不拒绝

① 滞后 2 期的结果基本相同。

续前表

		假设	滞后期	F 值	P 值	结果
经济结构与污染物排放	经济结构对污染物排放的影响	$Third$ 不是 Gas 的原因	滞后 3 期	2.521 1	0.057 8	拒绝
		$Third$ 不是 SO_2 的原因	滞后 3 期	6.775 7	0.000 2	拒绝
		$Third$ 不是 $Solid$ 的原因	滞后 3 期	34.056 9	0.000 0	拒绝
		$Third$ 不是 $Water$ 的原因	滞后 3 期	11.645 9	0.000 0	拒绝
		$Third$ 不是 COD 的原因	滞后 3 期	1.648 7	0.180 0	不拒绝
	污染物排放对经济结构的影响	Gas 不是 $Third$ 的原因	滞后 3 期	15.748 6	0.000 0	拒绝
		SO_2 不是 $Third$ 的原因	滞后 3 期	31.340 9	0.000 0	拒绝
		$Solid$ 不是 $Third$ 的原因	滞后 3 期	11.216 4	0.000 0	拒绝
		$Water$ 不是 $Third$ 的原因	滞后 3 期	9.759 9	0.000 0	拒绝
		COD 不是 $Third$ 的原因	滞后 3 期	0.187 5	0.904 8	不拒绝

注：***、**、* 分别表示在 0.01、0.05 和 0.10 的水平上显著。

经济结构与污染物排放的格兰杰检验显示，除了人均化学含氧量排放与经济结构之间不存在格兰杰因果关系以外，经济结构是其他污染物排放的格兰杰原因，而其他污染物排放也是经济结构的格兰杰原因，也就是说，1998—2009年我国各地区的经济结构与污染物排放之间存在相互影响的关系。

5. 回归分析

表 3-4 为采用 1998—2009 年《中国统计年鉴》数据，利用联立模型对废气污染物排放与经济结构以及经济增长之间关系进行的回归结果。前 3 列为废气污染的情况，中间 3 列为二氧化硫的情况，最后 3 列为化学含氧量的情况。

在污染物排放模型（3—1）的回归中，除化学含氧量外，其他两种污染物的回归结果都显示 GDP 的系数显著为负，而 GDP² 的系数显著为正，GDP³ 的系数显著为负，即经济增长与污染物排放之间呈现倒 N 形曲线关系，而非 EKC 假说预期的倒 U 形曲线关系。技术（$Tech$）和投资（$Invest$）也都在一定程度上影响污染物排放，而地方财政支出（$Fisdis$）和结构（$Structure$）的影响则不明显。

在经济结构模型（3—2）的回归中，除 COD 外，其他两种污染物的回归结果都显示 $Pollu$ 的系数显著为负，意味着污染物排放越多，经济结构（以产业结构表征）越差（第三产业比重越小），这表明污染物排放对经济结构产生负向影响。

在经济增长模型（3—3）的回归中，除 COD 外，$Pollu_t$ 的系数显著为正，$Pollu_{t-1}$ 和 $Pollu_{t-3}$ 的系数显著为负，$Pollu_{t-2}$ 的系数不显著，表明污染物排放对经济增长会产生滞后的负面影响。而 $Structure_t$ 的系数显著为正，意味着经济结构对经济增长具有积极的影响。$Pollu_t \times Structure_t$ 的系数显著为负，意味着当期污染与经济增长呈正相关关系（$Pollu_t$ 的系数显著为正），但当期污染会降

表3—4 废气污染物排放、经济结构与经济增长

变量	Gas			SO_2			COD		
	$Pollu_t$	$Structure_t$	GDP_t	$Pollu_t$	$Structure_t$	GDP_t	$Pollu_t$	$Structure_t$	GDP_t
GDP_t	-71.401 1 (-6.69)***	-0.000 2 (-0.26)	-0.150 4 (-3.38)***	-0.150 4 (-3.38)***			0.002 7 (0.07)		
GDP_{t-1}	9.005 1 (6.71)***		0.995 5 (260.12)***		-0.000 7 (-0.94)	1.005 1 (312.69)***		0.003 0 (2.69)***	0.993 6 (286.22)***
GDP_{t-2}			0.018 9 (3.38)***	0.018 9 (3.38)***			-0.000 4 (-0.09)		
GDP_{t-3}	-0.372 4 (-6.73)***		-0.000 7 (-3.38)***	-0.000 7 (-3.38)***			0.000 1 (0.10)		
$Pollu_t$		-0.001 0 (-2.16)**	0.159 8 (4.13)***		-0.192 7 (-2.52)**	15.775 9 (4.44)***		-0.296 3 (-1.13)	-3.419 8 (-0.40)
$Pollu_{t-1}$	0.958 3 (24.22)***		-0.017 8 (-2.45)**	0.982 5 (54.51)***		-3.331 7 (-2.62)**	0.942 2 (31.50)***		1.225 9 (0.44)
$Pollu_{t-2}$			-0.002 2 (-0.25)			1.661 4 (1.47)			1.362 0 (0.73)
$Pollu_{t-3}$			-0.033 1 (-3.77)***			-2.905 5 (-3.15)***			-1.321 4 (-0.95)
$Tech_t$	-3.670 3 (-3.59)***			-0.005 0 (-1.19)			-0.001 4 (-0.43)		
$Invest_t$	0.024 8 (0.16)		0.019 8 (2.40)**	-0.001 0 (-1.70)*		0.023 9 (3.90)***	-0.000 1 (-0.22)		0.056 7 (7.78)***
$Consume_t$			-0.002 5 (-0.94)			-0.004 7 (-1.82)*			-0.005 3 (-2.27)**
$Imexpr_t$			0.115 9 (3.30)***			0.013 2 (0.77)			-0.054 4 (-1.65)*

续前表

变量	Gas			SO₂			COD		
	$Pollu_t$	$Structure_t$	GDP_t	$Pollu_t$	$Structure_t$	GDP_t	$Pollu_t$	$Structure_t$	GDP_t
$Fisdis_t$	0.614 0 (1.43)			0.000 9 (0.51)			−0.000 5 (−0.46)		
$Structure_t$	0.924 1 (1.03)		0.545 2 (2.95)***	0.001 6 (0.43)		0.246 4 (2.64)**	0.001 5 (0.49)		−0.104 3 (−0.69)
$Structure_{t-1}$		0.949 7 (59.63)***			0.960 3 (61.61)***			1.003 5 (42.31)***	
$Labor_t$		0.104 1 (4.96)***			0.079 3 (3.97)***			0.042 6 (1.24)	
$Pollu_t \times Structure_t$			−0.293 9 (−3.17)***			−24.414 8 (−3.14)***			4.672 2 (0.25)
N	350	350	350	350	350	350	180	180	180
R^2	0.720 3	0.958 5	0.997 7	0.903 5	0.958 9	0.997 9	0.884 8	0.963 9	0.998 7

注: ***、**、*分别表示在 0.01、0.05 和 0.10 的水平上显著。

低经济结构对经济增长的积极贡献，即当期污染对经济增长也具有负面的影响。从另一个角度来讲，当期 $Pollu_t$ 的系数显著为正意味着在现有生产方式下污染物排放与经济增长是相伴随的，更为实质的是，污染物排放对经济增长具有滞后的负向影响，并恶化经济结构导致经济增长的减缓、降低。

表 3-4 的结果表明，1998—2009 年中国各地区经济增长与污染物排放之间呈倒 N 形曲线关系，而污染物排放对经济结构以及经济增长都产生负面影响，污染物排放一方面对经济产生滞后的消极作用，另一方面还会降低经济结构对经济增长的积极贡献。

表 3-5 为其他污染物排放（固体废物 Solid 和废水 Water 排放）与经济结构以及经济增长的回归结果。前 3 列为固体废物的情况，后 3 列为废水的结果。

表 3—5　　　　　其他污染物排放、经济结构与经济增长

变量	Solid			Water		
	$Pollu_t$	$Structure_t$	GDP_t	$Pollu_t$	$Structure_t$	GDP_t
GDP_t	−7.232 7 (−2.82)***			−158.406 2 (−4.06)***		
GDP_{t-1}		−0.000 5 (−0.77)	0.999 4 (193.45)***		−0.000 4 (−0.56)	1.001 4 (288.47)***
GDP_{t-2}	0.921 5 (2.86)***			19.804 68 (4.03)***		
GDP_{t-3}	−0.038 5 (−2.89)***			−0.810 902 (−4.01)***		
$Pollu_t$		−0.001 5 (−1.65)*	1.168 2 (5.94)***		0.000 1 (0.31)	0.002 0 (0.63)
$Pollu_{t-1}$	1.047 9 (70.68)***		−0.310 4 (−7.45)***	0.953 0 (55.51)***		−0.002 9 (−1.84)*
$Pollu_{t-2}$			−0.042 2 (−1.23)			0.001 2 (1.01)
$Pollu_{t-3}$			−0.009 5 (−0.33)			−0.002 2 (−2.32)**
$Tech_t$	−0.672 7 (−2.87)***			−3.361 0 (−0.83)		
$Invest_t$	0.014 9 (0.43)		−0.000 7 (−0.07)	−0.729 9 (−1.28)		0.036 1 (6.62)***
$Consume_t$			−0.002 6 (−0.65)			−0.003 8 (−1.33)

续前表

变量	Solid			Water		
	$Pollu_t$	$Structure_t$	GDP_t	$Pollu_t$	$Structure_t$	GDP_t
$Impexp_t$			0.078 9 (2.48)**			−0.000 2 (−0.01)
$Fisdis_t$	0.134 030 8 (1.37)			0.437 0 (0.27)		
$Structure_t$	−0.089 4 (−0.42)		1.853 6 (4.75)***	−3.158 4 (−0.86)		−0.070 5 (−0.70)
$Structure_{t-1}$		0.937 7 (57.47)***			0.967 2 (61.53)***	
$Labor_t$		0.109 4 (5.15)***			0.073 2 (3.64)***	
$Pollu_t \times$ $Structure_t$			−2.150 9 (−4.71)***			0.003 6 (0.54)
N	350	350	350	350	350	350
R^2	0.951 6	0.958 5	0.993 6	0.918 4	0.957 2	0.997 7

注：***、**、*分别表示在0.01、0.05和0.10的水平上显著。

在污染物排放模型（3—1）的回归中，固体废物和废水与经济增长的关系依旧是倒N形曲线关系，与表3-4的结果一致。在经济结构模型（3—2）的回归中，固体废物下的$Pollu$系数显著为负，但在废水中不显著，这表明固体废物排放对经济结构具有显著负面影响，而废水对经济结构的负面影响不显著。在经济增长模型（3—3）的回归中，固体废物排放的结果与废气的排放结果基本一致。而废水排放中$Pollu_t$的系数为正但不显著，$Pollu_{t-1}$和和$Pollu_{t-3}$的系数显著为负，$Pollu_t \times Structure_t$的系数不显著。

表3-5的结果与表3-4基本一致。我国各地区经济增长与污染物排放之间呈倒N形曲线关系，而污染物排放对经济结构以及经济增长都产生负面影响，而且污染物排放对经济还具有滞后的负向影响。

在以上的分析中，经济结构主要采用产业结构（第三产业占经济总量的比重）来表征，本书也采用了第一产业占GDP的比重以及第二产业占GDP的比重分别表征经济结构进行分析，结果见表3-6。前3列为第一产业占GDP的比重表征结构的结果，后3列为第二产业占GDP的比重的结果。污染物排放模型（3—1）的回归与之前一致，而在经济结构模型（3—2）的回归中，$Pollu$的系数都不显著，经济增长模型（3—3）的回归也与之前基本一致。也就是说，不论是采用第一产业、第二产业还是第三产业表征经济结构，经济增长与污染物排放之间的关系都呈现倒N形曲线关系，污染物排放会对经济增长产生滞后的负面影响。

表 3—6   废气污染物排放、不同经济结构与经济增长

变量	第一产业占 GDP 的比重表征经济结构			第二产业占 GDP 的比重表征经济结构		
	$Pollu_t$	$Structure_t$	GDP_t	$Pollu_t$	$Structure_t$	GDP_t
GDP_t	−59.624 1			−14.568 5		
	(−7.91)***			(−1.99)**		
GDP_{t-1}		0.000 01	1.003 3		−0.000 8	1.000 9
		(0.02)	(240.83)***		(−0.94)	(242.41)***
GDP_{t-2}	7.503 0			1.837 4		
	(7.92)***			(1.99)**		
GDP_{t-3}	−0.309 7			−0.076 1		
	(−7.92)***			(−2.00)**		
$Pollu_t$		0.000 1	0.161 8		0.000 7	0.239 4
		(0.15)	(5.77)***		(1.32)	(7.32)***
$Pollu_{t-1}$	0.978 0		−0.070 5	0.999 3		−0.022 9
	(29.57)***		(−5.87)***	(33.54)***		(−3.02)***
$Pollu_{t-2}$			−0.031			−0.003 0
			(−2.42)***			(−0.32)
$Pollu_{t-3}$			−0.061 9			−0.041 9
			(−5.83)***			(−4.55)***
$Tech_t$	−2.213 0			−1.356 0		
	(−3.68)***			(−1.82)*		
$Invest_t$	0.065 3		0.018 1	0.154 4		0.023 3
	(0.53)		(1.76)*	(1.30)		(2.53)**
$Consume_t$			−0.000 5			−0.002 8
			(−0.19)			(−0.92)
$Impexp_t$			0.003 4			−0.032 0
			(0.14)			(−1.69)*
$Fisdis_t$	0.311 0			0.082 7		
	(0.97)			(0.26)		
$Structure_t$	0.136 2		0.252 6	−0.400 9		0.619 4
	(0.24)		(1.79)*	(−0.63)		(5.84)***
$Structure_{t-1}$		0.949 7			0.978 8	
		(93.41)***			(75.76)***	
$Labor_t$		−0.004 4			−0.087 5	
		(−0.37)			(−5.69)***	
$Pollu_t \times Structure_t$			−0.230 3			−0.359 4
			(−2.44)**			(−6.06)***

续前表

变量	第一产业占 GDP 的比重表征经济结构			第二产业占 GDP 的比重表征经济结构		
	$Pollu_t$	$Structure_t$	GDP_t	$Pollu_t$	$Structure_t$	GDP_t
N	350	350	350	350	350	350
R^2	0.778 0	0.985 8	0.994 9	0.899 3	0.966 1	0.996 9

注：***、**、* 分别表示在 0.01、0.05 和 0.10 的水平上显著。

在以上分析中，污染物排放都采用人均数据。而我们也看到，不同地区污染物排放差异较大。污染物排放一方面可以从排放水平来看，另一方面也可以从污染结构来看，即不同地区污染物排放占全国排放的比例衡量地域之间的排放差异。

表 3-7 采用各地区污染物排放占全国污染物排放的比例表征污染物排放[①]，检验了其对各地经济结构（第三产业占 GDP 的比重）与区域经济增长[②]（各地 GDP 占全国 GDP 的比重）的影响［因篇幅原因省略了污染物排放模型（3—1）的回归结果］。在经济结构模型（3—2）的回归中，$Pollu_t$ 的系数为负不显著，表明采用地区污染结构对区域产业结构也存在一定影响但不明显。在经济增长模型（3—3）的回归中，$Pollu_t$ 的系数显著为正，$Pollu_{t-1}$ 的系数也基本都显著为负，$Pollu_{t-2}$ 和 $Pollu_{t-3}$ 的系数不显著，这与表 3-4 和表 3-5 基本相同，即区域污染结构对区域经济结构会产生滞后的负面影响。$Pollu_t \times Structure_t$ 的系数也全部为负，意味着地区污染结构差异也会降低地区产业结构对区域经济增长的积极贡献，即当期污染对经济增长也具有负面的影响。

总之，污染物排放与经济增长通过经济结构而形成相互影响的关系，综合表 3-4 至表 3-7，我国各地区经济增长和污染物排放之间呈现倒 N 形曲线关系，污染物排放对经济增长有滞后的负向影响，还会降低经济结构对经济增长的积极贡献。在本书的实证研究中，污染物排放不仅使用了工业废气、工业二氧化硫、工业固体废物、工业废水、工业废水中化学含氧量这五种主要污染物的人均数据，还应用了结构数据（各地区污染物排放占全国污染物排放的比例）；经济结构使用产业结构来表征，不仅使用了第三产业占 GDP 的比重，还使用了第一产业、第二产业占 GDP 的比重；经济增长不仅使用了 GDP 的人均数据，还使用了各地区 GDP 占全国比重的数据；通过联立模型分析，各类数据的实证结果基本一致。

---

① 污染物排放（$Pollu$）等于该地区某种污染物排放总量除以当年全国该种污染物排放总量，衡量地域之间的排放差异。

② 经济增长模型中，被解释变量为各地 GDP 占全国的比重，解释变量中污染物为各地区某项污染物排放占全国某项污染物排放的比例。投资、消费、进出口也都为各地区占全国的比例。

表 3 - 7 各地区污染物排放占全国比例对区域经济的影响

	Gas Structure$_t$	Gas GDP$_t$	SO$_2$ Structure$_t$	SO$_2$ GDP$_t$	COD Structure$_t$	COD GDP$_t$	Solid Structure$_t$	Solid GDP$_t$	Water Structure$_t$	Water GDP$_t$
GDP$_{t-1}$	0.043 1 (1.06)	0.927 3 (79.59)***	0.016 6 (0.44)	0.931 0 (85.51)***	0.101 1 (1.76)*	0.909 3 (47.76)***	0.018 9 (0.64)	0.938 7 (84.43)***	-0.058 3 (-1.09)	0.934 8 (81.85)***
Pollu$_t$	-0.057 1 (-1.12)	0.143 8 (3.85)***	-0.013 1 (-0.24)	0.102 3 (2.30)**	-0.076 9 (-0.93)	0.384 5 (3.80)***	-0.034 4 (-0.99)	0.109 3 (2.30)**	0.083 5 (1.51)	0.104 0 (2.71)***
Pollu$_{t-1}$		-0.026 2 (-2.08)**		-0.014 2 (-0.67)		-0.011 4 (-2.90)***		-0.030 0 (-1.89)*		-0.013 2 (-0.58)
Pollu$_{t-2}$		0.000 3 (0.02)		0.000 3 (0.02)		-0.011 4 (-0.26)		0.003 5 (0.26)		-0.003 6 (-0.19)
Pollu$_{t-3}$		0.003 6 (0.28)		-0.002 3 (-0.18)		0.011 3 (0.38)		-0.015 (-1.34)		-0.009 1 (-0.69)
Invest$_t$		0.079 5 (10.56)***		0.071 1 (9.42)***		0.094 4 (7.37)***		0.076 6 (10.41)***		0.074 5 (9.91)***
Consume$_t$		-0.018 0 (-1.41)		-0.021 1 (-0.91)		-0.023 6 (-1.63)		-0.020 3 (-0.69)		-0.020 2 (-0.74)
Impexp$_t$		0.015 4 (6.79)***		0.014 8 (6.73)***		0.021 9 (5.02)***		0.011 5 (5.66)***		0.013 6 (6.05)***
Structure$_t$		0.003 8 (2.12)**		0.001 0 (0.78)		0.002 4 (1.05)		0.000 8 (0.50)		0.000 7 (0.53)
Structure$_{t-1}$	0.936 7 (53.81)***		0.942 7 (56.20)***		0.993 6 (42.27)***		0.938 4 (54.91)***		0.946 8 (57.31)***	
Labor$_t$	0.105 6 (4.89)***		0.100 3 (4.56)***		0.046 0 (1.23)		0.102 6 (4.78)***		0.108 2 (4.89)***	
Pollu$_t$ × Structure$_t$		-0.316 2 (-3.67)***		-0.182 6 (-2.29)**		-0.397 5 (-2.84)***		-0.173 3 (-1.75)*		-0.194 2 (-2.65)***
N	350	350	350	350	180	180	350	350	350	350
R^2	0.957 9	0.998 4	0.957 7	0.998 4	0.962 6	0.998 3	0.957 9	0.998 3	0.957 6	0.998 4

注：***、**、* 分别表示在 0.01、0.05 和 0.10 的水平上显著。

四、结论与政策含义

利用 1998—2009 年我国各地区的统计数据，使用人均数据和结构数据重点考察了污染物排放对经济结构、经济增长的影响，形成了以下主要结论：

我国经济发展水平与污染物排放之间呈倒 N 形曲线关系，而非环境库兹涅茨曲线预期的倒 U 形。尽管我国从环保政策上已经摒弃了"先污染后治理""边污染边治理"，然而，不少地方仍然认为发展是主要矛盾，环保是次要矛盾，只要经济发展了，污染物排放最终会得到自动解决。其实，发展和环保是对立统一的。当前，矛盾的主要方面是发展不足、结构不优、转型不够，在以环境保护优化经济增长的新阶段，不能把环保和发展割裂开来，更不能对立起来，要坚持在发展中保护，在保护中发展。倒 N 形关系深刻揭示了近三十年来我国环保工作对经济发展、经济结构调整的重要意义；"污染物排放对经济结构有负向影响，对经济增长有长期的滞后负向影响，还会降低经济结构对经济增长的积极贡献"这一规律的发现表明，控制污染物排放、加强环保可以倒逼经济转型，从政策上看就是治污减排完全可以成为经济结构调整的突破口和重要抓手，为环境保护和经济发展高度融合提供了理论说明和支撑。

我国正处于工业化中后期和城镇化加速发展的阶段，经济增长的资源环境约束日趋强化，"转结构、调方式"已经成为共识，而基于我国各地区统计数据的实证研究表明，治污减排、加强环保可以倒逼经济转型、促进可持续发展，因此，在政策上应该进一步强化主要污染物总量减排政策，坚持在发展中保护、在保护中发展，积极探索代价小、效益好、排放低、可持续的环境保护新道路。

第二节 治污减排与经济结构

现有国内外研究发现，污染物排放的减少是能够通过经济结构调整以及技术结构调整实现的。而经济结构以及技术结构的调整从一定程度上能够促进经济的发展，但是，这种促进作用取决于增长是否可持续以及环境污染对当下经济发展的影响。因此，需要进一步探讨污染物排放与经济结构的关系。

中国经济发展目前面临着经济结构不合理、经济增长质量不高的问题。而资源短缺、环境污染、生态失衡现象依然十分明显。多年以来，中央和政府都将治污减排视为经济结构调整的首要任务、突破口和重要抓手。《国家环境保护"十一五"规划》发布后，各地区、各部门综合运用法律、经济、技术及必要的行政手段，积极推动环境质量改善，治污减排取得突破性进展，但环境污染总体尚未得到遏制，环境监管能力依然滞后，形势依然严峻。

当前结构调整对治污减排的效果是显著的，但对治污减排对经济发展、经济结构调整、就业水平等方面的效果却了解甚少。在实现治污减排目标的过程中，亟须明确一些关键问题：治污减排对经济发展和结构调整的正向作用或作用效果是什么？不同治污减排手段对结构调整的作用和效果存在多大的不同？本研究采用已有污染物排放数据，对治污减排在经济结构调整中的作用进行初步分析。

严厉的环境管制将会刺激企业寻求创新途径，以便降低生产成本和减少污染（Gardiner，1994；赵细康，2003），使企业改进生产过程中的非效率，补偿管制给企业增加的成本。如果这种创新效应足够大，则管制就可以达到一种经济绩效和环境绩效同时改进的"双赢"状态（Porter，1991；Porter and Linde，1995）。而且，环境管制会促进资源的集约利用，即对自然资源、人力资源、资金资源和废料资源等的集约化利用，从而尽量减少单位产品的单位产值的物耗、能耗、活劳动消耗和资金消耗，并使单位产品所形成的污染物质达到最低程度，同步产生较高的经济效益、社会效益和生态效益（马传栋，2002）。因此，追求好的环境治理并不会阻碍经济增长和发展，而且环境管制与经济增长之间还会呈现一定程度的正相关关系。不过，目前国内外研究对此并没有一致的结论。一些研究发现环境管制对生产力、投资效率以及经济发展有积极作用（Jaffe et al.，1995；Ederington et al.，2005；Fredriksson et al.，2003；List et al.，2003；Chintrakarn，2008），但也有研究发现有显著负面影响（Berman and Bui，2001；Henderson and Millimet，2005）。

节能减排是指减少能源浪费和降低污染物排放，是环境管制中的一项重要措施。节能减排可以通过以下几个途径完成：控制高耗能、高污染行业过快增长，加快淘汰生产能力落后的企业，调整产业结构；加快废水污染和废气污染治理，发展循环经济；依靠科技力量，加强环境保护。这是因为，污染形成原因包括规模、结构和技术三个方面。规模效应度量由于经济活动总规模增长导致的污染增加，结构效应度量由于全部产出的构成发生变化引起的污染改变，技术效应反映单位产出的污染强度变化引起的污染改变（瞿凡和李善同，1998）。一些研究发现节能减排对生产力与经济发展产生负面影响。Smith（1996）对控制二氧化碳排放量的研究指出，将二氧化碳的浓度控制在前工业期2倍的水平上，对发达国家来讲，国内生产总值要减少1%～1.5%，而发展中国家要减少1.5%～2.0%。王翠花（2003）参考江苏省各部门投入产出及能源消耗，发现控制二氧化碳排放，如果仅从减少主要燃煤行业的用煤量出发，将会给地区经济造成很大损失，同时社会总产出的减少量随着减排二氧化碳比例的增大而上升。陈文颖等（2004）应用 Markal-Macro 模型发现，在中国，当减排率为 0～45％时，当年的 GDP 损失率在 0～2.5％之间，且越早开始实施减排GDP 损失率越大；碳减排对 GDP 增长的影响在减排实施之前约十年发生，并逐渐增强一直延续到实施减排以后若干年。蒋洪强等（2009）研究发现，从淘汰落后产能以及电力行业的"上大压小"政策的角度看，2006 年和 2007 年淘汰落后产能措施对社会总产出、各部门的中间投入、GDP、就业和税收收入，都有一定的负面影响。

当然，也有一些研究发现节能减排具有正面影响。王齐（2005）利用山东省 1996—2003 年数据回归分析发现，环境管制强度与产业升级水平之间呈现显著的正线性相关关系，说明随着政府环境管制强度的增大，产业升级水平也随之提高，即现实中可以实现经济绩效和环境绩效的双赢状态。蒋洪强等（2005）发现，在我国污染治理设施投资对经济的增长有明显的拉动作用。因为污染治理投资扩大了内需，形成的污染治理设施增加了治理污染的能力，为改善环境质量提供了条件，从而满足相应的环境质量要求。同时，污染治理设施投资也创造了国内生产总值，增加了利税，提供了新的就业机会，从而拉动经济增长。赵海东（2007）指出产业结构调整是节能减排的关键，节能减排又能促进产业结构调整，对内蒙古经济发展方式的转变有着重要的作用。蒋洪强等（2009）研究也发现 2006 年和 2007 年淘汰落后产能措施对于优化经济增长方式确实起到了积极作用，表现在优化了产业结构以及提高了经济效率。总之，目前关于节能减排对生产力与经济发展产生的影响研究尚无一致结论。

当前我国中央和政府一直将减排视作经济结构调整的首要任务，尤其是《国家环境保护"十一五"规划》发布后，各地区、各部门综合运用法律、经济、技术及必要的行政手段，积极推动环境质量改善，治污减排取得突破性进展。那么，治污减排到底对经济发展和经济结构调整存在正面还是负面的作用呢？废气、废水、固体废物的排放限制等治污减排政策对经济结构产生了什么样的影响？目前尚无相关研究。

基于 1998—2009 年中国六大地区的统计数据[①]，本节分析了固体废物污染、废气污染（含 SO_2 和 COD）以及废水污染对经济结构（产业结构和区域结构）

---

① 华北地区（北京、天津、河北、山西、内蒙古）、华南地区（上海、江苏、浙江、安徽、福建、山东、广东、广西、海南）、东北地区（辽宁、吉林、黑龙江）、西南地区（重庆、四川、贵州、云南）、西北地区（陕西、甘肃、青海、宁夏、新疆）以及中部地区（江西、河南、湖北、湖南）。

的影响。实证结果表明，污染物排放会对经济结构产生明显的负面影响，而经济发展水平能够在一定程度上降低这种负面影响。因此，对于地方经济政府而言，不必过度担心污染治理对经济发展的影响，至少从产业结构考虑，治污减排是有利于产业结构调整和优化的。从区域结构而言，治污减排有利于本地区GDP占全国比重的提高，而且，对于经济发展较好的地区而言，这种改善经济结构的效果更明显。

第三节　治污减排与经济结构调整

　　经济结构在我国宏观经济发展中有着重要意义，从某种程度上说，经济结构是一个结构，而经济结构调整则是政策的动态过程。

　　采用不同的减排手段能够在一定程度上降低污染物排放水平。而治污减排的不同手段无论是从结果治理（事后治理）来看，还是从过程治理（事中治理）来看，都直接作用于高耗能、高污染（通常表现为重工业）、低技术（落后产能和工艺）的产业和企业，要么使得这些行业和企业的发展受到了重大限制，要么直接被淘汰。最终表现在产业结构上为第二产业（重工业）的比重下降、高新技术型企业产值提升；在技术上，能够促进落后产能和工艺的淘汰，进一步促使技术升级发展。因此，治污减排可以在一定程度上改善和影响经济结构。

　　纵观历史，欧美一些国家工业化的经验使我们意识到需要在维护工业化蓬勃发展的同时考虑到环境的发展。主要的发达国家，如英国、美国和日本，在经历了上百年的工业化进程和发展过程中，在生态环境保护的发展方面也经过了一个从工业污染防治、生活污染防治，再到生态环境保护的过程。改革开放至今三十多年，我国在经济发展上一直保持着高速的增长态势，经济结构也逐渐从劳动密集型工业为主、资本密集型工业为主转向技术密集型工业为主。虽然中国经济发展的步伐令世界震撼，但是，生态环境也为此付出了巨大代价。在发达国家上百年经济发展中出现的问题，对于发展仅有三十多年的中国而言，也同样摆到了经济政策与环保政策制定部门面前。

　　多年以来，中央和政府都将治污减排视为经济结构调整的首要任务、突破口和重要抓手。我国"十二五"时期，环境保护和绿色发展受到更为广泛和深刻的关注。国家"十二五"规划提出之后五年，要确保科学发展取得新的显著进步，确保转变经济发展方式取得实质性进展。要坚持把建设资源节约型、环境友好型社会作为加快转变经济发展方式的重要着力点。从淘汰落后产能以及电力行业的"上大压小"政策的角度看，2006年和2007年淘汰落后产能措施对于优化经济增长方式确实起到了积极作用，表现在优化了产业结构以及提高了经济效率（蒋洪强等，2009）。

而治污减排的方式除了淘汰落后产能等关停并转迁政策外，还包括例如投资建立污水处理厂、购买脱硫脱硝等减排设备、环保立法和执法手段等方式。那么，目前环保部门采用的各项治污减排措施对经济结构调整到底产生了什么样的影响？具体到产业结构调整的问题上，治污减排对产业结构调整的影响机理和路径是什么样的？最终的效果如何？

基于1985—2009年中国各个地区的统计数据，我们分析了"三废"污染物对经济结构调整的影响。研究表明，治污减排（污染物排放变化）会造成经济结构的调整，经济结构调整与治污减排（污染物排放变化）之间互为因果关系。回归分析也表明，污染物排放变化会对经济结构调整产生负面影响，或者说污染物排放减少会对经济结构调整起到积极作用。进一步的研究也显示，污染物排放变化会影响经济发展在经济结构调整中的作用，污染物排放越多，越会减缓经济结构的调整。

倒N形关系的揭示，在理论上回应并证实了"治污减排是经济结构调整的首要任务、突破口和重要抓手"这样一个命题，证实了治污减排和经济发展可以很好地实现融合，驳斥了"节能减排对经济发展有负向作用"等错误认识，说明控制污染物排放、加强环保可以倒逼经济转型，因此，在宏观政策的制定上，要将治污减排纳入约束目标，充分发挥治污减排对结构调整、经济发展的积极作用，从政策上促进经济发展和环境保护的高度融合。

第 四 章

治污减排对经济结构调整的作用机理探索

从理论上看，治污减排对结构调整的作用机理主要有两个，一个是成本路径，一个是技术路径。如果我国治污减排对结构调整的作用机理主要是技术路径，那么，治污减排就进入了内生经济增长模型，治污减排就是经济发展的一部分，行政命令就可以逐步退出，而更多地依赖市场手段。如果我国治污减排对结构调整的作用机理主要是成本路径，那么，面临我国压缩型、复合型、结构型的环境挑战，在未来较长时期内仍然需要行政命令为主的环境政策。为此，在研究上我们从两个角度入手。

一是从减排手段入手，根据工程减排、结构减排、管理减排的划分，探索这三种减排手段对结构调整的作用，从而厘清我国治污减排对结构调整的作用机理。

二是从环境政策入手，主要是探索其对结构调整、经济发展和社会民生的作用机理。

第一节 基于减排手段的作用机理探索[①]

经济结构调整一直是中国政府近年来高度重视的问题。"十一五"期间，中央和政府都将减排视为经济结构调整的首要任务、突破口和重要抓手。2006 年底的中央经济工作会议上明确了"节能减排将是明年经济结构调整的首要任务

---

① 朱松，张平淡，牛海鹏. 治污减排对需求结构的影响. 环境工程技术学报，2012，2 (2)：146 - 153.

和突破口"。2007 年 6 月，国务院《节能减排综合性方案》正式出台。温家宝总理在全国节能减排工作电视电话会议上要求，必须把节能减排作为当前加强宏观调控的重点，作为经济结构调整，转变增长方式的突破口和重要抓手，作为贯彻科学发展观和构建和谐社会的重要举措。国家环境保护部通过深入推进结构减排、工程减排、管理减排等工作，使得"十一五"减排目标实现情况较为理想。

目前有研究认为环境规制，如节能减排，会对生产力与经济发展产生负面影响，也有研究发现淘汰落后产能等治污减排政策的实施在一定程度上优化了产业结构，有利于经济结构调整。2008 年全球经济危机之后，总需求不足俨然是全球性挑战，治污减排手段能否改善需求结构就成为相关政策制定部门非常关心的话题，因此，有必要深入检验"十一五"期间治污减排手段对需求结构调整的影响。

"十一五"期间我国治污减排主要有三种手段。一是工程减排，即建立污水处理厂等减排工程、购买脱硫、脱硝等减排设备，从结果上降低污染物排放。二是结构减排，即通过关停并转迁、淘汰落后产能和提高工艺标准等手段，降低高能耗的企业比重，从而促进企业技术升级，达到降低污染物排放的目的。三是管理减排，通过环保立法和执法手段等，加重企业的污染物排放成本，从而降低污染物排放。无论是从结果治理（事后治理）来看，还是从过程治理（事中治理）来看，治污减排工作都直接作用于高耗能、高污染（通常表现为重工业）、低技术（落后产能和工艺）的产业和企业，从排放结构和强度上着手降低污染物排放。

一、治污减排与结构调整的分析

消费、投资、出口是拉动我国经济增长的"三驾马车"。随着多年积极财政政策累积效应的释放，投资率不断攀升，消费率则持续下降，我国经历了投资和出口主导的经济发展模式。我国较高的投资率不仅意味着社会产出中更少的比例被用于消费，而且带来生产能力过剩、大量银行呆坏账、长期贸易顺差等一系列宏观经济问题（乔为国，2007）。由于投资增长过快，消费增长明显不足，我国出口依存度已达 36%。经济增长过多地依赖国外需求的拉动，结果必然受制于人。一旦受到外部经济环境的影响，我国的出口就会遭到很大削弱。

而经济增长过多地依靠投资和出口的拉动，国内需求贡献率偏低，这种扭曲的经济结构由来已久。中国经济在过去三十年呈现了惊人的高速增长，目前却面临着经济结构不合理、经济增长质量不高的严重问题。经济结构调整一直是中国政府这些年以来高度重视的问题（张平淡等，2011）。多年以来，中央和政府都将治污减排视作经济结构调整的首要任务、突破口和重要抓手。淘汰落后产能等治污减排政策的实施在一定程度上优化了产业结构、提高了经济效率（蒋洪强等，2009）。而其他治污减排政策和手段对于我国的经济结构产生了什么样的影响？尤其是对于以出口和投资为主导的中国经济发展模式，治污减排手段能否改善需求结构也是相关政策制定部门非常关心的话题。

1. 治污减排与要素结构

工程减排使得高耗能、高污染的企业不得不加大环保方面的投入，被迫进行技术升级，使得企业原有的要素投入发生变化，比如劳动密集型产业和企业逐步提高技术和资本等要素的投入，对要素结构产生影响。从行业整体来看，个别企业技术的升级会进一步加剧企业之间的竞争，促使行业技术水平上升，进而改善行业整体的要素结构。

结构减排将大量减少生产效率低下、能源消耗量大且污染严重的企业数量，一些企业为了避免被淘汰而进行技术升级，提高生产效率，这有利于要素结构的改善。另一些企业无法承受则被强制性淘汰。这些都会促进行业内部出现技术升级以及各生产要素投入比例的改变，从而改善要素结构。

管理减排通过行政或法律手段，提高排放的成本或门槛，或是集中对污染物排放进行治理。这种减排手段不仅是针对单个企业，更多地是面向全行业，使得整个行业的资本、技术等要素投入发生变化，改变行业的要素结构。

总体来讲，各种治污减排手段由于提高了企业的技术门槛以及提高了企业的成本，促使企业不得不进行技术升级改造，从而改变各生产要素的投入比例，改变现有的要素结构。

2. 治污减排与产业结构

由于企业不得不进行环保方面的投入，加强技术升级改造，而不同的企业在技术和投入方面的差异，造成其在产品和市场上的竞争优势不同，加上国家对于环保方面有较多的财政、税收以及金融方面的支持，因此，治污减排工作的落实能够改变目前的竞争格局，直接影响产业集中度。而且，例如关停并转迁以及淘汰落后产能和工艺等行政手段的应用，使得部分小企业被淘汰，加剧了产业内部集中度的变化。

另外，治污减排工作的控制单元在于高耗能、高污染的企业，相应地，各地政府会对这类企业进行严格的规制，尤其"十一五"期间我国推行的是目标减排，这样，高耗能、高污染的企业往往是减排首当其冲的对象。因此，不论是关停并转迁，还是淘汰落后产能和工艺，以及环保法规条例的制定，都会针对这些高耗能、高污染的企业和行业，从而对这些行业进行严格的限制，约束其发展。这类企业发展受到限制，使得资源、资金等逐渐流向其他产业和行业，有利于其他产业的发展。因此，治污减排能够改变产业布局，降低高耗能、高污染企业和行业在经济中的比重。

整体而言，治污减排会影响到企业和行业的技术水平、竞争力，使得行业内部发展趋于集中，改变整体产业布局，最终影响产业结构以及产业结构的合理化。

3. 治污减排与出口结构

各种治污减排手段的运用使得技术含量较低、生产能力和工艺落后的部分企业被淘汰，而另一些企业出于生存的压力进行技术升级和产业转型，导致其产品结构发生变化。工程减排提高了企业的产品成本和运行成本，表现在对外出口销售上就会遇到很大的瓶颈和限制。工程减排的落实在一定程度上会降低高成本企业出口的比例，改变出口结构。

结构减排手段同样也会加重企业的产品成本。成本上升问题加重了企业的出口压力，在一定程度上会改变企业的出口结构。管理减排也在一定程度上提高了标准，从技术以及成本方面对出口企业以及产品提高了要求，在一定程度上对企业的出口产生了影响。由于目前出口在相当比例上属于污染较重的工业产品，因此治污减排的落实一方面能够在技术方面改变产品的要素结构，另一方面可以改变现有的产业结构，从而影响出口结构，原来高污染、高耗能的产品在出口方面会受到更加严格的限制和要求。

4. 治污减排与需求结构

最终需求结构取决于现有产品的要素结构、产业结构以及出口结构。要素结构相对合理，能够提高产品的技术含量和质量，从而带动消费，改善需求结构。而产业结构相对合理，能够进一步促进产品的消费，也能够对需求结构产生积极影响。同样地，出口结构的不合理会压缩和挤占国内的消费需求，从而对需求结构产生负面影响。

三大治污减排手段在不同程度上对要素结构、产业结构以及出口结构产生影响，最终会影响到目前的需求结构。治污减排手段与要素结构、产业结构、出口结构以及需求结构之间的关系如图4-1所示。

二、治污减排与需求结构的实证分析

1. 模型设定

首先基于面板数据模型，对治污减排对需求结构的最终影响进行分析。具

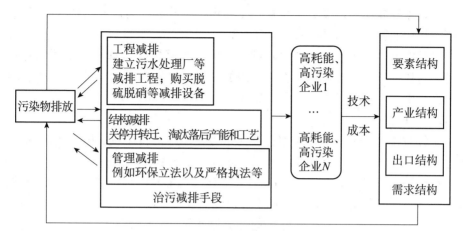

图 4-1　治污减排的作用机理

体模型设定如下：

$$XQ_{i,t}=\alpha_0+\alpha_1 Project_{i,t}+\alpha_2 Structure_{i,t}+\alpha_3 Manage_{i,t}$$
$$+\alpha_4 Third_{i,t}+\alpha_5 Tech_{i,t}+\alpha_6 Edu_{i,t}+\varepsilon_{i,t} \qquad (4—1)$$

其中，XQ 为需求结构，$Project$ 为工程减排，$Structure$ 为结构减排，$Manage$ 为管理减排。需求结构不仅受到政策的影响，也受到其他经济因素的影响，如服务业、技术以及教育等的发展水平。模型（4—1）中 $Third$ 为服务业发展水平，$Tech$ 为技术发展水平，Edu 为教育发展水平。

由于治污减排手段直接作用于微观企业，通过影响企业的技术和成本，促进企业进行技术升级，从而影响企业和行业的技术水平，进一步影响到要素结构和产业结构，从而最终影响需求结构，作用机理如图 4-1 所示。因此，为了清晰地表现出三大减排手段对需求结构的影响机理，本书也进一步采用联立方程模型来检验这一过程，模型设定如下：

$$YS_t=\gamma_0+\gamma_1 Project_t+\gamma_2 Structure_t+\gamma_3 Manage_t$$
$$+\gamma_4 Third_t+\gamma_5 Tech_t+\gamma_6 Edu_t+\varepsilon \qquad (4—2)$$

$$CY_t=\beta_0+\beta_1 Project_t+\beta_2 Structure_t+\beta_3 Manage_t$$
$$+\beta_4 Third_t+\beta_5 Tech_t+\beta_6 Edu_t+\varepsilon \qquad (4—3)$$

$$EXP_t=\gamma_0+\gamma_1 Project_t+\gamma_2 Structure_t+\gamma_3 Manage_t$$
$$+\gamma_4 Third_t+\gamma_5 Tech_t+\gamma_6 Edu_t+\varepsilon \qquad (4—4)$$

$$XQ_t=\delta_0+\delta_1 CY_t+\delta_2 YS_t+\delta_3 EXP_t+\varepsilon \qquad (4—5)$$

模型（4—2）、（4—3）、（4—4）分别为三大减排手段对要素结构（YS）、产业结构（CY）和出口结构（EXP）的影响，同样控制了各个地区的服务业发展水平、技术发展水平以及教育发展水平。模型（4—5）为产业结构和要素结构对需求结构的影响，同时控制了出口因素。

通过模型（4—2）到（4—4）可以了解三大减排手段如何影响需求结构。另外，对比模型（4—1）和联立方程组的结果可以发现三大减排手段对需求结构的影响中，哪条路径的影响更加明显。

2. 变量定义

工程减排（Project）意味着建立污水处理厂等减排工程、购买脱硫脱硝等减排设备，从结果上降低污染物排放。由于统计数据缺少相关的数据，因此我们采用污染源治理投资（PollInvest）来替代。污染源治理投资越多，工程减排投入越多。回归分析中采用污染源治理投资的自然对数。[①]

结构减排（Structure）意味着通过关停并转迁、淘汰落后产能和工艺的手段，降低高能耗的企业比重，从而促进企业技术升级，从而达到降低污染物排放的目的。由于工信部和发改委公布的淘汰落后产能和工艺数据仅有近年的数据，因此我们采用《中国环境统计年鉴》中的关停并转迁企业数（Close）替代。回归中采用关停并转迁企业数的自然对数。

管理减排（Manage）则是通过环保立法和执法手段等，加重企业的污染物排放成本，从而降低污染物排放。[②] 本书采用环保机构人员数（Pollpeo）来表征管理减排程度。回归中采用环保机构人员数的自然对数。

需求结构（XQ）采用两个指标来衡量。一是消费占国内生产总值的比重（消费占比），消费占GDP的比重（Consume）越高，相对需求结构越合理。另一个是消费与投资的比例（ConsInv），因为在国内目前经济增长主要依赖投资，因此挤占了消费的贡献。我们采用消费与投资的比例表征需求结构内部的比重，这一比例越高，意味着需求结构越合理。

产业结构（CY）采用第二产业产值占GDP的比重（产业比重）衡量，比重越高，意味着该地区产业结构越依赖于第二产业，在很大程度上会挤压服务业的发展，因此产业结构相对不够合理。

要素结构（YS）采用专利技术水平来衡量，专利开发数量越多，代表各地

---

① 环境保护治理投资包括环境保护治理投资总额、城市环境基础设施建设投资、工业污染源治理投资、"三同时"环保投资，环境保护治理投资总额为后三项的总和。由于污染物排放数据采用的是工业污染物排放，因此对应地采用工业污染源治理投资。

② 管理减排包括各项法规制度以及具体的管理措施，如人员机构等。但由于国家各部门在各年出台了不同等级和类型的法律规定，难以统一界定，因此本书采用了环保机构人员数。采用环保机构数的计算结果与人员数的结果基本相同，鉴于环保机构数各年差异不大，因此我们采用了环保机构人员数。

区技术水平越高,能够提高和改善要素结构。本书采用统计年鉴中的三种专利申请授权数来衡量,回归中采用其自然对数。

出口水平(EXP)采用该地区净进出口占 GDP 的比重衡量(Exp)。教育水平(Edu)采用各地区 6 岁以上人口中大专以上比例衡量,技术水平($Tech$)采用各地区技术市场成交额的自然对数衡量,服务业发展水平($Third$)采用第三产业产值占 GDP 的比重衡量。

表 4-1 列示了各变量的指标选择、算法以及数据来源。

表 4-1 变量定义与数据来源

	变量	指标选择	指标名称	指标算法	数据来源
治污减排手段	工程减排	工业污染源治理投资	$PollInvest$	投资的自然对数	《中国环境统计年鉴》
	结构减排	关停并转迁企业数	$Close$	企业数的自然对数	《中国环境统计年鉴》
	管理减排	环保机构人员数	$PollPeo$	人员的自然对数	《中国环境统计年鉴》
需求结构	消费占比	消费占 GDP 的比重	$Consume$	消费占 GDP 的比重	《中国统计年鉴》
	消费与投资比	消费与投资的比例	$ConsInv$	消费与投资的比例	《中国统计年鉴》
要素结构	要素结构	三种专利申请授权数	YS	三种专利申请授权数的自然对数	《中国统计年鉴》
产业结构	产业比重	第二产业产值占 GDP 的比重	CY	第二产业产值占 GDP 的比重	《中国统计年鉴》
出口结构	出口比重	净出口占 GDP 的比重	EXP	净进出口占 GDP 的比重	《中国统计年鉴》
其他变量	服务业水平	第三产业产值占 GDP 的比重	$Third$	第三产业产值占 GDP 的比重	《中国统计年鉴》
	教育发展水平	教育发展水平	Edu	6 岁以上人口中大专以上比例	《中国统计年鉴》
	技术发展水平	技术发展水平	$Tech$	技术市场成交额的自然对数	《中国统计年鉴》

3. 样本选择与数据来源

我们从《中国统计年鉴》(2005—2010 年)中收集了我国 31 个省市的相关数据,包括各地 GDP、第二产业产值、第三产业产值、技术市场成交额、各地总人口以及 6 岁以上人口中大专以上比例。从《中国环境统计年鉴》中收集了全国 31 个省市 2005—2009 年关停并转迁企业数、污染物治理投资金额、环保机构总数和人员总数。

由于西藏地区的投资和经济数据缺失，以及某些地区关停并转迁企业数据缺失，最终样本为2005—2009年的132个样本点。

4. 实证分析结构

表4-2采用面板数据固定效应模型对治污减排手段与需求结构之间的关系进行了回归分析。前三列为消费占比，后三列为消费与投资比，对全国、东部地区以及中西部地区分别进行检验。

表4-2　　　　　　治污减排手段与需求结构——固定效应面板模型

	消费占比			消费与投资比		
	全国	东部地区	中西部地区	全国	东部地区	中西部地区
PollInvest	−0.621 6 (−2.97)***	−0.448 7 (−1.81)*	−0.704 1 (−1.93)*	−1.063 3 (−2.86)***	−1.089 6 (−1.78)*	−0.998 2 (−1.83)*
Close	0.251 2 (2.08)**	0.329 8 (2.23)**	0.224 8 (1.20)	0.498 9 (2.32)**	0.863 7 (2.36)**	0.325 9 (1.17)
PollPeo	−3.285 0 (−2.38)**	−3.377 7 (−1.66)*	−3.411 9 (−1.38)	−6.125 7 (−2.50)**	−8.841 4 (−1.76)*	−7.289 0 (−1.97)**
Third	14.338 9 (2.52)**	11.398 4 (1.31)	17.061 3 (2.06)**	24.030 8 (2.38)**	28.078 2 (1.31)	26.976 6 (2.18)**
Tech	−50.246 8 (−1.40)	−2.663 8 (−0.08)	−156.221 5 (−1.68)*	−93.792 2 (−1.47)	8.072 0 (0.10)	−272.625 2 (−1.97)**
Edu	−15.357 3 (−1.68)*	−23.242 6 (−2.70)***	−5.458 9 (−0.31)	−38.878 6 (−2.40)**	−59.385 4 (−2.79)***	−12.234 3 (−0.47)
N	132	58	74	132	58	74
R-sq	0.206 1	0.218 9	0.211 7	0.163 9	0.241 8	0.164 6

注：***、**、*分别表示在0.01、0.05和0.10的水平上显著。

在消费占比的回归中，不论是全国，还是东部、中西部地区，工程减排手段（*PollInvest*）的系数都显著为负，意味着工程减排越多，消费占比越低。这是因为工程减排首要是进行脱硫设备、污水处理厂等资本项目的投资。环保项目投资不仅拉动了投资，在一定程度上也可能对消费产生挤出效应，从而降低消费占比。经济较为发达的东部地区和相对欠发达的中西部地区，工程减排对产业结构的影响是相同的，即工程减排会恶化需求结构。

以"关停并转迁企业数"代表的结构减排（*Close*）的系数在全国和东部地区的回归中都显著为正，也就是说结构减排促进了消费占比，因为"关停并转迁"实际上淘汰了落后产能，从一定意义上讲降低了投资，从而降低了投资在经济发展中的贡献；而且，结构减排侧重的是对高耗能、高污染企业的监管，释放出来的资金能够更多地进入其他领域，促进其他行业和产业的发展，从而改变产业结构，促进需求结构的变化。而对于中西部地区而言，由于自身经济发展水平较差，产业结构相对不合理，因此结构减排虽然降低了高耗能、高污染企业和行业的发展，但对于其他产业的拉动作用并不明显，因此在需求结构的改善方面也并没有发挥显著作用。

以监管机构人员数表征的管理减排（$PollPeo$）的系数在全国和东部地区显著为负，而在中西部地区不显著，表明管理减排在一定程度上反而恶化了需求结构。可能的原因在于管理减排提高了行业标准，提高了产品的技术含量，改善了要素结构，因此表现为出口更多，对需求产生了一定的负面影响。

采用消费与投资比表征需求结构的回归结果与消费占比的结果基本相同，意味着三大减排手段确实对需求结构产生了影响。工程减排提高了投资而降低了消费，恶化了消费占比。结构减排在一定程度上改善了需求结构，而管理减排也在一定程度上降低了消费占比。

由于治污减排投入可能存在一定的滞后性，因此我们也采用了上一期的三大减排指标进行回归，结果与表4-2基本一致。因篇幅原因未报告。总之，表4-2的结果表明三大减排手段对目前的需求占GDP的比重产生了不同的影响，工程减排和管理减排恶化了需求结构，而结构减排有利于需求结构的改善。而这一影响是如何实现的，表4-2无法给出详细的解释。因此，我们又采用联立模型就治污减排手段对需求结构的影响路径进行分析。

表4-3采用联立方程组对治污减排手段对消费占比的影响路径进行了分析，对全国、东部地区和中西部地区分别进行了检验。

从技术方面讲，各项治污减排手段能够促进落后产能和工艺的淘汰，进一步促使技术升级。因此，治污减排可以在一定程度上改善和影响要素结构，影响最终产品的各要素投入，如资源、劳动以及资本的投入比例。可以看到，不论是工程减排（$PollInvest$）、结构减排（$Close$）还是管理减排（$PollPeo$）都对要素结构（YS）产生了积极影响，三个变量的回归系数都显著为正。

治污减排作用于高污染、高耗能的企业和行业，通过影响企业的技术和成本，从而影响到企业和行业的技术水平、竞争力，使得行业内部发展趋于集中，改变整体产业布局，最终影响产业结构以及产业结构的合理化、高端化。在三大减排手段对产业结构的回归中，工程减排（$PollInvest$）和结构减排（$Close$）的系数显著为正，即工程减排和结构减排进一步提高了第二产业的比重，恶化了产业结构。而管理减排（$PollPeo$）的系数显著为负，意味着管理减排能够有效抑制第二产业产值占GDP的比重，改善产业结构。

表4-3　治污减排手段对消费占比的影响分析——联立方程模型

	全国				东部地区				中西部地区			
	YS	CY	EXP	XQ	YS	CY	EXP	XQ	YS	CY	EXP	XQ
PollInvest	0.474 8 (4.66)***	0.029 2 (5.76)***	0.368 9 (3.19)***		0.474 3 (5.52)***	0.033 8 (6.48)***	−0.001 1 (−0.01)		0.158 9 (1.25)	0.011 4 (1.61)	0.704 1 (3.41)***	
Close	0.132 0 (1.86)*	0.015 9 (4.52)***	−0.193 8 (−2.41)**		0.303 5 (4.14)***	0.011 5 (2.62)**	−0.060 6 (−0.74)		0.033 1 (0.43)	0.014 0 (3.21)***	−0.250 1 (−1.97)**	
PollPeo	0.787 1 (5.28)***	−0.034 4 (−4.63)***	0.393 2 (2.32)**		0.589 9 (3.16)***	−0.002 2 (−0.20)	0.603 5 (2.96)***		0.934 1 (6.34)***	−0.029 8 (−3.31)***	0.167 8 (0.64)	
Third	11.115 7 (5.21)***	−1.124 0 (−10.59)***	−1.467 2 (−0.61)		14.778 6 (7.12)***	−0.863 2 (−6.88)***	−0.089 4 (−0.04)		3.600 8 (1.46)	−1.148 2 (−8.42)***	−6.834 8 (−1.73)*	
Tech	−39.719 7 (−3.62)***	−0.056 1 (−0.10)	4.783 7 (0.38)		−54.729 0 (−5.59)***	−1.504 2 (−2.52)**	−12.565 2 (−1.41)		38.124 6 (2.04)**	4.038 4 (3.33)***	29.254 9 (0.84)	
Edu	10.513 3 (4.24)***	0.848 0 (6.86)***	1.804 3 (0.64)		8.301 3 (3.12)***	1.067 8 (6.58)***	7.134 0 (2.94)***		−2.601 2 (−0.82)	0.899 8 (4.44)***	−2.543 3 (−0.44)	
YS				0.037 7 (2.87)***				0.050 1 (1.77)*				0.044 0 (−1.84)*
CY				−0.513 8 (−3.11)***				−0.204 5 (−0.62)				−0.584 6 (1.81)*
EXP				−0.988 0 (−28.66)***				−1.215 7 (−8.35)***				−0.987 6 (−29.30)***
N	132	132	132	132	58	58	58	58	74	74	74	74
R−sq	0.729 6	0.774 7	0.260 6	0.985 3	0.875 7	0.921 0	0.160 3	0.931 9	0.660 6	0.643 4	0.331 5	0.990 4

注：***、**、* 分别表示在0.01、0.05 和0.10 的水平上显著。

　　在出口结构的回归中，工程减排显著为正，即工程减排越多，反而出口占GDP的比例越高。同样地，管理减排也表现出同样的情况，管理减排会进一步提高出口比重。只有结构减排在一定程度上降低了出口的比重，优化了出口结构。

　　在需求结构的回归中，要素结构（YS）的系数显著为正，即要素结构的合理化能够提高消费的占比。而产业结构（CY）和出口结构（EXP）的系数都显著为负，意味着第二产业产值占GDP的比重越大，消费占比越低，因为对于第二产业的投入挤压了第三产业服务业的发展，抑制了消费者的需求和消费，恶化了需求结构。而国内目前的出口产品主要以工业品为主，出口越多，国内消费越少，因此出口也会在一定程度上挤压国内的消费需求，恶化需求结构。表4-3的结果表明三大减排手段在不同程度上影响了目前的要素结构、产业结构以及出口结构，这些因素都对需求结构产生了重要的影响。结合表4-2和表4-3，表4-4归纳了治污减排手段对消费占比影响路径的重要性。

表4-4　　　　　治污减排手段对消费占比影响路径的重要性分析

	要素结构	产业结构	出口结构	需求结构
工程减排	+ ***	+ ***	+ ***	— ***
结构减排	+ *	+ ***	— ***	+ **
管理减排	+ ***	— ***	+ ***	— **
需求结构	+ ***	— ***	— ***	

注：***、**、*分别表示在0.01、0.05和0.10的水平上显著。

　　工程减排改善了要素结构，由于要素结构的改善有利于需求结构的变化，从而对需求结构产生了积极影响。但同时由于工程减排提升了第二产业产值占GDP比重以及出口占GDP的比重，这两个方面都抑制了消费，恶化了需求结构。因此，最终工程减排对需求结构的影响表现为负面的，恶化了需求结构。因此，可以看出产业结构以及出口结构对需求结构的负面影响要远大于要素结构提升的正面效应。

　　结构减排同样对要素结构的合理化也起到积极贡献，从而对需求结构产生正面影响。而结构减排却进一步提升了第二产业产值占GDP的比重，这抑制了消费，恶化了需求结构。结构减排有利于降低出口的比重，从而对需求结构产生了积极效应。总体上看，由于结构减排有利于改善要素结构，降低出口的比重，对需求结构的积极影响要大于由于进一步提高第二产业比例对需求结构的负面作用。

　　管理减排也促进了要素结构的改善，而且降低了第二产业产值占GDP的比重，但是，由于管理减排促进了出口的比重，因此最终对需求结构的影响是负面的。可能的原因在于对需求结构的影响因素中，出口结构（出口的比重）抑制消费的负面作用要超过要素结构与产业结构的影响。

表4-4的结果表明，三大减排手段对需求结构的影响路径的效果也存在差别。要素结构的影响要小于产业结构和出口结构的影响，而产业结构的影响要小于出口结构。

表4-5又进一步采用消费与投资比表征需求结构，采用联立方程模型检验不同路径的影响，同样地，对于全国、东部地区和中西部地区也都进行了检验。

回归结果与表4-4基本一致，即三大减排手段都促进了要素结构的改善，工程减排和结构减排进一步提升了第二产业产值占GDP的比重，但管理减排优化了产业结构。工程减排和管理减排都进一步提高了出口的比重，只有结构减排在一定程度上降低了出口，有利于需求结构的改善。

结合表4-2和表4-5，表4-6归纳了治污减排手段对消费与投资比的影响路径的重要性。

表4-6的结果与表4-4基本一致，三大减排手段对需求结构（以消费与投资比表征）的影响路径中，要素结构的影响要小于产业结构和出口结构的影响，而产业结构的影响要小于出口结构。

三、结论与政策启示

针对我国30个省市2005—2009年期间，治污减排手段对需求结构（分别以消费占比以及消费与投资比表征）的影响研究，研究发现：

（1）工程减排改善了要素结构，由于要素结构的改善有利于需求结构的变化，从而对需求结构产生了积极影响。但同时由于工程减排提升了第二产业产值占GDP的比重以及出口占GDP的比重，这两个方面抑制了消费，恶化了需求结构，因此，最终工程减排对需求结构的影响表现为负面的，恶化了需求结构。因此，产业结构以及出口结构对需求结构的负面影响要远大于要素结构提升的正面效应。

（2）结构减排同样对要素结构的合理化起到积极贡献，从而对需求结构产生正面影响。而结构减排却进一步提升了第二产业产值占GDP的比重，这抑制了消费，恶化了需求结构。结构减排有利于降低出口的比重，从而对需求结构产生积极效应。总体上看，由于结构减排有利于改善要素结构，降低出口的比重，对需求结构的积极影响要大于由于进一步提高第二产业产值占GDP的比重对需求结构的负面作用。

（3）管理减排也促进了要素结构的改善，而且降低了第二产业产值占GDP的比重。但是，由于管理减排促进了出口的比重，因此最终对需求结构的影响是负面的。可能的原因在于对需求结构的影响因素中，出口结构（出口的比重）抑制消费的负面作用要超过要素结构与产业结构的影响。

表 4-5　治污减排手段对消费与投资比的影响分析——联立方程模型

	全国				东部地区				中西部地区			
	YS	CY	EXP	XQ	YS	CY	EXP	XQ	YS	CY	EXP	XQ
PollInvest	0.467 7 (4.56)***	0.029 3 (5.78)***	0.366 0 (3.17)***		0.482 0 (5.59)***	0.034 0 (6.53)***	0.013 7 (0.17)		0.141 3 (1.10)	0.011 7 (1.65)*	0.713 3 (3.44)***	
Close	0.133 4 (1.87)*	0.015 8 (4.50)***	-0.196 3 (-2.44)**		0.302 5 (4.12)***	0.011 4 (2.62)**	-0.062 6 (-0.77)		0.019 3 (0.25)	0.014 2 (3.25)***	-0.248 2 (-1.95)*	
PollPeo	0.793 3 (5.29)***	-0.034 4 (-4.64)***	0.399 6 (2.36)**		0.578 7 (3.09)***	-0.002 6 (-0.23)	0.581 7 (2.87)***		0.956 6 (6.38)***	-0.030 3 (-3.37)***	0.152 8 (0.58)	
Third	10.998 4 (5.13)***	-1.121 4 (-10.56)***	-1.476 9 (-0.61)		14.794 1 (7.10)***	-0.862 7 (-6.88)***	-0.058 0 (-0.03)		3.252 8 (1.31)	-1.145 1 (-8.40)***	-6.860 6 (-1.73)*	
Tech	-39.247 3 (-3.56)***	-0.074 4 (-0.14)	4.332 6 (0.35)		-54.365 9 (-5.53)***	-1.493 1 (-2.51)**	-11.860 9 (-1.36)		48.274 9 (2.52)**	4.030 8 (3.33)***	35.463 1 (1.01)	
Edu	10.588 7 (4.24)***	0.849 5 (6.86)***	2.002 0 (0.71)		8.099 3 (3.02)***	1.061 5 (6.55)***	6.739 2 (2.83)***		-2.842 9 (-0.87)	0.904 1 (4.47)***	-2.424 7 (-0.41)	
YS				0.142 0 (1.97)**				0.241 6 (1.89)*				0.151 3 (-2.14)**
CY				-3.075 8 (-3.39)***				-0.812 4 (-0.55)				-2.859 2 (1.48)
EXP				-1.636 9 (-8.66)***				-3.441 2 (-5.23)***				-1.498 8 (-10.58)***
N	132	132	132	132	58	58	58	58	74	74	74	74
R-sq	0.729 7	0.774 7	0.260 6	0.864 0	0.876 0	0.921 0	0.166 1	0.782 9	0.662 4	0.643 3	0.332 2	0.928 4

注：***、**、* 分别表示在 0.01、0.05 和 0.10 的水平上显著。

总之，工程减排和管理减排恶化了需求结构，而结构减排有利于需求结构的改善。对需求结构的影响路径中，要素结构的影响要小于产业结构的影响，而产业结构的影响要小于出口结构的影响。

从三种减排手段（工程减排、结构减排、管理减排）来看，通过 2001—2010 年数据进行的实证研究发现，三种减排手段对经济结构调整的影响效果不尽相同。工程减排促进了技术升级，促进了产业集中，也促进了高耗能、高污染行业的比重，而技术升级会降低第二产业产值占 GDP 的比重，产业集中和产业布局都会提升第二产业产值占 GDP 的比重，最终工程减排对于产业比重的影响主要是来自产业集中和产业布局的影响，投资带动技术从而带动第三产业的效果较小。结构减排在促进技术升级和产业集中方面的影响并不是很明显，最终对于产业比重的影响全部体现在促进了高耗能、高污染行业的比重上，因此提升了第二产业产值占 GDP 的比重。管理减排可以有效提升技术升级，降低产业集中，降低高耗能、高污染的产业布局，从而降低第二产业产值占 GDP 的比重。而这一过程存在技术因素，也存在产业集中和产业布局的因素。产业比重和产业结构低端化的结果基本相同，也就意味着目前的三大减排手段中，工程减排和结构减排反而使目前的产业结构更加恶化，而管理减排在一定程度上促进了产业结构的升级和高端化。可以判断说，目前我国治污减排对结构调整的作用机理主要是基于管理减排的成本路径，而技术路径并不显现。

表 4-6　　　　　治污减排手段对消费与投资比影响路径的重要性分析

	要素结构	产业结构	出口结构	需求结构
工程减排	+***	+***	+***	—***
结构减排	+*	+***	—**	+**
管理减排	+***	—***	+**	—**
需求结构	+**	—***	—***	

注：***、**、*分别表示在 0.01、0.05 和 0.10 的水平上显著。

第二节　基于环境政策的作用机理探索

一、行政手段与结构调整

环境保护的行政手段主要有环境影响评价制度、"三同时"制度、环境保护目标责任制、城市环境综合整治定量考核制度、排污申报和排污许可证制度、限期治理和集中控制制度等。

新兴产业指导目录对于经济结构的调整具有一定的先导作用，因为由国家相关部门制定的新兴产业指导目录能够提升新兴产业的资金和规模优势，引导资金流向新兴产业。这样从资金上支持了相关产业的发展，促进产业结构走向合理化。而产业结构的优化能够更好地改进目前经济发展地区之间的显著差异，改善区域结构，进一步加快城镇化建设，改善城乡结构。同时，新兴产业由于获得了政策、资金等方面的支持而得到发展，产业结构的改善能够优化目前的出口结构，使得人口和就业人员也进一步流向新兴产业，改善就业结构。

产业调整政策提升了"鼓励类"产业的规模优势，引导资金流向该产业；另外，这一政策也限制了"限制类"产业的发展规模，提高了其运行成本，迫使其提升技术水平，迫使资金流向其他产业。资金的流向会导致整个产业结构发生变化，从而导致区域经济差异发生变化，进一步加快各地的城市化建设。另外，限制政策也迫使企业提升技术水平，加大科技投入，改善现有的要素结构。

目标责任制是中央与地方签订的目标约定书，对地方发展中的环境问题进行了约束，具有一定的引导作用；但同时对地方治污减排等环保任务的约定，逼迫地方政府进行产业结构调整。这一政策直接影响到目前的产业布局，对局部地区能够发展什么、发展规模如何、限制什么产业等问题都进行了明确，使得产业布局发生变化，从而影响到产业结构、区域结构和城乡结构。

行政许可政策是中央对区域经济结构调整的必要手段，限制了某些地区的经济发展方式和污染物排放，引导了该地区产业发展和资金流向。这种方式也限制了某些地区某些产业和行业的发展，迫使地区经济发展转型。同样地，这一政策直接影响各地区的产业布局，从而影响到产业结构、区域结构和城乡结构。另外，倒逼机制使得企业不得不提高技术水平，从而改善目前的要素结构，进一步影响出口结构。

排放配额限制了环境污染企业的污染物排放规模，提高了企业排污成本和运营成本，从而使得企业不得不提高技术，升级相关产业和产品。这直接导致产业内部竞争的加剧，能够促进产业内部集中度的提升，调整产业内部结构。另外，排放配额也限制了局部地区特定产业的发展规模，迫使其提升技术水平，迫使资金流向其他产业和地区。因此，排放配额直接影响了企业的要素结构，从而进一步影响产业集中度和产业结构。另外，排放配额直接影响了区域结构，从而影响到城乡结构。

行政手段的具体方式还包括监测检查和限期治理，在此不做具体分析，其对经济结构的作用路径和影响见表4-7。

治污减排与结构调整

表 4 - 7　　　　　　　　　环境保护行政手段对经济结构的影响

环境政策手段	具体方式	政策类型	作用路径	对经济结构的影响
行政	新兴产业指导目录	先导	提升新兴产业的资金和规模优势，引导资金流向新兴产业。	产业结构→区域结构→城乡结构 产业结构→出口结构→就业结构
	产业调整政策	先导/倒逼	提升"鼓励类"产业的规模优势，引导资金流向该产业；限制"限制类"产业的发展规模，提高其运行成本，迫使其提升技术水平，迫使资金流向其他产业。	产业结构→区域结构→城乡结构 产业结构→要素结构→出口结构
	目标责任制	先导/倒逼	引导各地区对于"双高"产业的规划，引导资金流向其他产业和地区；制定总量污染物排放控制目标，迫使各地区进行产业调整。	产业布局→产业结构→区域结构→城乡结构
	行政许可政策	先导/倒逼	引导各地区产业规划，引导资金流向其他产业和地区；限制局部地区特定产业的发展规模，迫使其提升技术水平，迫使资金流向其他产业和地区。	产业布局→产业结构→区域结构→城乡结构 产业布局→产业结构→要素结构→出口结构
	排放配额	倒逼	限制排放规模，提高企业排污成本和运营成本，迫使其提升技术水平；促进产业内部集中度的提升，调整产业内部结构；限制局部地区特定产业的发展规模，迫使其提升技术水平，迫使资金流向其他产业和地区。	要素结构→产业集中度→产业结构 区域结构→城乡结构
	监测检查	倒逼	提高企业环境违规成本，迫使其提升技术水平，促进产业内部集中度的提升，调整产业内部结构。	要素结构→产业集中度→产业结构
	限期治理	倒逼	限制污染企业发展和经营，迫使其提升技术水平；淘汰落后产能和工艺，促进产业内部集中度的提升，调整产业内部结构。	要素结构→产业集中度→产业结构

二、经济手段与结构调整

我国现已运用的环境经济手段主要包括财政补贴、绿色信贷、绿色税收、绿色保险、政府绿色采购、排污收费、排污权交易、押金、差别税收、借贷限制等制度。

财政补贴制度鼓励企业进行环保资金和技术投入，提高环保企业盈利优势，一方面拉动环保产业和其他相关产业的发展，另一方面加剧产业内部企业之间的竞争和产品差异，影响产业内部集中度和产业布局。财政补贴制度直接作用于要素结构的改善，从而影响产业集中度和产业结构。

绿色信贷制度提高了环境保护企业的资金优势，通过信贷政策，引导资金和人员流向环保产业，并鼓励现有企业的环保投入，限制高污染、高耗能产业和企业的发展。这一政策直接作用于产业布局，影响产业结构、就业结构和出口结构。

绿色税收制度降低了环保企业的运营成本，引导资金和技术流向该产业和相关企业。绿色保险制度也降低了环保企业潜在的运营成本和风险，引导资金和技术流向该产业和相关企业。这两种政策也直接作用于产业内部，影响到产业集中度，从而改变产业结构。

政府绿色采购制度扩大了环保企业的市场优势，通过政府采购支持环保产业以及企业对环保的投入，引导资金流向环保产业，并促进现有产业的技术升级，带动行业内部竞争，加快企业转型。因此，绿色政府采购制度直接作用于消费结构，从而影响产业结构、就业结构和出口结构。

排污收费制度通过排污收费建立价格机制，提高企业运营成本，提高污染企业的环境保护成本，从而使企业增加对环境保护的投入，迫使企业提高技术或者改变生产模式；行业内部竞争加剧，从而使得产业内部发生变化；同时环境保护成本的提高，也使得资金流向其他产业，带动其他产业的发展。排污收费制度直接作用于要素结构的改变，从而影响产业集中度和产业结构。

与排污收费制度对应的排污权交易制度，则通过排污权交易市场建立价格机制，提高企业运营成本，提高污染企业的环境保护成本，从而使企业增加对环境保护的投入，迫使企业提高技术或者改变生产模式；行业内部竞争加剧，从而使得产业内部发生变化；同时环境保护成本的提高，也使得资金流向其他产业，带动其他产业的发展。同样地，排污权交易制度直接作用于要素结构的改变，从而影响产业集中度和产业结构。

治污减排与结构调整

押金制度提高了企业的资金成本，限制了污染企业的发展规模，加剧了行业内部竞争，促进了行业集中度，并迫使资金流向其他产业和企业。因此，押金制度直接改变了现有产业内部竞争情况，影响到产业集中度和产业结构。

差别税收制度通过税收调节作用，提高环境污染企业的运营成本和环境保护成本，从而使企业增加对环境保护的投入，迫使企业提高技术或者改变生产模式；行业内部竞争加剧，从而使得产业内部发生变化；同时环境保护成本的提高，也使得资金流向其他产业，带动其他产业的发展。这一制度不仅直接作用于要素结构的改善，从而改变产业集中度和产业结构，而且直接改变产业结构，从而影响就业结构和出口结构。

信贷限制制度则限制污染企业的资金规模和发展，迫使企业进行技术升级或者生产方式的转变，迫使资金流向其他产业。因此，这一制度迫使企业改变现有要素结构，从而改变产业集中度和产业结构。另外，信贷限制制度也直接改变了现有的产业结构，从而影响就业结构和出口结构。

经济手段的各项具体方式对经济结构的作用路径和影响见表4-8。

表4-8　　　　　　　　环境保护经济手段对经济结构的影响

环境政策手段	具体方式	政策类型	作用路径	对经济结构的影响
经济	财政补贴	先导	鼓励企业进行环保资金和技术投入，提高环保企业的盈利优势，一方面拉动环保产业和其他相关产业的发展，另一方面加剧产业内部企业之间的竞争和产品差异，影响产业内部集中度和产业布局。	要素结构→产业集中度→产业结构
	绿色信贷	先导	提高资金优势，通过信贷政策，引导资金和人员流向环保产业，并鼓励现有企业的环保投入，限制高污染、高耗能产业和企业的发展。	产业布局→产业结构→就业结构→出口结构
	绿色税收	先导	降低环保企业运营成本，引导资金和技术流向该产业和相关企业。	产业集中度→产业结构
	绿色保险	先导	降低环保企业潜在的运营成本和风险，引导资金和技术流向该产业和相关企业。	产业集中度→产业结构

100

续前表

环境政策手段	具体方式	政策类型	作用路径	对经济结构的影响
经济	政府绿色采购	先导	扩大环保企业的市场优势，通过政府采购支持环保产业以及企业对环保的投入，引导资金流向环保产业，并促进现有产业的技术升级，带动行业内部竞争，加快企业转型。	消费结构→产业结构→就业结构→出口结构
	排污收费	倒逼	通过排污收费建立价格机制，提高企业运营成本，提高污染企业的环境保护成本，从而使企业增加对环境保护的投入，迫使企业提高技术或者改变生产模式；行业内部竞争加剧，从而使得产业内部发生变化；同时环境保护成本的提高，也使得资金流向其他产业，带动其他产业的发展。	要素结构→产业集中度→产业结构
	排污权交易	倒逼	通过排污权交易市场建立价格机制，提高企业运营成本，提高污染企业的环境保护成本，从而使企业增加对环境保护的投入，迫使企业提高技术或者改变生产模式；行业内部竞争加剧，从而使得产业内部发生变化；同时环境保护成本的提高，也使得资金流向其他产业，带动其他产业的发展。	要素结构→产业集中度→产业结构
	押金	倒逼	提高企业资金成本，限制污染企业发展规模，加剧行业内部竞争，促进行业集中度，并迫使资金流向其他产业和企业。	产业集中度→产业结构
	差别税收	倒逼	通过税收调节作用，提高环境污染企业的运营成本和环境保护成本，从而使企业增加对环境保护的投入，迫使企业提高技术或者改变生产模式；行业内部竞争加剧，从而使得产业内部发生变化；同时环境保护成本的提高，也使得资金流向其他产业，带动其他产业的发展。	要素结构→产业集中度→产业结构 产业结构→就业结构→出口结构
	信贷限制	倒逼	限制污染企业的资金规模和发展，迫使企业进行技术升级或者生产方式的转变，迫使资金流向其他产业。	要素结构→产业集中度→产业结构 产业结构→就业结构→出口结构

三、法律手段与结构调整

环境保护法律手段主要有颁布环境保护法律、行政法规和规章，并依据有关环境保护法律、法规，开展行之有效的环保行政执法活动等。

环境保护法律法规的制定一方面具有先导作用，对鼓励和限制的行为进行了明确规定，引导了企业的正常发展，使资金流向了符合国家政策的产业，改善了现有的产业结构，从而进一步影响了地区之间的差异，即区域结构。另一方面，对触犯法律法规的企业进行严格惩治，具有倒逼性质，迫使企业改善其技术水平，直接改善要素结构，进一步影响到出口结构。

执法能力建设能够发挥法律的威慑作用，提高企业的违规成本，迫使企业进行技术升级，使资金流向其他企业和产业。而法律赔偿方面的相关制度和建设也通过赔偿机制提高企业违法成本，迫使企业进行技术升级，使资金流向其他产业和企业。另外，对已经出现环境问题的企业，通过执法和赔偿机制，迫使企业对违规行为进行补偿，从而倒逼企业进行技术升级或者转移资金投资。因此，执法能力建设直接作用于要素结构，从而影响产业结构和出口结构。

法律手段的各项具体方式对经济结构的作用路径和影响见表4-9。

表4-9　　　　　　环境保护法律手段对经济结构的影响

环境政策手段	具体方式	政策类型	作用路径	对经济结构的影响
法律	法律法规制定	先导/倒逼	发挥法律法规的威慑作用，引导资金流向国家政策支持的产业；对触犯法律法规的企业进行严格惩治，迫使企业改善其技术水平，改变现有生产结构。	产业结构→区域结构 要素结构→出口结构
	执法能力建设	倒逼	执法能力建设真正发挥法律的威慑作用，提高企业的违规成本，迫使企业进行技术升级，迫使资金流向其他企业和产业。	要素结构→产业结构→出口结构
	法律赔偿	倒逼	通过赔偿机制，提高企业的违法成本，迫使企业进行技术升级，迫使资金流向其他产业和企业。	要素结构→产业结构→出口结构

四、科技手段与结构调整

科学技术的进步推动了经济的发展与社会的进步。发展代表世界科技前沿水平的技术，可以对区域经济形成强大的辐射和引领先导作用，推动区域经济的快速突破发展。而环保工作要不断上台阶出亮点，在很大程度上取决于科技创新能力有多强，支撑和引领的力度有多大。当前，污染问题相当严重，必须充分运用科技手段，不断提升污染治理的技术水平，探求根本解决之策。国家目前对环保方面的投入，包括资金、人力和技术投入都具有一定的引导作用，提高相关技术水平降低污染物排放，这样政府的带动作用可以产生投资溢出效应，引导企业资金的投入和技术的升级。而相关排放标准的制度逼迫企业提高技术水平和创新能力，从而降低污染物排放。

环保投资，如工业污染源治理投资、基础设施建设投资、"三同时"投资、建设垃圾处理厂和污水处理厂等措施，增加了污染物排放方面的投入，在一定程度上提高了治污减排的技术水平，从而引导资金流向环保产业。同时，由于投资的拉动效应，环保投资也带动了其他产业的发展。要素结构的改善，能够进一步调整产业结构，对目前的出口结构也有所影响。

环保技术投入是这些年来国家环保等相关部门非常重视的。"十一五"期间，在环境科技创新工程实施过程中，环境保护系统组织实施环境保护公益性行业科研专项项目234项、承担国家科技支撑项目6项、国家重点基础研究发展计划项目（973项目）6项、其他科技计划项目几十项。环保科技水平的提高能够促进全社会的技术科研水平的提高，从而改善现有的要素结构，推动产业结构的调整。

环保排放标准体现在环境管理标准以及环保排放标准上。低于标准的不得进入生产领域和市场，从而对落后企业形成釜底抽薪的机制。标准的严格执行，必然对企业形成更强的倒逼压力，促使其在生产技术、管理和人员素质上进行创新。环保排放标准的提高增加了企业的运营成本，迫使企业进行技术升级，迫使资金流向其他产业和企业。环保环境标准能够有效改善现有的要素结构，推动产业结构的调整。

科技手段的各项具体方式对经济结构的作用路径和影响见表4-10。

五、公众参与手段与结构调整

环境保护公众参与形式包括环境公益诉讼、民间环保组织建设、环境权益意识培养等。对公众的环保教育、环保宣传以及公众在环保方面的参政议政能够更好地引导社会舆论导向，尤其是培养环境保护意识，起到环境保护先导作用。而公众对环境污染事件的检举以及由此产生的法律诉讼案件，都能够更好地约束政府和企业环境保护行为，迫使政府和企业更好地进行污染治理和环保投入。

表4-10　　　　　　　　　环境保护科技手段对经济结构的影响

环境政策手段	具体方式	政策类型	作用路径	对经济结构的影响
科技	环保投资	先导	提高治污减排技术水平，引导资金流向环保产业，同时由于投资拉动效应，带动其他产业的发展。	要素结构→产业结构→出口结构
	环保技术投入	先导	提高技术水平，促进全社会的技术科研水平的提高。	要素结构→产业结构→出口结构
	环保排放标准	倒逼	提高污染物排放标准，从而提高企业的运营成本，迫使企业进行技术升级，迫使资金流向其他产业和企业。	要素结构→产业结构→出口结构

公众环保支持目前主要是民间环境保护机构发挥作用，可以用各地区环保非政府组织（NGO）数量来代表各个地区公众环境保护支持的力度。地区环保NGO越多，那么在公众教育与环保投入方面就会发挥越大的作用。公众环保支持对经济结构调整能够起到先导作用，这是因为产品市场是企业生存的基础，公众环保支持可以改变公众的消费观念，从而改变市场对企业产品的需求，从市场消费引导影响企业产品的生产。而且，这种环保支持不仅影响到了消费者对国内产品的区别对待，也影响到进出口产品的结构和种类，对出口结构产生重要作用。而消费结构和出口结构的改变直接导致技术水平较低、环境污染较重的企业逐渐被市场淘汰，从而导致生产力的转移，进一步导致就业结构的变化。当然，这些经济结构的变化也都会传递到产业结构和区域结构等经济结构的其他维度。但公众环保支持对经济结构最直接的影响表现在消费结构、出口结构和就业结构上。

公众环保宣传对经济结构调整能够起到先导作用，主要也是从改变公众消费观念入手，利用市场消费引导企业产品生产；同时也会影响到出口结构，进一步影响就业结构。从引导消费观念角度来看，公众环保宣传也直接影响了消费结构、出口结构和就业结构。另外，公众环保宣传也提高了生产者的环境保护意识，从而推动了企业的技术升级，改变了现有产业结构。也就是说，公众环保宣传能够起到促进企业改善要素结构的作用，要素结构的改善会进一步推动产业结构的调整。

公众环保参政议政方面，很多项目的建设规划都需要进行民众意见听证会等，听证会予以通过才能开工建设，这种方式能够加强民众参与对"限制类"产业的审批，从而限制此类产业和企业的发展规模，引导资金流向其他产业和地区。公众环保参政议政手段使得公众不仅能够从市场消费引导企业生产，也获得了一定的审批和决策权，利用公众对环境问题的重视从而监督和引导生产者和其他决策者的行为。而且，公众环保参政议政直接从宏观决策层面影响了各地区的产业布局和产业结构，产业布局和产业结构的变化导致地区之间的差异，从而进一步影响了区域结构。

公众环保检举能够发挥行政和法律的威慑作用，限制企业的污染物排放，迫使企业进行各方面的调整。在较高的行政处罚和法律赔偿情况下，高污染企业不得不提升其技术水平，从而降低污染物排放。技术水平的提高会加大行业内部的竞争，淘汰落后小企业，促进产业内部集中度的提升，进而调整产业结构。因此，公众环保检举直接有利于要素结构的改善，从而提高产业集中度，改变产业结构。

公众环保诉讼则提高了污染企业的环境违规成本，从而能够淘汰那些高污染但又不愿进行技术升级的企业。而不愿意被淘汰的企业不得不提高技术水平，而这导致的是现有行业内部竞争情况的改变和行业内部集中度的提升，这样，公众环保诉讼就会进一步影响到产业结构的合理化发展。因此，公众环保诉讼加重了企业运行成本，迫使其改善要素结构，从而影响到产业集中度和产业结构。

公众参与手段的各项具体方式对经济结构的作用路径和影响见表4-11。

表4-11　　　　　　　　环境保护公众参与手段对经济结构的影响

环境政策手段	具体方式	政策类型	作用路径	对经济结构的影响
公众参与	公众环保支持	先导	改变公众消费观念，利用市场消费引导企业产品生产。	消费结构→出口结构→就业结构
	公众环保宣传	先导	改变公众消费观念，利用市场消费引导企业产品生产；提高生产者的环境保护意识，提升企业技术水平，改变现有产业结构。	消费结构→出口结构→就业结构 要素结构→产业结构

续前表

环境政策手段	具体方式	政策类型	作用路径	对经济结构的影响
经济	公众环保参政议政	先导	参与对"限制类"产业的审批，从而限制此类产业和企业的发展规模，引导资金流向其他产业和地区。	产业布局→产业结构→区域结构
	公众环保检举	倒逼	发挥行政和法律的威慑作用，限制污染企业的发展，迫使其提升技术水平，促进产业内部集中度的提升，从而调整产业结构。	要素结构→产业集中度→产业结构
	公众环保诉讼	倒逼	提高污染企业的环境违规成本，迫使其提升技术水平，促进产业内部集中度的提升，从而调整产业结构。	要素结构→产业集中度→产业结构

第三节　环保投资与结构调整[①]

除此之外，作为主要经济手段的环保投资还存在显著的技术溢出效应。目前我国污染物减排主要源于以政府为主的环保投资，而以企业为主的环保投资却相对不足。

一、环保投资的三种效应

20 世纪 70 年代，为了应对石油输出国组织（OPEC）的挑战和罗马俱乐部的悲观论调，经济学家们开始把能源、自然资源以及环境污染问题引入到新古典增长理论中来。Dasgupta and Heal（1974）、Stiglitz（1974）运用 Ramsey-Cass-Koopmans 模型对可耗竭性资源的最优开采和利用路径进行了分析，发现在一定的技术条件下，即使自然资源存量有限，人口增长率为正，人均消费持续增长仍然是可能的。但问题是，在他们的模型中技术进步是外生给定的，这

---

① Lin Qunhui, Chen Guanyi, Du Wencui, Niu Haipeng., 2012. Spillover effect of environmental investment: Evidence from panel data at provincial level in China. *Frontiers of Environmental Science & Engineering in China* 6（3），412 – 420.

引起了广泛争议。直至 20 世纪 80 年代中后期，随着以 Romer（1986，1990）、Lucas（1988）等人为代表的内生增长模型的出现，经济学家通过将污染引入生产函数，将环境质量引入效用函数，从而在内生增长模型框架下讨论生态环境恶化与可持续发展问题。例如，Bovenberg and Smulders（1995）在 Romer 模型基础上将环境因素引入生产函数进行研究。Hung，Chang and Blackburn（1993）以及 Scholz and Ziemes（1996）基于 Romer 模型利用内生增长模型深入研究了环境问题。Stokey（1998）通过扩展 Barro 的 AK 模型，引入污染密度指数作为代表性消费者的控制变量，给出了在内生增长理论下分析可持续发展问题的基准框架，研究了环境污染外部性与经济持续增长问题。Aghion and Howitt（1998）将资源环境因素引入 R&D 模型中，规定了环境质量的一个最小阈值，低于该阈值则环境将变得不可逆，考察了环境资源限制对可持续发展的影响。Barbier（1999）将资源稀缺性、人口增长引入 Romer-Stiglitz 模型，探讨最优均衡增长路径。Grimaud and Rouge（2003）等将环境污染和资源有限引入新熊彼特模型，考察了环境资源限制对可持续发展的影响。Giuseppe（2007）将部分生产劳动力分配到环境资源保护部门，这些劳动力进行环保投入，不进行生产，考察经济可持续发展的最优增长路径。在国内，孙刚（2004）将环境保护引入 Stokey-Aghion 模型，发现环保投入对环境质量改善的边际贡献率在长期能否大于一个临界值是可持续发展能否维持的关键。彭水军和包群（2006）吸收了 Lucas 等人的思想，在 Romer 产品水平创新模型中加入人力资本部门并引入环境污染因素分析可持续发展问题。李仕兵和赵定涛（2008）构建了一个带有环境污染约束的内生增长模型，推导出模型平衡增长路径的最优经济增长率。

现有的大部分文献发现，包含环境变化的内生增长模型基本上都支持新古典理论关于生态环境与经济增长关系的研究结论。一般情况下，相对于不含环境因素的内生增长模型，最优的污染控制要求一个较低的稳态增长率，并且严厉的环境标准有利于经济的持续增长。但是，这些文献对环保投资的处理方式却有所不同。环保投资是社会各有关投资主体从社会的积累基金、补偿基金和生产基金中，拿出一定数量用于污染防治、保护和改善生态环境，其目的是促进经济建设与环境保护的协调发展，使环境得到保护与改善（张坤民，1999）。按环保投资目的和投资方向，环保投资可划分为污染治理投资、保护和改善生态环境投资、环境管理和科研投入三部分。目前，一些文献将环保投资视为消费，认为环保投资的作用就是消除已经生产出来的污染，因此环保投资不参与资本积累；一些文献将环保投资视为投资，但是由于环保投资的特殊性，认为其不参与资本积累。这两种处理方式都没有厘清环保投资作用于经济增长的真实途径和作用机理，并不可取。

实际上，环保投资对经济增长的作用方式有三种：第一，作为普通投资，环保投资与一般投资一样，投入到环保产业中，其积累有利于拉动下一期的经济增长；第二，作为投资结果，环保投资有利于改善当期的环境质量，但这并不会引起经济增长；第三，作为投资过程，环保投资有利于促进生产技术的环保创新，降低单位产量的污染物排放量，在现有环保标准下最大化产量，进而拉动下一期的经济增长。我们定义上述三种效应，第一种效应称为环保投资的"普通投资效应"，第二种效应称为环保投资的"环境改善效应"，第三种效应称为环保投资的"溢出效应"。现有研究只关注了环保投资的"普通投资效应"和"环境改善效应"，而忽略了环保投资的"溢出效应"。

我们认为，环保投资促使企业生产技术的环保水平升级，进而降低单位产出的污染物排放量，从而在排污标准既定的前提下提高产量，促进经济长期增长，这便是环保投资的"溢出效应"。按照环保投资的不同产业方向，环保投资三种效应的作用机理如图 4 - 2 所示。

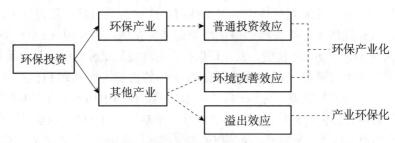

图 4 - 2 环保投资三种效应的作用机理

现实中，当政府意识到环境保护的重要性，开始通过环保投资改善环境质量的时候，首先会想到环境改善效应，因为环境改善效应将直接改善目前的环境质量。但是，环境改善效应对经济增长的拉动作用十分有限，因为产生环境改善效应的环保投资更像是消费，不会参与资本积累。接着，政府开始提倡环保产业化，大力推动环保产业的发展，此时环保投资开始扮演投资的角色，参与到资本积累的过程中。最后，随着环保产业的逐步成熟，人们会发现单纯从治理污染出发的政策永远是一种"补救措施"。要想实现经济的可持续发展，必须从污染的源头入手，通过改进企业生产环节中的环保技术，来降低单位产出的污染物排放密度。此时，环保投资开始对经济发展产生"溢出效应"，这便是本节的研究核心。

本节在已有文献的研究基础上，借鉴 Stokey（1998）、Aghion and Howitt

（1998）的模型思想，将环境质量纳入效用函数，将环保投资纳入生产函数，同时将污染密度看作环保投资的函数，利用内生增长模型和最优动态理论求解经济可持续发展的最优路径，研究环保投资的溢出效应对最优路径的影响，以及影响环保投资溢出效应的各种因素。本节余下部分安排如下：第二部分对环保投资的溢出效应做理论分析，第三部分对实证检验做出研究设计，第四部分对环保投资的溢出效应做实证检验，第五部分得出主要结论。

二、环保投资溢出效应的理论分析

考虑一个由同质消费者组成的封闭经济，不考虑人口增长，消费者对消费和环保质量产生效用，其效用函数为 $U(c, E)$，其中，c 为人均消费，设总人口为 1，则 c 也是总消费，E 为环境质量，且满足 $U_c > 0$，$U_E > 0$，$U_{cc} < 0$。消费者一生的福利为：

$$W = \int_0^\infty e^{-\rho t} U(c, E) \mathrm{d}t$$

其中，$\rho > 0$ 代表时间贴现率，代表当代人对后代人利益的关心程度，ρ 越大，表示对后代越漠视，$\rho \to 0$ 表示对后代人和当代人给予相同的关心。

对于生产函数，我们采用 AK 形式，$Y = AKz$，其中，A 为技术，K 为资本存量，z 为污染密度。以利润最大化为目标的厂商的最优选择是恰好排放政府规定的最低标准污染物。在生产技术一定的情况下，由于存在最低污染密度标准，使得厂商的生产量受限于最低污染密度。因此，生产函数不仅取决于技术、资本存量，还取决于最低污染密度。在不存在环保投资的情况下，厂商无法改变政府制定的最低污染密度标准，只能按照能够排放的最大污染量制定生产计划。但是，环保投资（I）改变了这个约束。如前所述，环保投资不仅能够对现有污染物进行治理，还能够促进企业生产技术的环保化改革，降低企业单位产出的污染物排放密度。在污染物排放密度降低的前提下，企业就可以进一步提高产出了，我们称这个现象为环保投资的溢出效应。因此，污染密度（z）受环保投资（I）的影响，假设二者之间是简单的线性关系，可以写成如下形式：

$$z = z(I) = \alpha + \beta I$$

其中，$\dfrac{\partial z(I)}{\partial I} < 0$，所以 $\beta < 0$。

另外，我们认为环保投资有着与一般投资相同的性质，由于一些环保项目的建设以及环保产业的兴起，环保投资还将作为资本积累，促进下一期的经济增长。因此，环保投资的增加是有利于资本积累的，模型中的资本存量 K 已经包含了环保投资，即 $K = I + I'$，其中 I 表示环保投资，I' 表示其他投资。资本

积累方程为 $\dot{K}=AKz-c$。

对于环境质量，最好不能好过无污染，最坏也不能坏过毁灭性灾难。因此，定义环境质量 E 为现在的环境质量与环境上界的差额。所以 E 为负数，$E\in[E_{min}, 0]$。E 不同于污染，污染是流量，而环境质量是存量，E 受三方面影响。首先，环境质量受污染（P）影响，具体关系为

$$P(Y, z)=Yz^{\gamma}=AKz^{\gamma+1}$$

其中，Y 代表总产出，$z\in[0, 1]$ 代表污染密度，$\gamma>1$ 表示污染的边际成本递增。其次，环境质量受环境自我更新能力的影响，假设环境自我更新速度为 θ，则由于自我更新而得到的环境改善为 θE。最后，环境质量还受环保投入（I）的影响，假设环保投入对环境改善的贡献为 $R(I)$，且 $R'(I)>0$，说明环保投入越多，对环境改善的贡献越大。由此可写出环境质量变化的运动方程为

$$\dot{E}=-Yz^{\gamma}+\theta E+R(I)$$

社会计划者的动态最优化问题如下：

$$\max_{c,E}\int_0^{\infty}e^{-\rho t}U(c,E)\mathrm{d}t$$

$$\text{s. t. } \dot{K}=AKz-c$$

$$\dot{E}=-AKz^{\gamma+1}+\theta E+R(I)$$

另外，$K(0)=K_0$，$E(0)=E_0$，$z=\alpha+\beta I$。

定义 Hamilton 函数为：

$$H=U(c, E)+\lambda(AKz-c)+\mu[-AKz^{\gamma+1}+\theta E+R(I)] \tag{4—6}$$

两个控制变量为 c 和 I，两个状态变量为 K 和 E。横截性条件（TVC）为：

$$\lim_{t\to\infty}\lambda Ke^{-\rho t}=0, \lim_{t\to\infty}\mu Ee^{-\rho t}=0$$

对两个控制变量分别求偏导，得到一阶条件：

$$\frac{\partial H}{\partial c}=u_c-\lambda=0 \tag{4—7}$$

$$\frac{\partial H}{\partial I}=\lambda Az-\mu Az^{\gamma}[z+I(\gamma+1)\,z\beta]+\mu R'(I)=0 \tag{4—8}$$

由此可得到：

$$\lambda=u_c \tag{4—9}$$

$$\mu=\frac{\lambda Az}{Az^{\gamma}[z+I(\gamma+1)\,z\beta]-R'(I)} \tag{4—10}$$

对两个状态变量分别求偏导，得到欧拉方程：

$$\frac{\partial H}{\partial K}=-\rho\lambda+\lambda Az-\mu Az^{\gamma+1}=-\dot{\lambda} \tag{4—11}$$

$$\frac{\partial H}{\partial E}=-\rho\mu+u_E-\mu\theta=-\dot{\mu} \tag{4—12}$$

根据式（4—9），两边同时对 t 求导可得：

$$\dot{\lambda}=u_{cc}\dot{c} \tag{4—13}$$

对式（4—13）做进一步调整后，得到考虑环保投资溢出效应后的消费路径：

$$\frac{\dot{c}}{c}=\frac{1}{\varepsilon}\left[Az\left(1-\frac{Az^{\gamma+1}}{Az^{\gamma}(z+I(\gamma+1)z\beta)-R'(I)}\right)-\rho\right]$$

其中，$\dfrac{1}{\varepsilon}=-\dfrac{u_c}{u_{cc}c}$，表示跨期替代弹性。

由消费路径可知，如果经济是可持续发展的，意味着在长期 $\dot{c}/c>0$，即：

$$Az\left(1-\frac{Az^{\gamma+1}}{Az^{\gamma}(z+I(\gamma+1)z\beta)-R'(I)}\right)-\rho>0$$

整理式（4—14），得到如下不等式：

$$R'(I)<\frac{Az^{\gamma+1}\left[\rho-I(\gamma+1)\beta(Az-\rho)\right]}{\rho-Az} \tag{4—14}$$

根据 Stokey-Aghion 模型，$Az-\rho>0$ 是经济增长的必要条件，否则无论 I 如何变化，都无法使 $\dot{c}/c>0$。与 Stokey-Aghion 模型相同，为简便起见，假设这一基本条件已经满足。

下面我们分情况讨论不等式（4—14）的左右两边。首先看式子左边，对于 $R'(I)$，如果 $R''(I)<0$，即环保投资对改善环境的边际贡献率（$R'(I)$）递减，则只要 $R'(I)$ 的最大值小于不等式右边，就可以保证不等式的永远成立，即经济可持续发展。如果 $R''(I)=0$，即环保投资对改善环境的边际贡献率（$R'(I)$）保持不变，则需要 $R'(I)$ 小于不等式右边，便可保持经济可持续发展。如果 $R''(I)>0$，即环保投资对改善环境的边际贡献率（$R'(I)$）递增，则除非 $R'(I)$ 有上确界，且上确界小于不等式右边，才能保证经济可持续发展。

再来看式子右边，令

$$f(z,\gamma,A,\rho,I,\beta)=\frac{Az^{\gamma+1}\left[\rho-I(\gamma+1)\beta(Az-\rho)\right]}{\rho-Az}$$

对每个要素（z,γ,A,ρ,I,β）求偏导，结果为 $\partial f/\partial z<0$，$\partial f/\partial I>0$，$\partial f/\partial\gamma<0$，$\partial f/\partial A>0$，$\partial f/\partial\rho<0$，$\partial f/\partial\beta>0$。由此可知，环保投资对经济可持续发展的作用途径并不是单一的，环保投资不仅能够改变不等式（4—14）的左边，还能作用于不等式的右边。环保投资对污染因子产生影响，进而作用于产

出，确定经济可持续发展的最优路径，这便是环保投资的溢出效应。并且，环保投资越高，污染因子越小，环保投资对生产技术的溢出效应越大，不等式的右边越大，实现经济可持续发展的条件越宽松，经济持续发展的可能性越大。

三、研究设计

由于环境投资的溢出效应的直接作用结果是生产技术的提高，本节通过一个简单的实证模型检验环保投资的溢出效应。实证模型为：

$$Tech_{i,t} = \varphi_0 + \varphi_1 I_{i,t} + \varphi_2 Contolling_{i,t} + \varphi_3 Influence_{i,t} \times I_{i,t} + \varepsilon$$

其中，$Tech$ 是因变量生产技术；I 是自变量环保投资；$Contolling$ 是控制变量，代表其他可能影响生产技术的变量，包括初始技术水平，经济发展水平，人力资本水平和产业结构；$Influence$ 是调节变量，代表影响环保投资溢出效应的变量，包括非国有经济比重和外资引进程度。另外，模型中的 t 表示年份，i 表示省市。具体的变量定义见表 4 - 12。

表 4 - 12 变量定义与说明

变量类型	变量名称	变量定义
因变量	生产技术（$Tech$）	用各地区三种专利申请受理量与科技人员数的比例表示
自变量	环保投资（I）	用各地区环保投资额的自然对数表示
控制变量	初始技术水平（$Tech_{-1}$）	用各地区前一年的生产技术表示
	经济发展水平（Eco）	用各地区 GDP 的自然对数表示
	人力资本水平（Hum）	用各地区高中学历劳动力占所有劳动力的比重表示
	产业结构（Ind）	用各地区第三产业生产总值占地区总产值的比重表示
调节变量	非国有经济比重（$Private$）	用各地区非国有经济在工业销售收入中所占的比重表示
	外资引进程度（$Foreign$）	用各地区外商及港澳台投资占地区总产值的比重表示

研究以 2003—2007 年全国各省市连续五年的数据为样本。需要特别说明的是自变量环保投资，根据我国目前的统计口径，对各地区环保投资的统计结果主要包括城市环境基础设施建设投资、工业污染源治理投资和建设项目"三同时"环保投资，以及以上三种投资的总额。这三种环保投资产生的投资效应并不完全一致，其中，城市环境基础设施建设投资对经济增长的作用主要表现为"普通投资效应"，工业污染源治理投资对经济增长的作用主要表现为"环境改善效应"，只有建设项目"三同时"环保投资同时体现了环保投资的"普通投资效应"、"环境改善效应"和"溢出效应"三种效应。因此，本节研究的环保投资专指建设项目"三同时"环保投资。对全国各省市 2003—2007 年的建设项目"三同时"环保投资进行的统计见表 4 - 13。

表4-13 　　2003—2007年各省市建设项目"三同时"环保投资情况 单位：亿元

省市	"三同时"环保投资的五年均值	省市	"三同时"环保投资的五年均值	省市	"三同时"环保投资的五年均值
北京	19.76	浙江	57.24	海南	2.88
天津	12.96	安徽	9.90	重庆	16.32
河北	25.32	福建	16.68	四川	15.96
山西	12.46	江西	8.30	贵州	4.8
内蒙古	15.74	山东	37.38	云南	9.46
辽宁	20.80	河南	18.44	山西	10.22
吉林	6.70	湖北	9.06	甘肃	3.70
黑龙江	7.72	湖南	10.10	青海	3.10
上海	23.68	广东	43.24	宁夏	3.58
江苏	68.36	广西	7.24	新疆	7.48

注：由于数据缺失，表中并没有西藏的相关数据。
资料来源：中国环境统计年鉴（2003—2007年）.

由表4-13可以看出，全国各省市的建设项目"三同时"环保投资值差别很大，有些省份（如江苏、浙江和广东）的投资额超过40亿元，而有些省市（如海南、甘肃、青海和宁夏）的投资额却不足4亿元。当然，造成这种差距的因素有很多，尤其是各地区经济发展水平的差距将直接导致环保投资的差距。而各省市建设项目"三同时"环保投资值的差别也将直接导致区域的技术水平，对国民经济产生大不相同的"溢出效应"，这正是本节的研究重点。对其他变量进行的描述性统计见表4-14。

表4-14 　　　　　　　　变量描述

变量名称	样本个数	均值	标准差	最大值	最小值
生产技术（Tech）	155	5.531 5	7.621 1	43.25	−0.41
环保投资（I）	152	16.733 6	18.905 4	103.50	0.10
经济发展水平（Eco）	155	8.358 1	1.044 5	10.34	5.22
人力资本水平（Hum）	155	14.027 9	5.666 3	36.10	0.91
产业结构（Ind）	155	0.406 3	0.071 7	0.72	0.30
非国有经济比重（Private）	155	7.081 5	2.922 9	13.44	−1.93
外资引进程度（Foreign）	155	2.456 4	2.324 0	9.39	−0.12

资料来源：环保投资为各省市建设项目"三同时"环保投资，来自《中国环境统计年鉴》（2003—2007年）；经济发展水平和产业结构数据来自《中国统计年鉴》（2004—2008年）；其他数据来自樊纲和王小鲁（2010）。

四、实证分析

本节的研究对象是 2003—2007 年各省市的技术进步和环保投资，这是一个典型的面板数据，因此不能采用简单的 OLS 进行回归，而是要先检验数据的平稳性，然后根据面板数据的特点，选择合适的模型进行检验。

1. 单位根检验

表 4-15 为 2003—2007 年我国各省市生产技术、环保投资、初始技术水平、经济发展水平、人力资本水平、产业结构、非国有经济比重与外资引进程度的单位根检验。ADF 检验都显示，因变量生产技术，自变量环保投资，控制变量初始技术水平、经济发展水平、人力资本水平、产业结构，调节变量非国有经济比重、外资引进程度，都拒绝了单位根检验，即各项数据都是平稳的。

表 4-15 单位根检验

变量	ADF 检验	变量	ADF 检验
生产技术（Tech）	-9.3807***	人力资本水平（Hum）	-8.8037***
环保投资（I）	-7.9414***	产业结构（Ind）	-13.7697***
初始技术水平（$Tech_{-1}$）	-10.0638***	非国有经济比重（Private）	-7.1143***
经济发展水平（Eco）	-7.7700***	外资引进程度（Foreign）	-9.4075***

注：* 表示在 10% 的显著性水平上显著，** 表示在 5% 的显著性水平上显著，*** 表示在 1% 的显著性水平上显著。

2. 协整检验

由于各项数据都是平稳序列，因此表 4-16 对 2003—2007 年我国各省市生产技术与环保投资之间的协整关系进行了检验（Johanson 协整检验）。Trace 统计量和 Max-Eigen 统计量都高度显著，即生产技术与环保投资是协整的。

表 4-16 协整检验

因变量	自变量	Trace 统计量	Max-Eigen 统计量
生产技术（Tech）	环保投资（I）	77.0504***	64.1974***
	初始技术水平（$Tech_{-1}$）	47.2785***	26.1547***
	经济发展水平（Eco）	53.2913***	47.6203***
	人力资本水平（Hum）	52.9029***	29.4848***
	产业结构（Ind）	85.5948***	74.9106***

注：* 表示在 10% 的显著性水平上显著，** 表示在 5% 的显著性水平上显著，*** 表示在 1% 的显著性水平上显著。

3. 回归分析

由于我们只是对样本自身的效应进行分析，并且我们也非常关心各地区的特定情况对环保投资溢出效应的影响，在这方面，面板数据的固定效应模型更具优势，所以应该采用固定效应模型对模型进行回归，结果见表4-17。

表4-17 环保投资溢出效应的实证检验结果

变量	模型（1）	模型（2）	模型（3）
环保投资（I）	0.271 5 (11.053 4)***	0.038 3 (4.643 4)***	0.041 7 (4.721 4)***
初始技术水平（$Tech_{-1}$）		1.173 4 (42.271 6)***	1.175 7 (40.980 2)***
经济发展水平（Eco）		0.190 7 (1.290 7)	0.093 1 (0.562 3)
人力资本水平（Hum）		0.007 4 (0.297 3)	0.002 7 (0.923 2)
产业结构（Ind）		0.450 2 (0.263 8)	0.026 9 (0.966 1)*
非国有经济比重（$Private$）			−0.088 9 (−1.310 0)**
外资引进程度（$Foreign$）			0.0 447 (0.651 6)
R平方	0.448 9	0.976 1	0.976 4
样本数	152	152	152

注：* 表示在10%的显著性水平上显著，** 表示在5%的显著性水平上显著，*** 表示在1%的显著性水平上显著。

由表4-17可知，环保投资（I）变量的估计系数显著为正，说明地区环保投资越多，生产技术水平越高。而且，环保投资对生产技术进步的这种正向影响是十分显著的，证明了环保投资溢出效应的存在。除此之外，地区初始技术水平也对生产技术产生显著的正向影响，地区初始技术水平越高，当期技术水平越高。产业结构对生产技术的影响也是正向显著的，第三产业的比重越高，生产技术的水平越高。我们还检验了非国有经济比重和外资引进程度对环保投资溢出效应的影响，发现国有经济比重越高，环保投资的溢出效应越大。这说明同样是环保投资，投入到国有经济中，对生产技术的溢出效应要明显高些。之所以出现这种情况，可能是由于国有经济的技术创新制度相对完善，政府扶持力度较大，使得国有经济的环保生产技术创新动力较大，进程较快。另外，外资引进程度越高，环保投资的溢出效应越大，但是这种结果并不显著。

为了进一步检验不同区域的环保投资溢出效应，我们按照区域划分，将31个省市划分为东部、中部和西部，其中，东部地区包括北京、福建、广东、海南、河北、江苏、山东、上海、天津、浙江、黑龙江、吉林、辽宁 13 个行政区域，中部地区包括安徽、河南、湖北、湖南、江西、山西 6 个行政区域，西部地区包括重庆、甘肃、广西、贵州、内蒙古、宁夏、青海、陕西、四川、西藏、新疆、云南 12 个行政区域。分别检验这三个地区的环保投资溢出效应，结果见表 4-18。

表 4-18　　　　　　　　　环保投资溢出效应的区域检验结果

变量	东部地区	中部地区	西部地区
环保投资（I）	0.052 4 (3.202 3)***	0.005 4 (0.649 3)	0.014 0 (0.851 0)
初始技术水平（$Tech_{-1}$）	1.156 6 (21.701 0)***	1.076 7 (6.397 8)***	1.087 5 (15.018 1)
经济发展水平（Eco）	0.155 4 (0.359 3)	0.759 7 (1.399 4)	0.022 5 (0.177 7)
人力资本水平（Hum）	0.052 6 (0.646 6)	−0.012 6 (−0.247 6)	−0.032 0 (−1.477 0)
产业结构（Ind）	1.395 8 (0.381 2)*	3.274 5 (0.897 9)	1.685 2 (0.695 1)
非国有经济比重的调节作用（$Private \times I$）	−0.113 0 (−0.608 7)**	−0.067 6 (−0.579 7)	−0.024 6 (−0.576 8)
外资引进程度的调节作用（$Foreign \times I$）	0.060 0 (0.435 0)	0.040 2 (0.610 2)	0.034 0 (0.341 2)
R 平方	0.968 1	0.973 7	0.924 7
样本数	65	30	57

注：* 表示在 10% 的显著性水平上显著，** 表示在 5% 的显著性水平上显著，*** 表示在 1% 的显著性水平上显著。

由表 4-18 可知，环保投资溢出效应的区域差别很大，东部地区的环保投资溢出效应十分明显，环保投资越高，生产技术越先进。另外，非国有经济比重的调节作用也很显著。但是，中部地区和西部地区的环保投资溢出效应却并不显著。这种结果意味着，即使增加环保投资，也未必能够提升生产技术，环保投资溢出效应也未必显现。原因是，环保投资必须落到实处，作用到具体的企业和个人，才能使投资转化为生产力。这就要求每个地区必须具备溢出效应起作用的土壤，例如灵活的创新机制、宽松的融资制度、严格的专利保护措施等。相比之下，东部地区的开放程度较高，制度健全程度较高，为环保投资溢出效应的作用提供了前提，而西部地区和中部地区并不具备这样的条件。

五、结论与启示

环保投资不同于一般投资，它对经济增长同时存在普通环保效应、环境改善效应和溢出效应三种作用途径。以往的研究将重点集中在前两种效应，而忽视了环保投资的溢出效应，这无疑不利于人们正确认识环保投资的作用，也不利于确定环保投资在全国投资中的地位。本节的研究基于内生增长模型，将环境质量纳入效用函数，将污染因子纳入生产函数，同时利用环保投资将污染因子内生化，用理论模型证明了环保投资的溢出效应，即环保投资不仅能够通过普通投资的作用途径促进经济增长，还能促使生产技术的环保化，提高环保技术水平，进而在既定环保规制下，实现经济可持续增长。我们还利用中国各省市 2003—2007 年的面板数据，检验了环保投资的溢出效应。事实证明，环保投资确实对经济增长存在显著的溢出效应，但是这种效应存在明显的地域差别。因此，我们建议，政府在制定环保投资政策时既要充分考虑到环保投资的溢出效应，合理配置环保投资额，又要为环保投资溢出效应的作用提供必要的制度前提。

第五章

治污减排对经济结构调整的作用效果评估

治污减排对经济结构调整的作用效果评估，可以从三个方面入手：

第一个方面是全过程管理。从排放强度变化入手，把主要污染物排放强度降低的技术效应分解成源头防治、过程控制、末端治理，既可以揭示各个地区主要污染物减排是在全过程治理的哪些环节实现的，还可以揭示全过程治理各个环节对经济结构调整的作用。

第二个方面是从先导和倒逼两种机制而进行的效果评估。从污染物排放变化量入手，发挥环境保护对经济发展的优化作用、对经济转型的先导和倒逼作用，使用联立方程模型从先导和倒逼两种机制入手来构建作用机理模型。

第三个方面是宏观、中观、微观尺度的效果评估。宏观上计量表征的，还需要中观或微观上的证实，对经济结构调整更是如此，而且，只有微观企业的行为发生实质性变化，中观和宏观尺度上的经济结构调整、经济发展方式转变才有坚实的支撑。

第一节　基于全过程管理的效果评估

污染物排放通常可分解为规模效应、结构效应和技术效应三种。现有研究表明，技术效应对主要污染物减排的贡献是最大的，而规模效应增加了污染物排放，结构效应的作用并不显著或尚未显现出来。已有的研究将二氧化硫、化学需氧量、工业粉尘排放强度降低的技术效应分解为能源消费结构效应、能源消费强度效应和污染物排放处理效应，逻辑如图 5-1 所示。

污染物排放：规模效应；结构效应；技术效应
技术效应：能源消费结构效应——源头防治；能源消费强度效应——过程控制；污染物排放处理效应——末端治理

图 5-1 对全过程管理的分解

一、工业二氧化硫的全过程管理①

以工业 SO_2 排放强度降低为研究对象，按照 LMDI（对数平均迪氏指数法）分解方法，从源头防治、过程控制、末端治理三个环节对 2001—2010 年工业 SO_2 排放强度降低进行分解，并计算三个环节的贡献率（见表 5-1）。

表 5-1 2001—2010 年工业 SO_2 排放强度降低的分解结果

时间段	Δ排放强度	类别		
		源头防治	过程控制	末端治理
2001—2002	−0.001 2	0.006 5（−568.09%）	−0.000 3（27.70%）	−0.007 4（640.39%）
2002—2003	−0.000 4	0.000 2（−40.24%）	−0.000 2（61.01%）	−0.000 3（79.22%）
2003—2004	−0.001 7	−0.000 0（2.14%）	−0.000 6（35.27%）	−0.001 1（62.60%）
2004—2005	0.000 1	−0.000 8（610.55%）	−0.000 3（207.98%）	0.001 2（−918.53%）
2005—2006	−0.001 0	0.000 0（−3.43%）	−0.000 4（36.22%）	−0.000 7（67.20%）
2006—2007	−0.002 1	−0.000 1（5.81%）	−0.001 0（47.89%）	−0.001 0（46.31%）
2007—2008	−0.001 8	−0.000 0（1.21%）	−0.001 1（60.09%）	−0.000 7（38.70%）
2008—2009	−0.000 4	0.000 0（−0.19%）	0.000 3（−72.56%）	−0.000 7（172.74%）
2009—2010	0.002 1	−0.000 2（9.31%）	0.002 4（−113.52%）	−0.000 1（4.22%）
2001—2010	−0.006 2	0.004 0（−64.69%）	−0.000 1（1.70%）	−0.010 1（162.99%）
“十五”	−0.003 1	0.005 3（−171.63%）	−0.001 4（47.16%）	−0.006 9（224.47%）
“十一五”	−0.002 2	−0.000 4（19.02%）	0.001 2（−57.72%）	−0.003 0（138.69%）

注：2001—2002 年期间的Δ排放强度是指 2002 年工业 SO_2 排放强度相比 2001 年的变动幅度。GDP 数据来自《中国统计年鉴》，其他数据来自《中国环境统计年鉴》。为保证数据的可比性，对每年 GDP 进行相应的价格平减（2001 年=100）。

由表 5-1 可知，从“十五”到“十一五”期间，工业 SO_2 排放强度降低了

① Zhang Ping-dan, Du Wen-cui, Jiao Sheng, He Li, 2014. A decomposition model to analyze effect of SO_2 emission density of China. *Journal of Central South University* 21, 701-708.

29.7％，这主要归功于末端治理。不过，末端治理的贡献率从"十五"期间的224.47％降至"十一五"期间的138.69％。可以说，工业 SO_2 排放强度降低已经逐步减少了对末端治理的依赖，开始了从末端治理向全过程管理的转型。当然，中国还没有实现真正的扭转或转变，即治污未必减排。此外，过程控制堪忧。过程控制的贡献率由"十五"期间的正转为"十一五"期间的负，逐年来看，2001—2008 年过程控制的贡献率为正，2008—2010 年过程控制的贡献率为负，说明由企业生产技术进步主导的过程控制还没有发挥主体作用。

进一步，对 2001—2010 年中国 30 个地区工业 SO_2 排放强度进行 LMDI 分解，计算"十五"和"十一五"两个时间段内各个地区全过程管理的分解结果。根据"十五"和"十一五"期间的分解结果，由于数据原因，只有 26 个地区可以进行"十五"与"十一五"两个时间段的比较。"十一五"期间末端治理贡献率小于"十五"期间末端治理贡献率的地区有 16 个，说明这些地区开始了从末端治理向全过程管理的转型，而 10 地区在"十一五"期间的末端治理贡献率大于"十五"期间的末端治理贡献率，说明这 10 个地区还没有开始从末端治理向全过程管理的转型，仍依赖于对已产生污染物的处理。从过程控制来看，贡献率"十一五"期间大于"十五"期间的有 17 个地区，说明这些地区更依靠技术进步来推动转型，对污染物产生环节的治理已经富有成效，不过，还有 9 个地区的过程控制不甚理想。比较各地区在"十五"和"十一五"期间的减排途径，根据是否实现了从末端治理向全过程管理的转型、过程控制是否有所提升这两个维度，可以将这 26 个地区分为四类（见表 5-2）。

表 5-2　"十五"和"十一五"期间各地区工业 SO_2 全过程管理的路径选择

	已实现全过程管理	未实现全过程管理
过程控制有提升（17 个地区）	13 个地区：河北、内蒙古、黑龙江、江苏、江西、山东、湖南、广西、四川、贵州、云南、陕西、新疆	4 个地区：浙江、湖北、广东、甘肃
过程控制没有提升（9 个地区）	3 个地区：北京、山西、河南	6 个地区：天津、辽宁、吉林、上海、安徽、福建

注：由于海南、重庆、西藏、青海、宁夏 5 个地区缺少"十五"期间的数据，因此本表中地区总数为 26 个。

由表 5-2 可知，共有 13 个地区开始了从末端治理向全过程管理的转型，过程控制还有所提升。以江西为例，"十五"期间主要依赖治污，末端治理的贡献率为 191.39％，源头防治、过程控制的贡献率都为负值，到了"十一五"期间，源头防治、过程控制、末端治理的贡献率都为正，实现了向全过程管理的转型，而且，过程控制得到了大幅提升，"十一五"期间贡献率为 42.36%，而治污和减排的贡献率相当。值得注意的是，仍有 6 个地区，不仅没有开始从末端治理向全过程管理的转型，而且过程控制也没有提升。

二、工业化学需氧量的全过程管理[①]

以工业 COD 排放强度降低为研究对象，按照 LMDI 分解方法，从源头防治、过程控制、末端治理三个环节对 2001—2010 年工业 COD 排放强度降低进行分解，并计算三个环节的贡献率（见表 5 - 3）。

表 5 - 3　　　　　　2001—2010 年工业 COD 全过程管理的分解结果

时间段	△排放强度	类别		
		源头防治	过程控制	末端治理
2001—2002	−0.000 7	−0.000 5 (69.80%)	0.000 1 (−18.33%)	−0.000 3 (48.53%)
2002—2003	−0.001 1	−0.000 4 (35.99%)	0.000 0 (−4.01%)	−0.000 7 (68.01%)
2003—2004	−0.000 6	−0.000 4 (71.83%)	−0.000 2 (25.71%)	−0.000 0 (2.46%)
2004—2005	−0.000 2	−0.000 3 (177.07%)	0.000 2 (−96.92%)	−0.000 0 (19.85%)
2005—2006	−0.000 5	−0.000 3 (59.84%)	−0.000 2 (33.54%)	−0.000 0 (6.62%)
2006—2007	−0.000 5	−0.000 3 (59.72%)	−0.000 0 (6.65%)	−0.000 2 (33.63%)
2007—2008	−0.000 5	−0.000 3 (60.07%)	−0.000 0 (5.95%)	−0.000 2 (33.98%)
2008—2009	−0.000 2	−0.000 2 (78.42%)	−0.000 0 (15.70%)	−0.000 0 (5.88%)
2009—2010	−0.000 2	−0.000 2 (96.14%)	0.000 0 (−9.79%)	−0.000 0 (13.65%)
2001—2010	−0.004 3	−0.002 9 (67.10%)	−0.000 1 (2.15%)	−0.001 3 (30.75%)
"十五"	−0.002 6	−0.001 8 (68.54%)	0.000 2 (−9.54%)	−0.001 1 (40.99%)
"十一五"	−0.001 3	−0.000 9 (68.19%)	−0.000 1 (5.25%)	−0.000 3 (26.56%)

注：2001—2002 年期间的 △排放强度是指 2002 年工业 COD 排放强度相比 2001 年的变动幅度。GDP数据来自《中国统计年鉴》，其他数据来自《中国环境统计年鉴》。为保证数据的可比性，对每年 GDP 进行相应的价格平减（2001 年＝100）。

由表 5 - 3 可知，2001—2010 年工业 COD 排放强度的降低主要归功于源头防治，其次是末端治理，过程控制对工业 COD 排放强度降低的贡献较小。"十五"期间，工业 COD 排放强度下降 0.002 6，其中，68.54% 来自水资源利用效率的提高（即源头防治），40.99% 来自污水处理技术的应用（即末端治理），水资源重复利用率（即过程控制）对工业 COD 排放强度的降低并无贡献。"十一五"期间，源头防治对工业 COD 排放强度降低的贡献率仍为最高，末端治理的

① 杜雯翠. 中国工业 COD 全过程管理效果检验——来自 LMDI 的分解结果中国软科学，2013（7）：77 - 85.

贡献率次之。可喜的是，过程控制对工业 COD 排放强度降低的贡献率由负数变为正数，这表明过程控制对全过程管理的贡献开始呈现，全过程管理开始实现。之所以出现这种情况，与政策导向有关。近年来，各级政府积极倡导节约用水，并对工业用水进行区分定价、分类计价，增加工业企业用水的成本压力，使企业不得不积极地节约用水。与此同时，政府积极建设各种污水处理厂，在一些工业园区还专门建造统一的污水处理厂，以降低企业的污水处理成本，这些政策均有利于源头防治和末端治理发挥作用。另外，各地政府纷纷出台各自的城市中水建设管理办法，为中水和再生水的使用创造了条件，极大地推动了地区循环水务建设，促进了过程控制的有效发挥。

进一步，对 2001—2010 年中国 31 个地区工业 COD 排放强度进行 LMDI 分解，计算"十五"和"十一五"两个时间段内各地区全过程管理的分解结果。"十五"期间，17 个地区源头防治的贡献率为负，工业 COD 全过程管理主要依靠过程控制和末端治理。"十一五"期间，28 个地区的源头防治贡献率大幅提高，仅剩 3 个地区源头防治贡献率仍为负。不过，这并不表明大部分地区都实现了全过程管理，一些地区源头防治的加强是以过程控制的弱化为代价的。"十一五"期间，仅有 5 个地区过程控制的贡献率有所增加，26 个地区过程控制的贡献率均在降低，其中 23 个地区过程控制贡献率由正变为负。可以说，"十一五"期间许多地区的过程控制发生了逆转，在各种城市中水管理办法的督促下，这些地区并没有利用先进环境技术改进水资源使用工艺，反而降低了水资源循环利用效率，极大地弱化了过程控制的作用。比较各地区在"十五"和"十一五"期间的减排途径，根据是否实现了全过程管理和时间段两个维度，可以将31 个地区分为四类（见表 5-4）。

表 5-4　"十五"和"十一五"期间各地区工业 COD 全过程管理的路径选择

	已实现全过程管理	未实现全过程管理
"十五"	12 个地区：北京、山西、吉林、黑龙江、上海、江苏、安徽、山东、湖北、四川、贵州、甘肃	19 个地区：天津、河北、内蒙古、辽宁、浙江、福建、江西、河南、湖南、广东、广西、海南、重庆、云南、西藏、山西、青海、宁夏、新疆
"十一五"	2 个地区：北京、山西	29 个地区：天津、河北、内蒙古、辽宁、吉林、黑龙江、上海、江苏、浙江、安徽、福建、江西、山东、河南、湖北、湖南、广东、广西、海南、重庆、四川、贵州、云南、西藏、山西、甘肃、青海、宁夏、新疆

由表 5-4 可知，"十五"期间有 12 个地区实现了全过程管理，到"十一五"期间，仅有北京和山西 2 个地区仍实现了全过程管理，原因可能在于北京和山西的经济结构。根据《2010 年环境统计年报》，在 2010 年统计的 39 个工业行业中，工业 COD 排放量位于前 4 位的行业依次为造纸与纸制品业、农副食品加工业、化学原料及化学制品制造业、纺织业（以下简称四大行业）。四大行业的工业 COD 排放量为 219.5 万吨，污染贡献率占 60%。因此，这四个行业的行业规模直接决定着工业 COD 减排效果。2009 年，除西藏外，北京和山西是四大行业比例最低的两个地区，北京四大行业比例为 5.13%，山西四大行业比例为 7.86%，这种低比例有助于工业 COD 全过程管理的实现。当然，这需要进一步的实证检验。

三、工业粉尘的全过程管理[①]

以工业粉尘排放强度降低为研究对象，按照 LMDI 分解方法，从源头防治、过程控制、末端治理三个环节对 2001—2010 年工业粉尘排放强度降低进行分解，并计算三个环节的贡献率（见表 5-5）。

表 5-5　　　　　2001—2010 年工业粉尘全过程管理的分解结果

时间段	Δ 排放强度	其中		
		源头防治	过程控制	末端治理
2001—2002	−0.001 1	0.004 0 (−363.02%)	−0.000 2 (17.70%)	−0.004 9 (445.32%)
2002—2003	−0.000 6	0.000 1 (−13.83 %)	−0.000 1 (20.97%)	−0.000 6 (92.86%)
2003—2004	−0.001 9	0.000 0 (0.97%)	−0.000 3 (15.98%)	−0.001 6 (83.05%)
2004—2005	−0.000 6	−0.000 3 (61.07%)	−0.000 1 (20.80%)	−0.000 1 (18.13%)
2005—2006	−0.001 0	0.000 0 (−1.35%)	−0.000 1 (14.24%)	−0.000 9 (87.10%)
2006—2007	−0.001 0	0.000 0 (4.06%)	−0.000 3 (33.49%)	−0.000 6 (62.44%)
2007—2008	−0.000 8	0.000 0 (0.86%)	−0.000 3 (42.90%)	−0.000 4 (56.24%)
2008—2009	−0.000 2	0.000 0 (−0.11%)	0.000 1 (−43.22 %)	−0.000 3 (143.33%)
2009—2010	−0.000 4	0.000 0 (9.04%)	0.000 0 (−7.18%)	−0.000 4 (98.14%)
2001—2010	−0.007 7	0.001 4 (−18.61%)	−0.001 3 (17.11%)	−0.007 8 (101.49%)
"十五"	−0.004 2	0.002 7 (−64.91%)	−0.000 7 (17.84%)	−0.006 2 (147.08%)
"十一五"	−0.002 4	−0.000 1 (4.06%)	−0.000 4 (17.31%)	−0.001 9 (78.62%)

注：2001—2002 年期间的 Δ 排放强度是指 2002 年工业粉尘排放强度相比 2001 年的变动幅度。GDP 数据来自《中国统计年鉴》，其他数据来自《中国环境统计年鉴》。为保证数据的可比性，对每年 GDP 进行相应的价格平减（2001 年=100）。

---

① 张平淡，何晓明. 环境技术、环境规制与全过程管理——来自"十五"与"十一五"的比较北京理工大学学报（社会科学版），2014，16 (1)：19-26.

由表 5-5 可知，2001—2010 年工业粉尘排放强度的降低主要归功于末端治理，其次是过程控制，源头防治对工业粉尘排放强度降低的贡献较小，甚至为负。"十五"期间，工业粉尘排放强度下降 0.004 2，其中，147.08% 来自对工业粉尘的末端治理（即治污），17.84% 来自资源消耗强度的下降，清洁能源的使用对工业粉尘排放强度的降低并无贡献。可见，"十五"期间工业粉尘排放强度的降低主要依靠治污，并非减排。"十一五"期间，源头防治对工业粉尘排放强度降低的贡献由负转正，清洁生产开始在治污减排中发挥作用，全过程管理开始实现。

进一步，对 2001—2010 年中国 31 个地区工业粉尘排放强度进行 LMDI 分解，计算"十五"和"十一五"两个时间段内各地区全过程管理的分解结果。"十五"期间，11 个地区源头防治的贡献率为负，工业粉尘全过程管理主要依靠末端治理。"十一五"期间，15 个地区的源头防治贡献率大幅提高；除山西、辽宁、黑龙江和四川外，其他地区过程控制的贡献率大幅上升；19 个地区末端治理的贡献率开始降低。"十五"期间，仅有 7 个地区源头防治、过程控制和末端治理的贡献率同时为正，实现了全过程管理。"十一五"期间，共 18 个地区实现了全过程管理，特别是北京、天津、山西、上海和湖南 5 个地区，其全过程管理各环节的贡献率基本相等，工业粉尘全过程管理取得了重大突破。比较各地区在"十五"和"十一五"期间的减排途径，根据是否实现了从末端治理向全过程管理的转型、过程控制是否有所提升这两个维度，可以将各地区分为四类（见表 5-6）。

表 5-6　　　　　　　　　2001—2010 年工业粉尘各地区全过程管理效果分类

	已实现全过程管理	未实现全过程管理
"十五"	8 个地区：北京、吉林、上海、江苏、浙江、山东、湖北、广东	18 个地区：天津、河北、山西、内蒙古、辽宁、黑龙江、安徽、福建、江西、河南、湖南、广西、四川、贵州、云南、陕西、甘肃、新疆
"十一五"	18 个地区：北京、天津、山西、辽宁、吉林、上海、江苏、浙江、江西、山东、河南、湖北、湖南、广东、广西、云南、陕西、甘肃	12 个地区：河北、内蒙古、黑龙江、安徽、福建、海南、重庆、四川、贵州、青海、宁夏、新疆

注：由于个别数据缺失，"十五"期间缺少海南、重庆、西藏、青海和宁夏 5 个地区的数据，"十一五"期间缺少西藏的数据。

第二节　基于先导和倒逼两种机制的效果评估

环境政策是国家针对环境保护工作的客观需求所采取、实施的具有特定形式和规范性的各种环境相关方法、手段和措施的总称（杨朝飞等，2010）。环境政策的分类方法有很多，不同学者和机构有不同的分类。

一、先导机制与结构调整

环境保护对推进经济发展方式转变具有综合作用，"先导"就是推动区域、流域和行业规划环评，明确生态功能区划分，对发展什么、鼓励什么、限制什么、禁止什么加以明确，引导地区和企业搞好经济发展（周生贤，2010）。实施《国家环境保护"十二五"规划》要正确处理好经济发展与节约资源、保护环境的关系，把环境容量和资源承载力作为前提条件，发挥环境保护对经济发展的优化作用、对经济转型的先导和倒逼作用。

政府绿色采购具有明显的政策导向性和宏观调控的作用，其采购行为既会影响消费者乃至全社会的消费取向，也会影响商品生产企业和销售企业的发展取向，进而作用于整个社会经济生活领域。政府利用采购资金的规模优势和采购结构的合理调整，能够发挥绿色消费的导向作用，推行以生态环境为中心的绿色增长模式；还可以对普通消费者产生强烈的示范作用，引导人们改变不合理的消费行为和习惯，减少因不合理消费对环境造成的压力，进而有效地促进绿色消费市场的形成（闫鲁宁和何红锋，2006）。

节能环保产业属于具有高增长性、吸纳就业能力强、综合效益好的战略性新兴产业。我国新能源、节能环保等产业和技术已经具有一定基础，新技术、新产品、新服务方兴未艾，显示出蓬勃生机。加快发展环保产业，是节能减排、改善民生的现实需求，是全面建设小康社会、实现可持续发展的必然选择，是提升传统产业、促进结构调整、加快经济发展方式转变的重大举措，是发展绿色经济、抢占后金融危机时代国际竞争制高点的战略选择。

公众参与是环境管理的组成部分，只有充分调动公众参与环境管理的积极性，才能切实提高公众的环境意识。同时，公众的环境意识提高了，公众参与环境管理的热情才能不断得到增强。《关于加强环境保护重点工作的意见》提出建立全民参与的社会行动体系，提出"开展全民环境宣传教育行动计划，培育壮大环保志愿者队伍，引导和支持公众及社会组织开展环保活动"。《国家环境保护"十二五"规划》提出"实施全民环境教育行动计划，动员全社会参与环境保护。推进绿色创建活动，倡导绿色生产、生活方式。"从我国国情出发，应在消费领域倡导绿色消费、适度消费的理念，加快形成有利于节约资源和保护环境的消费模式，从需求侧减缓对资源和要素的供给压力。而且，消费观念和消费模式的改变，也有利于扩大节能环保产品的市场，促进经济结构调整。

目前，我国环境保护政策中具备先导性质的政策包括：新兴产业指导目录、财政补贴、绿色信贷、绿色税收、绿色保险、绿色政府采购、环境科技投入、环境保护投资、加强公众环境教育和参与。

实际上，在环境保护政策方面，政策除了具有倒逼性质，往往更加具有先导作用。"先导"就是推动区域、流域和行业规划环评，明确生态功能区划分，对发展什么、鼓励什么、限制什么、禁止什么加以明确，引导地区和企业搞好经济发展（周生贤，2010）。实施《国家环境保护"十二五"规划》要正确处理好经济发展与资源节约、环境保护的关系，把环境容量和资源承载力作为前提条件，发挥环境保护对经济发展的优化作用、对经济转型的先导和倒逼作用。

二、倒逼机制与结构调整

倒逼机制，本意是指在中国目前的经济体制下，大量的国有企业和地方政府出于自身利益，往往压迫商业银行不断增加贷款，从而迫使中央银行被动地增加货币供应，形成所谓的"倒逼机制"。在环境保护领域，"倒逼机制"治理环境污染已经成为政策制定者的共识。作为微观经济活动的主体，企业是最主要的耗能排污者，因此企业理所应当承担节能减排的主要责任，在节能减排中起着决定性作用。但是，当前许多企业对此却比较消极。因为对它们来讲，节能减排不可避免地要增加生产成本，甚至会降低其经济效益。许多企业不愿意采取节能减排措施，而更倾向于通过不达标排放，将这部分成本外部化。在这一背景下，只依靠市场这只"无形的手"来调节企业自身的行为是不现实的，必须通过政府这只"有形的手"的调控，充分利用经济手段、政策手段和监管手段，形成"倒逼机制"，从而约束企业的自利行为，改变"企业不急，政府急"的现状，尽快实现节能减排的目标（李玮，2011）。强化总量减排的倒逼传导机制，能够在实现污染物排放量降低的同时，促进污染物产生量的降低。而环保倒逼机制实际上是促进资源节约、污染治理与减排的各种环境标准、手段、政策及其在实践中的相互作用过程（谢海燕，2011）。

"倒逼机制"不仅能够有效实现节能减排目标，更重要的是环境保护"倒逼机制"有利于目前我国经济结构调整和优化，从而进一步推动经济发展和减少污染物排放。首先，环境倒逼机制能够促进创新活动（Porter，1991；黄德春和刘志彪，2003）。环境倒逼机制促进创新实际上是一个淘汰落后技术和企业、提高效率的过程。被动的创新动力往往是在环境条件、资源供给发生不利于维持现有生产过程的情况下，生产者为了生存和发展而被迫进行的创新。当主动创新动力不足时，倒逼机制就尤为必要。标准的严格执行，必然对企业形成更强的倒逼压力，促使其在生产技术、管理和人员素质上进行创新，否则就难免被淘汰的命运。优胜劣汰的机制会切实促进创新氛围的形成。国际上不乏在资源环境的倒逼机制下推进自主创新而实现强国目标的例子，例如，20 世纪 70 年代的日本、第二次世界大战以后的德国以及韩国。另外，发展代表世界科技前沿水平的技术，可以对区域经济形成强大的辐射和引领先导作用，推动区域经济的快速突破发展。

其次，环境倒逼机制能够加快推进产业转型升级步伐，加快转变经济发展方式。通过节能增效的倒逼机制，不仅可以给企业带来可观的经济效益，而且可以减少资源消耗和污染物排放，带来显著的社会效益和环境效益。这是当前企业提高效益的现实途径，是企业技术改造和设备更新的重要方向。提高相关产业和行业的环境保护标准，使得落后产能和工艺得以淘汰，一方面促进了资源的高效利用并减少了排放，另一方面促进了拥有高科技水平和综合实力的企业的发展，推动了行业的集中集群发展，改善了目前很多行业高耗能、资本密集和技术密集的发展模式，促进了产业转型升级。例如，根据社会经济发展水平、环境质量状况和人民群众的环境需求，造纸、机动车尾气等多项重污染行业污染物排放标准对加快淘汰落后生产工艺、提升产业层次发挥了作用（陈加元，2010）。虽然在倒逼机制促进创新的过程中必然有相当部分企业和部分劳动者要退出生产领域、部分企业面临转换生产方式的过程，会导致此类企业就业吸纳能力的减弱，社会暂时出现失业现象，但是，由此转移出来的资金和生产力能够转移到其他企业和产业去，从而实现社会资源更加有效的配置。更加重要的是，由此释放出来的劳动力可以进入环境保护产业，推动环保产业的发展，这样不仅会改善环境质量而且会吸收大量的劳动力，即绿色就业。

目前，我国环境保护政策中具备倒逼性质的政策包括：相关环境保护和污染物排放标准、产业调整、目标责任制、排放配额、行政许可、监测检查、限制治理、排污收费、押金制度、排污交易、差别税收、信贷限制等。

我国环境政策类型和手段多样，温家宝总理强调要"从主要用行政办法保护环境转变为综合运用法律、经济、技术和必要的行政办法解决环境问题"。因此，系统性地研究环境政策，尤其是不同调控手段对经济结构的影响，弄清楚其作用机理和路径，对于采用倒逼机制以及先导机制促进经济转型具有非常重要的意义，能够为相关政府部门提供理论指导和借鉴。

三、先导机制、倒逼机制与结构调整

我们的研究设定如下变量，以检验先导机制、倒逼机制对结构调整的作用效果。变量设定如下：

环境倒逼机制（*Force*）意味着政府对企业污染通过收重税、高额治理费用以及减少企业贷款额度等方式约束企业的自利行为，降低污染物的产生量及排放量，有效实现节能减排。由于统计数据缺少相关的数据，因此本节选取排污收费作为倒逼机制的代表。排污收费力度越大，对企业污染施加的经济压力也就越大，倒逼机制也越有效。回归分析中采用排污收费数额的自然对数。

环境先导机制（*Guide*）意味着通过政府绿色采购、财政补贴、绿色信贷等手段，引导资金流向环保产业，并促进现有产业的技术升级，从而达到降低污染物排放的目的。本节采用政府财政补贴来表示先导政策，回归中采用财政补贴的自然对数，以降低规模差异的影响。

要素结构（*EleStru*）采用专利开发数量来衡量，专利开发数量越多代表各地区技术水平越高，能够提高和改善要素结构的能力越强。本节采用统计年鉴中的三种专利申请授权数来衡量，回归中采用其自然对数。研发投入（*RD*）采用各地研发投入，研发投入能够推动技术进步，从而改善目前的要素结构。我们采用科技部网站公布的各地区研发投入数据，回归中采用其自然对数。

教育水平（*Edu*）采用各地区 6 岁以上人口中大专以上比例，技术水平（*Tech*）采用各地区技术市场成交额的自然对数，服务业发展水平（*Third*）采用第三产业占 GDP 的比重。

本节的研究从《中国统计年鉴》（2005—2010 年）收集了我国 31 个省市的相关数据，包括各地 GDP、第二产业产值、第三产业产值、技术市场成交额、污染治理财政补贴数额、各地 6 岁以上人口中大专以上比例。从《中国环境统计年鉴》中收集了全国 31 个省市 2005—2010 年排污收费数额。由于西藏、海南、青海地区的投资和经济数据缺失，最终样本为 2005—2009 年的 139 个样本点。所有数据来自《中国统计年鉴》（2005—2010 年）、《中国环境统计年鉴》（2005—2010 年）以及科技部网站。

表 5-7 列示了采用面板数据固定效应模型对环境经济政策与要素结构之间的关系进行回归分析的结果。我们分别对全国、东部地区以及中西部地区进行了检验。

表 5 - 7　　　　　　　　　　环境政策与要素结构——固定效应模型

	全国	东部地区	中西部地区
Force	0.559 0**	0.832 7**	0.927 9***
Guide	−0.094 3	0.124 0	−0.044 0
Third	9.405 0**	34.102 0***	−5.981 6*
Tech	0.107 1	0.687 1*	0.083 5
Edu	14.985 8**	−0.940 1	−6.862 4
样本数	139	45	94
R 平方	0.108 0	0.053 4	0.128 1

注：***、**、*分别表示在 0.01、0.05 和 0.10 的水平上显著。

从表 5 - 7 中可以看出，不论是全国还是东部、中西部地区，倒逼机制（*Force*）的系数显著为正，这意味着作为倒逼机制代表的排污收费制度收取的排污费数额越大，则当地的专利数量越多，技术水平越高，从而提升要素结构。这是由于排污费制度的实施直接作用于企业，企业必须为自身排放的废弃物买单，且企业所要缴纳的排污费用与其排污量成正比，这使得一些依靠高耗能、高污染方式攫取高利润的企业的成本直接上升。企业作为以实现利润最大化为目标的个体必将针对成本的增加采取措施，发明或引进节能减排技术以降低能耗和排放量，因此会加大企业技术投入进行技术升级，增加了企业的专利数量，从而优化了要素结构。结果还显示无论是经济较为发达的东部地区，还是相对欠发达的中西部地区，倒逼政策对优化要素结构都起到显著的推动作用。且从系数来看，倒逼机制在中西部地区起着更大的作用，这可能是由于中西部地区原先的经济发展方式大多较为粗放，能耗较多，要素结构中技术投入水平较低，提升的空间很大，因而倒逼机制政策实施的效果更为明显；而东部地区较之中西部地区来说技术水平相对较高，倒逼机制对于技术提升的效果相对降低。

而以"政府补贴"为代表的先导机制（*Guide*）对优化要素结构的影响在全国范围内表现都不显著，这可能是由于相关部门对于政府补贴的使用范围监督力度不够，使得一些企业获得补贴后将资金应用于非环保领域，导致政府补贴并没有很好地促进企业技术升级，从而优化投入的要素结构。因此，要确保地方配套补贴资金落实到位，严格规定"先达标，后补贴"的有条件补贴方式，同时也要加强对企业使用补贴资金的监管力度。

因此，对比倒逼机制和先导机制对提升要素结构的影响，我们可以看出倒逼机制对于企业的要素结构优化具有直接显著的影响，能够显著提升企业的技术投入和技术水平，而先导机制却没有显著的影响。因而对于改善我国投入的要素结构，倒逼机制比先导机制更为有效。

表 5 - 8 采用联立方程组对环境经济手段对于提升要素结构的影响路径进行了分析，并对全国、东部地区和中西部地区分别进行了检验。

表 5 - 8　　　　　　　　环境政策对要素结构的影响分析——联立方程模型

	全国		东部地区		中西部地区	
	RD	EleStru	RD	EleStru	RD	EleStru
Force	0.596 2***		0.483 3***		0.773 0***	
Guide	−0.041 6		−0.057 3		−0.068 2**	
Third	9.405 0**		11.026 5***		−3.369 1**	
Tech	0.174 9***		0.295 6**		0.128 4**	
Edu	14.985 8**	−5.204 9	5.276 5*	−3.865 8	14.099 9***	−18.920 5
RD		1.151 6***		2.259 0***		0.911 8***
N	139	139	45	45	94	94
R 平方	0.585 1	0.250 4	0.397 8	0.311 6	0.434 7	0.157 7

注：***、**、*分别表示在 0.01、0.05 和 0.10 的水平上显著。

从表 5 - 8 可看出两类环境政策经济手段在技术层面（RD）产生的影响。倒逼机制的系数无论在东部还是中西部地区都显著为正，即排污收费制度的实施有效地促使企业对排污成本费用增加做出反应，加大了企业的技术研发投入，使企业的技术水平得以提升。而以政府补贴为代表的先导机制的系数在东部地区和全国表现并不显著，在中西部地区虽然较显著，但为负号。这说明先导机制在东部地区对企业加大技术投入并没有显著的影响，但却对中西部地区企业的技术投入起到负面影响，使中西部地区企业减少技术研发投入。这可能是由于中西部地区较东部地区来说市场监管体制不完善，导致政府补贴资金并没有落实到位。并且中西部地区由于自身教育、技术水平较为落后，并不能够为企业加大技术投入提供必要的资源，导致企业难以将政府补贴有效地用于技术研发。

在技术研发投入（RD）对要素结构的回归分析中可以看到，各地区的 RD 系数显著为正，说明技术投入对要素结构升级起到了较为显著的推动作用。通过比较系数大小我们可以看出技术的推动作用在东部地区明显比中西部地区高，这是因为东部地区的技术利用率更高、更为成熟，能够将技术研发投入更快地转为技术产出，直接作用于投入的要素，从而提升要素结构。

环境经济手段中的倒逼机制对于促使企业加大技术研发投入和改善要素结构都有十分显著的作用，相比之下先导机制的效果不甚显著。倒逼机制能有效地加大企业的技术研发投入，与此同时技术研发投入的增加也能够有效地改善要素结构，这就使得倒逼机制在环境治理方面非常有效，这是由中国特殊的国情和市场体系决定的（见表5-9）。

表5-9　　　　　　环境政策手段对要素结构影响路径的重要性分析

	技术投入（RD）	要素结构（EleStru）
倒逼机制（Force）	+***	+***
先导机制（Guide）	−	
要素结构（EleStru）	+***	

综上，从先导和倒逼机制来看，针对2005—2010年间倒逼和先导型环境政策经济手段对要素结构的影响发现，倒逼型政策有很明显的效果，相比之下，由于政策实施监管等问题，先导型政策效果不显著。无论是先导还是倒逼，直接影响的是地区技术投入水平。研究发现技术投入与要素结构间有明显的关联。倒逼型政策能较好地刺激企业增加技术投入，先导型政策对技术投入的影响不大。

针对我国30个地区2005—2009年期间环境政策公众参与手段对失业率的影响发现：环境政策公众参与的先导机制和倒逼机制都在不同程度上对产业结构、经济水平和城市化进程产生了影响，从而影响到各地的就业水平。其中公众参与先导机制能够显著地降低各地的失业率，而倒逼机制对失业率没有显著的影响。因而目前地方政府无须过分担心环境政策公众参与手段对地方政府带来负面影响，而应贯彻落实公众参与保护环境的手段，获得保护环境和降低失业率的双重红利。

第三节　基于宏观、中观、微观尺度的效果评估[①]

一、面向区域的效果评估

治污减排是促进经济发展方式转变、改善环境质量的重要手段。"十一五"时期以来，主要污染物总量减排控制指标纳入国民经济社会发展规划约束性指标，治污减排从上到下得到了前所未有的重视，并成为环境保护工作的重要任务。珠三角地区作为我国最典型的城市群之一，"十一五"期间开展了多项治污减排措施，主要污染物排放量不断下降，减排成效显著，同时也对区域经济发展产生了较为深远的影响。

[①] 蒋洪强，张伟，王明旭. 污染减排的经济效用分析. 北京：中国环境科学出版社，2013.

"十一五"期间珠三角12.5万千瓦以上燃煤火电机组全部安装了脱硫设施，关停小火电机组885万千瓦，淘汰落后水泥产能3 856万吨，淘汰落后钢铁产能887万吨；污水处理能力达到1 447万吨/天，城镇生活污水处理率达到85%。在区域GDP年均增长14%的情况下，超进度完成了两项主要污染物减排目标，区域内二氧化硫和化学含氧量两项主要污染物减排比例分别达到23.53%和25.7%。与2004年相比，2010年珠三角地区主要大气污染物二氧化硫、二氧化氮、可吸入颗粒物年均浓度分别下降了30%、4.5%和22.4%，灰霾天气明显减少。

首先我们以珠三角区域为研究对象，系统收集"十一五"时期以来经济社会发展数据、《中国环境统计年鉴》数据和污染源普查数据，以及珠三角地区治污减排（工程减排、结构减排、管理减排）措施，评估"十一五"时期以来珠三角区域治污减排取得的成效。在此基础上，利用环境经济投入产出模型等分析方法，研究珠三角地区治污减排与经济发展、结构调整之间的关系和规律，建立治污减排对经济发展和产业结构调整影响的评价方法和指标，测算其贡献度。主要研究发现如下：

1. 治污减排为经济发展带来积极的促进作用

总体看来，珠三角地区"十一五"时期治污减排对经济社会发展产生了积极的影响和刺激作用，区域减排带来的GDP增加208亿元，占"十一五"时期区域GDP总量的0.14%；居民收入增加122亿元；带动社会就业59万人。研究结果表明，治污减排不会对经济发展产生负面的阻滞作用，而是具有积极的促进作用。

比较治污减排投资、运行费、淘汰落后产能对经济增长的影响，其中投资对经济的拉动作用最明显，对国民总产出、增加值、居民收入和社会就业均有积极的贡献作用；运行费对总产出、居民收入和社会就业有较明显的促进作用，对增加值影响不大，略有减少；淘汰落后产能则对经济发展产生阻碍作用，总产出、增加值、居民收入及社会就业均出现不同幅度的下降。

从总产出变化的行业情况来看，化学工业、电力热力生产和供应业、通（专）用设备制造业、服务业、建筑业等几个行业的总产出增加最显著，均超过100亿元，主要是由于这些行业受治污减排投资及运行费拉动较大，对化学试剂、电力、设备生产、环保服务、建筑施工等方面的需求增多，同时这些行业受落后产能淘汰影响又较小，其产出增加较明显；仅有金属冶炼及压延加工业、金属矿采选业、服装皮革羽绒及其制品业等三个行业的总产出受到负面影响，但是影响均较小，这几个行业产出虽然也受到投资和运行费的拉动，但是淘汰落后产能的负面影响抵消了其正面贡献效应。

从增加值的行业变化情况来看，服务业、通（专）用设备制造业、石油和天然气开采业等几个行业增加值所受的拉动效果比较明显。与总产出的变化情况相似，这些行业对治污减排投资和运行费的需求增多，增加值增加较明显；值得说明的是，虽然治污减排投资对电力行业增加值带来正面效果，但是由于电力行业的治污减排运行费投入较多，对行业增加值带来负面影响，所以总的来看，虽然电力行业的总产出增加较多，但是其增加值增加却不是很明显；而金属冶炼及压延加工业、造纸业、纺织业等三个行业增加值减少最明显，这几个行业是淘汰落后产能的重点行业，直接导致其增加值受影响较大。

2. 治污减排对产业结构具有一定的优化作用

"十一五"时期治污减排对珠三角区域产业结构调整也具有一定的优化作用，使第二产业比重下降0.19个百分点，特别是其中工业比重下降0.32个百分点；第三产业比重上升0.16个百分点，符合经济结构战略性调整的方向和广东省"退二进三"的产业转型升级步伐。

比较治污减排投资、运行费对产业结构的影响，其中运行费和淘汰落后产能对产业结构调整贡献较大，分别使第二产业比重下降0.28和0.17个百分点，其中工业分别下降0.28和0.19个百分点；而投资虽然对经济增长具有比较明显的作用，但是却不利于产业结构调整，使第二产业比重上升了0.26个百分点，其中工业上升0.15个百分点。

从重点行业的情况来看，金属冶炼及压延加工业、造纸业、电力热力生产供应业、纺织业、食品制造业、非金属矿物制品业、服装皮革羽绒及其制品业等传统重污染行业的比重均出现不同程度的下降，特别是金属冶炼及压延加工业和造纸业下降幅度最明显。重污染行业比重的下降，充分表明了治污减排在产生环境效益的同时，也对经济结构调整具有积极的促进作用。

3. 治污减排是促进发展方式转变的重要手段

治污减排对经济发展和产业结构均具有积极的正面效果：国民经济总产出、增加值、居民收入和社会就业均有不同程度的增加，第二产业比重下降，第三产业比重上升。这充分表明，治污减排没有对珠三角地区的发展带来制约作用，而是实现发展模式转型、促进产业升级的有力手段之一。

二、面向流域的效果评估

通过对松花江流域社会经济发展状况进行宏观对比实证分析，我们构建了治污减排对经济发展和结构调整的贡献作用模型，以"十一五"期间松花江流域淘汰落后产能、治污减排投入为数据基础，定量化测算"十一五"期间治污减排措施（主要指淘汰落后产能、治污减排投入）对松花江流域经济发展、产业结构调整的贡献作用，得出的主要结论如下：

（1）治污减排对松花江流域经济发展拉动作用显著。

治污减排投入对经济产生正面拉动作用，淘汰落后产能在一定程度上对经济产生负面影响。"十一五"时期治污减排对松花江流域经济发展起到了较为显著的贡献作用，增加国民总产出 691.7 亿元，拉动 GDP 增长约 129.1 亿元，增加居民收入 52.9 亿元，新增 26.6 万个就业机会。其中，治污减排投入对松花江流域国民经济产生较为积极的贡献作用，拉动总产出和增加值分别增加了 1 054.5 亿元和 264.7 亿元；淘汰落后产能对松花江流域经济具有显著的负面阻碍作用，总产出、增加值、居民收入减少值分别为 362.8 亿元、135.6 亿元和 39.7 亿元，约直接、间接减少 18 万个就业机会。从整体情况来看，治污减排措施在大幅削减污染物排放的同时，仍然起到了一定的促进经济发展的积极贡献作用，其中增加值贡献占松花江流域地区生产总值的 0.18% 左右，经济溢出效应较为明显。

对总产出、增加值、居民收入和就业等社会经济指标进行分析可知，松花江流域治污减排对通（专）用设备制造业、服务业、建筑业、农林牧渔业的发展起到不同程度的促进贡献，而对电力生产、造纸印刷、金属冶炼、煤炭开采、食品制造以及石油炼焦等行业均起到不同程度的阻碍作用。综合来看，松花江流域治污减排对农业、服务业以及第二产业中的装备制造业等行业起到了积极促进作用，而对工业尤其是"两高一资"等重工业起到了明显的抑制作用，从而在一定程度上凸显出治污减排倒逼经济结构优化升级的重要作用。

（2）治污减排对松花江流域经济结构优化作用明显。

治污减排对松花江流域的三次产业结构都具有较为明显的优化调整作用。"十一五"期间治污减排措施的实施使第一产业和第二产业所占比重存在较为明显的下降。其中，工业部门所占比重下降达 0.24% 之多，相应地，第三产业比重大幅提高。淘汰落后产能对三次产业结构优化起到了主导作用，而治污减排投入虽对松花江流域经济社会发展贡献突出，但对三次产业结构优化的作用不是特别显著。"十一五"期间，以淘汰落后产能为主的结构减排措施一方面不断提高污染物排放标准，促使大量落后产能退出和淘汰；另一方面引导工业向现代服务业、环保产业、设备制造业等新型行业发展。

治污减排对松花江流域重点行业结构优化效果明显，重点行业比重下降显著。"十一五"伊始（2005 年），松花江流域重点工业行业增加值占流域经济的比重大约为 8.8%。实施治污减排措施后，重点工业行业所占比重共下降 0.31 个百分点，主要以造纸印刷业、石油加工业、金属冶炼业和电力生产业等行业下降为主。从减排措施来看，治污减排投入和淘汰落后产能分别使重点行业比重降低了 0.04% 和 0.27%，以淘汰落后产能的结构优化效果最为显著。整体来看，治污减排对松花江流域重点行业结构优化具有较为明显的积极贡献，大幅降低高污染、高耗能的重工业的同时，进一步提高第三产业尤其是设备制造、现代装备以及交通运输等生产性服务业。

针对上述结论，我们提出以下政策建议：

（1）继续加大治污减排力度，发挥优化经济结构的积极贡献。

实际测算表明，治污减排措施均对松花江流域经济发展和产业结构优化贡献明显。因此，"十二五"期间，松花江流域应继续加大治污减排力度，继续加大生活、工业污水处理以及管网等基础设施建设，不断提高污水处理率水平，在处理 COD 和氨氮等常规污染物基础上应进一步加大重金属、有毒有害有机物等日益突出的污染问题。同时，在不断提高治污减排投入的同时，应继续实施落后产能淘汰工作，深入做好小钢铁、小造纸、小有色金属等"五小"企业的淘汰工作，防止落后产能在经济环境变好后重新抬头，使高污染、高耗能行业向集中化、大型化方向发展，最大化发挥治污减排优化经济发展的积极贡献。

（2）优化治污减排方式，释放三大减排方式的"组合"优势。

"十一五"期间，松花江流域主要污染物削减基本上仍以建设治污工程的末端治理为主，环境污染控制以末端治理为主的模式并没有发生根本转变。诚然，末端治理无疑是重要和必需的，可以快速地解决最容易解决的污染问题，但是，它不能解决治污减排的深层次矛盾。目前，松花江流域工程减排实施率已相对较高，未来减排潜力已经有限，而随着未来我国社会经济进一步发展，经济总量不断提升，污染物产排量将进一步增加，届时仅依靠工程减排，将不足以完全支撑经济发展和治污减排任务的完成。因此，"十二五"期间，松花江流域减排方式需由末端治理逐渐向结构减排和管理减排倾斜，以淘汰落后产能倒逼经济结构不断优化，通过加大执法力度，健全流域综合管理机制等管理手段促进治污减排效率的提高，最终达到三大减排方式相辅相成，释放"组合"优势。

（3）加大科技投入力度，激发科技减排潜力。

科技进步直接决定产业结构的优化升级、生产过程的清洁生产（单位产品/产值污染物发生量的削减）与末端治理水平（单位产品/产值污染物排放量的削减）；因此，科技减排作为结构减排、工程减排和管理减排的基础，很大程度上决定着整个治污减排的成效，发挥"四两拨千斤"的重要引领作用。因此，松花江流域治污减排一方面要广泛应用高新技术和先进技术来改造提升传统产业，促使经济发展由主要依靠资金和物质要素投入带动向主要依靠科技进步和人力资本带动转变，注重投入向技术创新和产业优化方向发展；另一方面，要加大污染治理科技水平的创新，大力发展环保产业，应用最新科技，实现治污减排高效率、低污染。大力开发和使用经济上合理、资源消耗低、污染物排放少、生态环境友好的先进技术，使技术创新成为治污减排的强大力量。

（4）扫除管理制约瓶颈，健全松花江流域综合管理机制。

改变"头痛医头，脚痛医脚"的现状，城市供水、排污、水质的管理，分属城建、公用事业、环保等多个部门，而松花江流域水污染治理又分属内蒙古、吉林、黑龙江三个省份和地市负责，多头管理、管而不清的治理机制使得流域管理局的职责权限仅在于水质方面，而对于流域内污染源的整治只能由各地方政府管理。区域与区域、流域与区域之间都存在隔阂，区域发展规划与松花江流域规划对接不上，规划"打架"现象时有发生。因此，需全面扫除流域管理中的制约瓶颈，打破区域隔阂，以更高层级的行政权责，整合地方治理权限，实现流域内统一规划、统一协调、统一实施，最终建立健全松花江流域综合管理机制。

（5）加快健全有利于治污减排的激励政策。

逐步健全落实减排目标责任、绩效考核评估、减排公众参与、排污权交易、流域生态补偿、绿色信贷和绿色投融资等减排政策机制，不断健全有利于治污减排的激励政策体系。如完善资源环境价格使用政策，加快推进矿产、电、油、气等资源性产品价格体系改革，提高资源使用价格，建立能够反映能源稀缺程度和环境成本等完全成本的价格形成机制，对钢铁、水泥、化工、造纸、印染等重污染行业实行差别电价；继续完善排污收费政策，根据经济发展水平、污染治理成本以及企业承受能力，合理调整排污收费标准；开展企业环境信用评级制度，对环保信用优良的企业在环境管理方面给予各种倾斜与优惠政策，并安排节能减排专项奖励资金，对污染物排放严重的企业依法采取治理措施，取消各种优惠措施，加大处罚力度，并向社会公众发布，督促企业主动积极投入治污减排；逐步开展政府环境责任审计，对政府执政行为是否符合生态环境保护法律要求进行责任审计等等。

三、面向产业的效果评估

1. 重点工业行业治污减排对我国经济发展拉动作用显著

"十一五"时期重点工业行业治污减排对经济发展起到了较为显著的贡献作用，增加国民总产出 17 760 亿元，拉动 GDP 增长约 3 170 亿元，增加居民收入

1 327亿元，新增727万个就业机会。这其中治污减排投入对国民经济产生了较为积极的贡献作用，约为总贡献效应的1.7倍；淘汰落后产能对经济发展具有显著的负面阻碍作用，总产出、增加值、居民收入分别减少13 760亿元、4 318亿元和1 445亿元，约直接、间接减少719万个就业机会。从整体情况来看，治污减排措施在大幅削减污染物排放的同时，仍然起到了促进经济发展的积极的贡献作用，且作用较为明显。其中增加值贡献占国内生产总值的0.21%左右。

　　重点工业行业治污减排对大多数行业均产生不同程度的积极促进作用，但各行业间差异较大，多数行业受到治污减排投入正面贡献和淘汰落后产能负面贡献的双重影响。从总产出贡献来看，受治污减排影响最大的行业分别是通（专）用设备制造业、服务业、电力生产业、石油化工业、建筑业、金属冶炼业，其总产出分别增加了4 059亿元、3 050亿元、2 207亿元、1 907亿元、1 765亿元、1 275亿元。其中服务业、电力生产业、金属冶炼业、非金属矿物制品业以及石油化工业等行业总产出受淘汰落后产能负面影响较为明显，以金属冶炼业最为明显。这表明直接实施淘汰落后产能的行业，如电力生产业、建材业、石油化工业以及钢铁业等的总产出将首当其冲受到较为直接、显著的负面影响；而与上述行业相关性较大的服务业、煤炭和石油开采业、机械制造业等行业也将在一定程度上受到间接负面影响。

　　从增加值贡献来看，"十一五"时期重点工业行业治污减排措施对国民经济各行业增加值影响较为显著，同样存在两种措施的正、负双面贡献。其中受治污减排投入正面影响最大的行业分别是服务业、通（专）用设备制造业、电力生产业、农业以及石油天然气开采业等。而服务业、电力生产业、金属冶炼业、石油采掘业、农业、非金属矿物制品业等行业受淘汰落后产能负面影响较为明显，增加值均呈一定程度减少。综合两方面影响来看，重点工业行业治污减排对服务业、通（专）用设备制造业、建筑业、农业、电力生产业等行业具有一定的带动贡献作用，增加值分别增加了1 615亿元、921亿元、408亿元、325亿元、166亿元。

2. 重点工业行业治污减排对产业结构优化作用较为明显

　　重点工业行业治污减排对我国三次产业结构优化效果明显，第二产业和工业部门增加值占全行业比重分别下降0.12%和0.19%，第三产业比重提高0.11%。建筑业比重提高0.07%，第一产业比重没有变化。从不同措施类型对结构优化的贡献效果来看，淘汰落后产能较为明显地降低了第二产业，尤其是工业所占比重，第二产业和工业分别降低了0.29%和0.36%；显著地提高了第三产业比重，增加了0.24%，第三产业比重达到了39.64%。而治污减排投入的结构优化贡献作用相反，其在一定程度上致使三次产业结构趋于不合理，使第二产业（工业）比重增加了 0.18%，第一、第三产业比重均呈略微降低趋势。但从整体来看，"十一五"期间作用于重点工业行业的治污减排措施将在一定程度上对我国三次产业结构进行优化微调，在一定范围内对工业，尤其是重化工集中的"两高一资"行业起到了遏制作用，引导工业向现代服务业、环保产业、设备制造业等新型行业发展。

重点工业行业治污减排对工业结构优化效果显著，促使工业逐渐向"去重化"趋势发展。"十一五"期间，重点工业行业占我国经济的比重大约为 20.09%。对重点工业行业实施治污减排措施后，重点工业行业所占比重共计下降 0.39%，除电力生产业外，所有重点行业所占比重均呈下降趋势，其中金属冶炼业下降最多，为 0.12%，纺织服装业和造纸业均下降 0.08%，石油加工业下降 0.06%，电力生产业略微提高 0.02%。从整体来看，重点工业行业治污减排对工业结构优化具有一定的积极作用，均不同程度地降低了"两高一资"行业占经济的比重，促使我国工业由"重"向"轻"不断转变，在一定程度上与我国发展新型工业化经济的目标相吻合。

从不同减排措施类型对结构优化贡献的效果来看，重点工业行业的治污减排投入和淘汰落后产能措施均不同程度地降低了重点工业行业所占比重，分别降低了 0.12% 和 0.27%，结构优化贡献效应主要以淘汰落后产能为主。淘汰落后产能对电力生产业和金属冶炼行业结构优化效果较为明显，所占比重分别降低了 0.12% 和 0.09%；其他重点工业行业的比重也呈一定程度的优化。而治污减排投入对纺织业和造纸业结构优化效果较为明显，其所占比重分别降低了 0.08% 和 0.06%；电力生产业所占比重呈较为显著的提高，达 0.15%，其主要原因在于治污减排投入直接或间接增加了电力生产业最终产品的需求量。

针对上述结论，我们提出如下政策建议：

（1）持续推进重点工业行业治污减排，进一步深化工业结构调整。

重点工业行业的治污减排措施在充分发挥减少污染物排放的环境效益的同时，对我国经济发展和产业结构调整同样发挥了积极的溢出效应和贡献作用。因此，"十二五"期间，我国应继续不遗余力地推进重点工业行业的治污减排，在不断提高治污减排投资和运行费的同时，应继续实施落后产能淘汰工作，通过"上大压小"、门槛准入、末位淘汰等政策和法规，使高污染、高耗能的重点工业行业逐步向集中化、大型化、清洁化方向发展，最大化发挥治污减排优化经济发展的积极贡献。

（2）加快推进新型工业化发展步伐，探索高碳能源、低碳利用的能源模式。

首先，需大力发展第三产业。改变经济增长过度倚重第二产业的局面，加快发展能源资源消耗少、污染物排放强度低的第三产业，特别是在国际服务业转移的大背景下加快发展生产性服务业，促使三次产业结构形成新的发展格局。其次，切实推进新型工业化。以信息化带动工业化，以工业化促进信息化。加快发展高新技术产业或以高新技术产业改造提升传统产业，加快装备制造业的发展，引导和限制能耗物耗高、污染重、产品附加值低的产品的生产与出口，加快淘汰落后生产能力。再次，加快发展循环经济。全面推进矿产资源综合利用、固体废物综合利用、再生资源循环利用。最后，探索发展"高碳能源、低碳利用"的能源模式。大力推进制度创新和技术创新，发展洁净能源技术，推广多联产模式；逐步由主要依靠化石能源向增加依靠风能、太阳能、氢能等清洁能源的转变。

（3）加大重点工业行业治污减排力度，制定针对性政策和措施。

针对电力行业减排，应积极推进电力结构调整，着力提高可再生能源、清洁能源和新能源在整个电力装机当中所占的比例。继续坚持"上大压小"，加大小火电机组关停工作力度；加强火电脱硫、脱硝治污减排力度和设施建设强度；进一步完善节能减排机制，通过市场经济手段促进电力行业节能减排，探索并不断完善发电节能调度电价补偿机制，继续完善脱硫电价补偿机制。

针对钢铁行业减排，需结合钢铁产量总量调控和结构调整，加快淘汰落后生产能力，继续加大取缔小土焦、小钢铁等小企业，淘汰平炉、倒焰式焙烧炉、小高炉、小烧结、小转炉、化铁炼钢等落后工艺和装备，大力推动以清洁生产为中心的技术改造。逐步调整钢铁工业的地区布局，避免重复建设。把节能降耗、改善环保作为企业生存发展的前提，加大技改资金的投入，研究和开发具有自主知识产权的钢铁节能减排新技术。

针对有色金属行业减排，应继续关停土冶炼，淘汰落后工艺和落后企业。鼓励企业采用新技术装备，进行高技术起点的技术改造和清洁生产，提高工艺废气、废水、废渣综合利用率。按照布局区域化、发展产业化、生产规模化、经营集约化的要求，推进有色金属产业战略重组、产品结构优化，加快产业结构调整步伐。

针对化工行业减排，需以结构调整和清洁生产为重点，关闭污染严重的小化工企业，逐步淘汰高毒高污染的有机磷农药，淘汰工艺落后、污染严重、附加值低的化工原料品种，整治"多、小、散、乱"的产业结构和格局。加快技术创新和科技投入，推行清洁生产，优先研究和突破一批制约化工行业治污减排的关键共性技术和前沿技术。

针对纺织行业减排，进一步加强纺织企业结构和产品结构调整，开发新产品，采用新技术、新工艺，生产出附加值高、资源消耗少、绿色环保的纺织产品。同时要采取多种措施推进纺织行业污染治理。运用经济手段对推行环保纺织产品的企业给予政策上的优惠和资金上的支持，增强企业的技术创新能力，淘汰落后工艺和落后设备，引进先进技术，开发高效低耗的节能环保设备，采取有效措施减少燃煤锅炉的比重。

针对造纸行业减排，提高造纸行业污染物排放标准，坚决淘汰小造纸落后生产能力，"关、停、转、并"中小企业，尤其是技术落后、污染严重的中小型化学草浆企业，进行必要的原料结构调整。大力发展循环经济，提高造纸行业废物利用率，实现资源的可持续利用，提高废纸作为原材料的替代率。实行清洁生产，促进造纸业"经济效益、环境效益、社会效益"的统一。

针对建材行业减排，要建立好淘汰落后水泥有效机制，促进水泥工业健康发展，加快淘汰机立窑、立波尔窑、中空窑等落后工艺，禁止新建、扩建立窑生产线，鼓励发展新型干法窑外分解大型水泥项目。大力发展循环经济，开展建材行业废弃物资源综合利用，抓紧完善现行资源综合利用政策中有关税收优惠规定。

（4）严格环境准入标准，压缩产能过剩和高污染、高耗能行业。

严格环境准入标准，确保固定资产投资符合新型工业化的要求，符合国家产业政策和行业发展需求，优化投资方向和结构。在此基础上，优化新项目的生产力布局，推进产业结构转变，使新项目的选址布局与环境容量、资源要素、基础设施等相匹配。在淘汰落后产能的同时，压缩高耗能、高排放、高污染的建设项目并严格把关，增强经济发展的协调性。要强化督察，避免一些地方借扩大内需之机片面强调加快审批速度引发的环境问题。要防止企业为降低生产成本等因素，形成向中西部地区、不发达地区、农村转移的现象，避免造成"污染转移"。

（5）加强治污减排技术创新，提升传统产业水平。

广泛应用高新技术和先进技术来改造提升传统产业，促使经济发展由主要依靠资金和物质要素投入带动向主要依靠科技进步和人力资本带动转变。第一，注重传统制造业的技术更新和设备改造，大力开发和使用经济上合理、资源消耗低、污染物排放少、生态环境友好的先进技术，使技术创新成为推动产业结构优化升级的强大力量。第二，要大力发展可持续能源、绿色交通、绿色建筑、环保产业等绿色经济，使绿色经济成为当前经济的一个新的增长点。第三，加大治污减排技术的研发力度。把治污减排作为政府科技投入、推进高技术产业化的重点领域。第四，加快治污减排技术的产业化，培育污染防治服务市场，推进污染治理市场化，促进环保产业的健康发展。

（6）不断健全治污减排法律法规，进一步强化治污减排监督管理。

根据我国社会经济和环境工作的最新发展趋势，应尽快开展环境保护法、大气污染防治法、水污染防治法、固体废物污染防治法等相关法律法规的编制和修订工作。加快环保设施运行监督管理、排污许可、畜禽养殖污染防治、城市排水和污水管理等方面行政法规的制定及修订工作。加大监督检查执法力度。加强电厂烟气脱硫设施运行监管，强化城市污水处理厂和垃圾处理设施运行管理和监督，严格治污减排执法监督检查，加强对重点耗能单位和污染源的日常监督检查，对相关违法单位依法查处。切实解决"违法成本低、守法成本高""执法不严、违法不究"的问题。

（7）完善治污减排相关政策，形成强有力的激励和约束机制。

第一，建立有利于治污减排的价格政策。对于形成有效竞争的能源产品采取市场定价形成机制，并建立合理的能源价格结构，促进替代能源的发展。第二，建立实施排污权交易制度，提高排污权的使用效能。第三，完善鼓励治污减排的税收政策，积极研究低碳经济发展特别是新能源发展的税收政策。第四，完善资源开发生态补偿机制，建立跨流域、跨区域的生态补偿机制，增强流域及相关区域治污减排的能力和主动性，促进流域、区域间的和谐发展。第五，建立环境污染责任保险制度，完善绿色信贷机制，鼓励和引导金融机构加大对循环经济、低碳经济、环境保护及治污减排技术改造项目的信贷支持。第六，完善高耗能、高污染行业增长控制和落后产能的退出政策，形成落后产能适时退出、先进技术及时推广、产业结构不断升级的良性循环。

四、面向企业的效果评估

推进企业治污减排，是落实科学发展观、实现我国经济社会全面协调可持续发展，建设节约型社会的重要内容和条件。企业治污减排不仅要以技术进步为前提，还和企业治污减排的市场制度安排密切相关。由于企业公布治污减排的相关数据是自愿行为，各种企业为自身利益，不愿公开其数据，但大部分上市企业和央企需要公开年报并发布社会责任报告，因此报告中企业治污减排数据多数从其公布的年报及社会责任报告（含环境责任报告、可持续发展报告）中收集得到。本研究所利用的主要是 2006—2010 年企业公布的数据，个别情况下由于数据公布较少，一些结论由 2007 年及 2008 年的数据得出，报告中均有具体描述。

针对企业的研究得到的主要结论如下：

（1）重点企业（上市公司、央企）治污减排对我国经济发展、企业发展拉动作用明显。

重点企业（上市公司、央企）公布治污减排数据较为翔实，对企业发展、推动技术升级贡献明显。"十一五"期间，央企共有 71 家公布治污减排相关数据，治污减排对企业发展起到了较为显著的贡献作用，促进行业技术升级与整合。

重点工业中小企业治污减排对企业发展的负面影响超过重点企业治污减排对企业发展的负面影响，多数中小企业受到治污减排淘汰落后产能负面影响较大，重点企业（上市公司、央企）受到治污减排投入正面贡献影响较大。直接实施淘汰落后产能的行业如电力、建材、石油化工以及钢铁等，其总产出将首当其冲受到较为直接、显著的负面影响；而与上述行业相关性较大的服务业、煤炭和石油开采、机械制造等行业也将一定程度上受到间接负面影响。但由于重点企业抗风险能力强，技术先进，管理完善，大多受到治污减排投入正面贡献影响，而淘汰落后产能的影响较小。

（2）在不同类型企业（上市公司与央企）中，积极有效的环境预防管理可以带来环境和财务绩效的双赢，环境绩效与财务绩效表现出显著的正相关关系。

单纯的环境末端治污减排行为并不一定带来企业的发展和财务绩效的改善，由此引起的环境绩效（治污减排绩效）与财务绩效（经济绩效）之间的相关性也不明确。但是积极有效的环境预防管理可以带来环境和财务绩效的双赢，环境绩效与财务绩效表现出显著的正相关关系，也就是环境绩效与财务绩效之间存在双赢情形，来自不同行业的实证研究也表明二者之间存在显著正相关关系，上市公司环境绩效与财务绩效存在显著正相关关系，即环境绩效对经济绩效有积极的促进作用，并且上市公司环境绩效对财务绩效的边际效益是递减的。以上市企业 2007 年、2008 年公布的单位排污费及其年度增量作为环境绩效的代理变量，以 Tobin-Q 值作为财务绩效的代理变量，考察上市公司环境绩效与财务绩效之间的关系，得出以下结论：

①以单位排污费的增量作为我国上市公司环境绩效的代理变量，是现阶段研究我国环境绩效与财务绩效相关性的一个良好选择；

②上市公司环境绩效与财务绩效存在因果关系；

③上市公司环境绩效与财务绩效存在显著正相关关系；

④上市公司环境绩效对财务绩效的边际效益是递减的。

环境管理投资并不一定导致财务绩效的恶化，相反，积极主动地开展环境预防管理，包括实现工艺技术革新、培养企业环保文化以及建立绿色品牌等，会在当前资源环境可持续发展压力下保持和提升公司的竞争力优势，实现环境与经济的双赢。

（3）我国公司，尤其是中小企业的环境绩效、治污减排效果信息披露的总体水平不高。其中，央企与上市公司的公司规模与环境绩效（治污减排绩效）信息披露水平显著正相关，同时，公司所有权性质对环境信息披露行为有显著影响，国有企业特别是央企，更易于披露环境信息。外部监管和压力较大的上海证券交易所上市公司披露水平显著好于深圳证券交易所，资产负债率、盈利能力与所在地区对环境绩效信息披露水平影响不大，不显著。

公司规模越大，实力越雄厚，对社会的影响越大，相应地，受到各利益相关者的关注度也就越高，因此需要面临更大的压力并采取更多的行为保护环境，进而越有压力和动力进行治污减排，披露环境绩效信息，以获得公众支持并树立积极履行社会责任的公共形象。并且，大企业也有更多的资源可以投入到环境保护与治污减排中，其治污减排的单位成本与环境绩效信息的单位成本也能因规模效应的存在而降低，因此，规模越大的公司在其年报和社会责任报告中披露的治污减排、环境和社会责任信息越充分，同时银行等债权人出于资金安全考虑常常会关注企业和项目的环境影响，考虑是否值得投资与贷款。按照契约理论，债务比例越高的上市公司，除了要披露信息获得股东的信任和支持外，还需向债权人证明其合法性、对债务合约的遵守或者满足债权人的一些要求，因此，规模越大的公司环境绩效信息越充分。

通常认为，国有上市公司，尤其是央企，享受到国家较多的政策扶持，因此应承担比外企和民营资本更多的社会责任，进而应承担更多治污减排的责任且应当披露更多的环境绩效信息，以展现其积极保护环境的社会责任形象。通过分析，我们也发现国企对环境信息的披露更充分。

第六章

治污减排与经济结构调整的协同预警体系

治污减排与经济结构调整主要是从两个方面进行协同预警：第一种是趋势外推，主要是基于环境统计、目标减排而进行；第二种是指标预警，主要是从宏观经济运行指标中提炼指标进行预警，并考虑对二氧化硫、化学需氧量减排进行预警。

第一节　基于趋势外推的协同预警

我们分别对二氧化硫和化学需氧量进行趋势外推，可以预测得到年减排率。随着时间的推移及年度减排目标的完成，可以对未来年份的年减排率进行预测、预警。当然，随着相关因素指标的进一步明确，预测、预警可以做到年度自动监测或变化。

"十二五"期间，二氧化硫年平均减排率应该为 1.65%。根据"十二五"规划，假定 GDP 和人口的平均增长率为常数，分别为 7%、0.72%，服务业增加值占比增长 4%，工业比重降低 4%，则年均工业比重增长率为－0.81%，年均工业增加值增长率为－0.12%。根据国家《"十二五"节能减排综合性工作方案》，2015 年全国二氧化硫排放总量目标为 2 086.4 万吨，比 2010 年下降 8%，则"十二五"期间年均减排率应为 1.65%。

从总量减排和目标减排角度，本研究借助结构分解分析方法，论证了减排率与工业增加值、工业排放强度、人口数、人均排放强度等因素增加比率及排放结构之间的关系。

理论研究发现，从总量控制的角度，只要将减排率控制在大于边界值的范围内，则工业比重将降低，工业结构将出现变化。也就是说，高的减排目标能够倒逼产业结构的调整。在排放结构既定的情形下，选择哪种减排方式能更快地增加减排，将取决于工业产值和工业排放强度的增长率。

从总量减排和目标减排来看，对二氧化硫进行研究发现，在 2001—2010 年这十年间，当实际减排率大于临界值时，工业比重在下降（即对产业结构调整、经济结构调整是有益的），2002 年、2007 年、2008 年、2009 年这四个年份符合这种情况。对化学需氧量进行研究发现，"十五"和"十一五"期间生活化学需氧量伴随着城市化进程而不断增加，而工业化学需氧量减排是化学需氧量减排目标实现的主要原因，主要手段是清洁生产技术和污水处理率的提高。

一、阶段减排效果分析

首先分析全国的排放变化情况。考察 2 个时间段的减排效应：2002—2010 年、2007—2010 年。分别以 2001 年和 2006 年为基期，计算结果如表 6-1、表 6-2、图 6-1、图 6-2 所示。

表 6-1　　　　　　　　**2002—2010 年二氧化硫排放变化的效应分解**

年份	经济规模	经济结构	技术进步	人口变化	生活节能
2001—2002	−7.01%	−0.64%	7.86%	−0.13%	1.01%
2001—2003	−15.59%	−2.63%	6.64%	−0.24%	1.01%
2001—2004	−24.32%	−3.57%	11.18%	−0.36%	1.30%
2001—2005	−36.12%	−3.82%	9.01%	−0.47%	0.52%
2001—2006	−47.30%	−3.74%	16.70%	−0.57%	2.00%
2001—2007	−57.40%	−3.78%	31.71%	−0.67%	3.43%
2001—2008	−62.82%	−3.58%	44.56%	−0.77%	3.44%
2001—2009	−67.37%	−3.28%	55.25%	−0.87%	2.58%
2001—2010	−75.07%	−3.72%	63.46%	−0.94%	4.07%

表 6-2　　　　　　　　**2007—2010 年二氧化硫排放变化的效应分解**

年份	经济规模	经济结构	技术进步	人口变化	生活节能
2006—2007	−11.34%	−0.51%	15.51%	−0.07%	1.07%
2006—2008	−18.87%	−0.67%	28.94%	−0.14%	1.07%
2006—2009	−25.41%	−0.62%	40.27%	−0.21%	0.42%
2006—2010	−33.66%	−1.40%	49.37%	−0.26%	1.54%

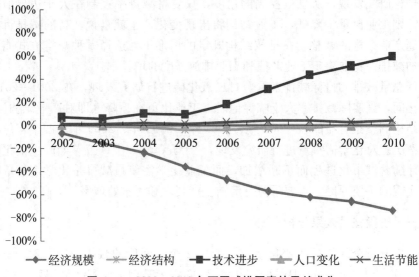

图 6 - 1　2002—2010 年不同减排因素的贡献成分

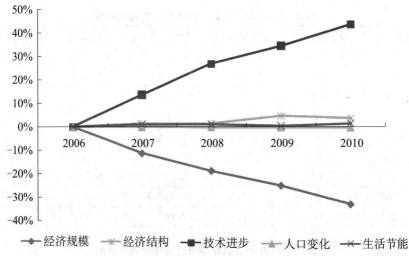

图 6 - 2　2007—2010 年不同减排因素的贡献成分

从表 6 - 1 和表 6 - 2 可以看出,二氧化硫排放的变化主要受到规模效应和技术效应的影响,它们共同解释了减排率 90% 以上的部分。规模效应对二氧化硫排放的增长起到主要作用,而技术效应成为削减二氧化硫排放的主要原因。规模效应和技术效应作用的时间段并不完全重叠。其他三方面因素虽然也具有一定程度的贡献,但影响相对微弱。

技术效应主要在"十一五"期间发挥主导作用。"十五"期间，技术效应虽然是削减排放的主要力量，但相比规模效应，技术效应的贡献份额较小。而从2006年之后，技术效应成为削减排放的主要原因，成为可与规模效应相抗衡的重要减排推动力量。

结构效应相对其他因素呈现反复波动的情况。在表6-1中，与2001年相比，结构效应的影响在增长和削减之间反复。

生活节能对减排的影响虽然小，但基本上对排放的作用趋势稳定。人口的增加对排放的增加起到一定的作用，而且这种影响水平在增加。生活节能效应对排放始终起到一定的削减作用。这种变化趋势反映了这些年来能源清洁水平的逐步提升。

二、年度减排效果分析

我国在削减主要污染物排放方面，实施了目标责任制的工作机制，将二氧化硫减排目标层层分解到各地方政府和6大火电企业。在各级政府执行过程中，往往缺少决心和行动，有的还用经济发展的表面繁荣掩盖日趋严重的环境污染状况。减排的工作压力很可能先紧后松，甚至提前完成减排目标，完成后出现污染重化的反弹情况。我们希望发现二氧化硫减排的目标责任制是否在各地形成一种长效机制，还是仅仅为了完成国家下达的任务。

为此，下面我们分解2002—2010年期间年度排放变化的各影响效应。上一年度为基期，分析减排效应的年度变化过程。结果如表6-3所示。

表6-3　　年度二氧化硫排放变化的效应分解（2002—2010年）

年份	经济规模	经济结构	技术进步	人口变化	生活节能
2001—2002	−643.86%	−59.18%	722.00%	−11.59%	92.63%
2002—2003	69.91%	17.59%	11.50%	0.95%	0.05%
2003—2004	182.64%	23.32%	−102.39%	2.23%	−5.80%
2004—2005	74.44%	1.71%	17.91%	0.73%	5.21%
2005—2006	662.53%	10.51%	−504.51%	5.09%	−73.62%
2006—2007	−243.15%	−11.03%	332.74%	−1.51%	22.95%
2007—2008	−132.21%	−3.33%	236.71%	−1.14%	−0.03%
2008—2009	−153.74%	0.18%	271.00%	−1.57%	−15.87%
2009—2010	−657.50%	−74.62%	737.38%	−4.42%	99.16%

注：贡献率等于贡献值除以减排率。

我们重点对比"十五"和"十一五"两个时期的变化。从表6-3可以看出，年度变化分解结果与上一部分的结论存在很大差异。规模效应和技术效应虽然仍是二氧化硫排放变化的主要原因，但其对排放的影响方向发生了变化。其他三方面因素也有影响，除了人口增长的影响，结构效应和生活节能的影响也出现反复的情况。

规模效应始终是影响排放的主要力量，但其影响的方向分为两大时间段。2003—2006年，规模效应是年度削减排放的主要原因。而2007年之后，规模效应是增加排放的决定性力量。2006年是"十一五"开局之年，国家刚出台三大减排措施，很可能由于减排目标任务的压力，各地政府选择了削减产能的方式来换取减排效果。随着关停、脱硫等政策的执行，减排任务得到顺利分解执行，因此，2007年之后，规模效应的影响重新回归常态。

技术效应主要在"十一五"期间对减排发挥主导作用。"十五"期间，技术效应对于年度排放变化起了增加的作用。"十一五"期间，技术进步一直在主导减排的进行。相比"十五"时期，"十一五"期间目标减排任务作为各地政府的工作重心，得到了足够的重视和执行。以上情况说明，减排的方法论指导对于各省完成目标减排任务是至关重要的。

结构效应在"十一五"末期出现反复。在表6-3中，与2009年相比，2010年结构效应成为增加排放的原因，而生活等其他排放的削减为减排贡献了较大的力量。这说明减排目标完成后可能出现了经济结构重化、污染重化的反弹情况。

三、地区减排效果分析

下面我们分解"十一五"期间各省二氧化硫减排的因素影响。以2006年为基期，2010年为报告期。计算结果如表6-4和图6-3所示。

从表6-4可看出，"十一五"期间，中国31个省市的二氧化硫减排情况存在较大的差异。规模效应和技术效应的影响与前述分析一致，规模效应均是导致排放增加的决定性因素，技术效应是削减排放的主要力量。其他三种效应对不同省市的影响方向不同。如结构效应，在北京、天津、上海等省市对排放起到削减的作用，而在内蒙古、吉林、安徽、江西等省，结构效应对排放起到增加的影响。

表6-4　　　　各省市减排的因素贡献值（2005年与2010年对比）

省市	减排率	经济规模	经济结构	技术进步	人口变化	生活节能
北京	34.60%	−19.77%	2.88%	37.91%	−9.47%	23.05%
天津	7.76%	−53.85%	−5.20%	64.54%	−1.59%	3.87%
河北	20.14%	−34.14%	−2.54%	58.17%	−0.60%	−0.74%

续前表

省市	减排率	经济规模	经济结构	技术进步	人口变化	生活节能
山西	15.48%	−32.02%	0.43%	33.61%	−1.12%	14.57%
内蒙古	10.46%	−53.62%	−11.83%	77.72%	−0.35%	−1.45%
辽宁	18.81%	−40.78%	−7.22%	62.14%	−0.42%	5.09%
吉林	12.89%	−44.07%	−9.56%	62.29%	−0.15%	4.38%
黑龙江	5.37%	−37.66%	−2.61%	44.71%	−0.03%	0.96%
上海	29.51%	−26.92%	1.34%	55.60%	−6.28%	5.76%
江苏	19.44%	−43.99%	−1.63%	63.95%	−0.19%	1.31%
浙江	21.04%	−38.62%	0.44%	58.55%	−0.30%	0.97%
安徽	8.80%	−44.38%	−15.81%	66.18%	0.28%	2.52%
福建	12.71%	−46.72%	−7.06%	65.51%	−0.17%	1.16%
江西	12.13%	−42.65%	−16.46%	74.73%	−0.28%	−3.20%
山东	21.62%	−38.67%	−2.43%	56.59%	−0.40%	6.52%
河南	17.57%	−40.18%	−7.39%	66.10%	−0.01%	−0.96%
湖北	16.78%	−42.52%	−7.71%	68.39%	−0.08%	−1.31%
湖南	14.21%	−41.45%	−11.01%	67.34%	−0.64%	−0.03%
广东	17.09%	−41.48%	−4.15%	65.99%	−0.21%	−3.06%
广西	9.07%	−48.29%	−13.64%	71.59%	0.13%	−0.71%
海南	−18.33%	−51.88%	−5.34%	36.38%	−0.15%	0.00%
重庆	16.35%	−44.98%	−10.53%	71.68%	−0.46%	0.65%
四川	11.71%	−42.90%	−13.92%	71.11%	0.20%	−2.77%
贵州	21.58%	−29.87%	−0.18%	57.49%	2.31%	−8.17%
云南	9.13%	−36.63%	−4.86%	44.39%	−0.43%	6.65%
西藏	−45.00%	−22.55%	−1.27%	26.02%	−3.59%	−43.61%
陕西	20.63%	−45.68%	−3.90%	63.75%	0.01%	6.46%
甘肃	−1.06%	−35.65%	−4.80%	42.46%	0.28%	−3.36%
青海	−10.31%	−47.54%	−9.47%	47.78%	−0.19%	−0.88%
宁夏	18.85%	−41.10%	−4.57%	63.94%	−0.36%	0.93%
新疆	−3.72%	−33.54%	−4.33%	21.66%	−1.32%	13.81%

　　为进一步分析差异存在的原因，我们将工业和生活减排的贡献值分布在四个象限，如图6-3所示，发现不同省市情况的区别之处在于排放变化的部分不同，图中存在四种排放变化的途径：工业和生活双减排、仅工业减排、仅生活减排、工业和生活双增排。根据不同途径，我们将中国31个省市分为四类地区，如表6-5所示。

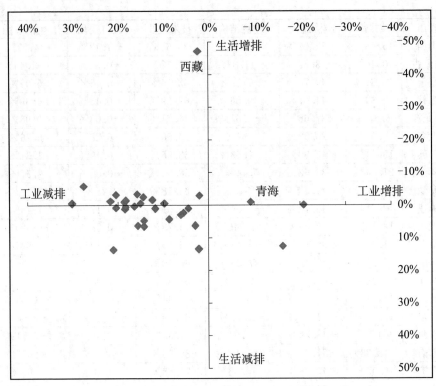

图 6-3　工业和生活排放对减排的贡献值相对大小（2006 年与 2010 年对比）

表 6-5　各省市排放变化的途径划分（工业和生活）（2006 年与 2010 年对比）

减排途径分类		省市
双减排	工业＞生活	北京　天津　辽宁　吉林　黑龙江　江苏　浙江　安徽　福建　山东　重庆　陕西　宁夏　上海
	工业＜生活	山西　云南
仅工业减排		河北　内蒙古　江西　四川　甘肃　贵州　河南　湖北　湖南　广东　广西　西藏
仅生活减排		新疆　海南
双增排		青海

针对上述分析结论，可以得到一些启示：

第一，规模效应和技术效应是中国二氧化硫污染物排放变化的主要原因，尽管"十一五"期间国家强制各地削减污染物排放，但 GDP 的增长并未表现出弱势，反而增长更加快速。治污减排对经济增长并未产生消极影响。

第二，"十五"和"十一五"期间，决定减排率的主要是工业减排。相比而言，生活减排对减排的影响力很小。不同因素的减排贡献率大小取决于增长率以及排放结构。对于技术进步和产能下降，哪种减排方式更快地增加减排，取决于工业增加值和工业排放强度的增长率，与排放结构无关。如果工业排放强度的增长率小于工业增加值的增长率，技术进步的减排贡献率将更大；反之，产能下降的减排贡献率将更大。

第三，技术效应主要在"十一五"期间对减排发挥主导作用。在减排目标已经确定的前提下，工业排放比重越低的省市，对技术进步和产能下降的要求越大。相比"十五"和"十一五"期间目标减排任务作为各地政府的工作重心，得到了足够的重视和执行。减排的方法论指导对于各省完成目标减排任务是至关重要的。

第四，结构效应在"十一五"末期呈现反复。过去十年间，国家虽然在调整经济结构和转变发展方式方面进行了大量的工作，但相比世纪之初的水平，经济结构重化的问题并未得到有效解决。目标减排尚未成为长效的工作机制。在完成目标减排任务后，各省很可能出现经济结构重化、污染重化的反弹。

第二节　基于指标预警的协同预警

一、协同预警指标选择

基于已有研究，本研究选取可能影响污染物排放的两大类因素。

一类是影响宏观经济的因素。

工业是能耗污染之源，二氧化硫排放来自能源系统中的化石燃料消耗，而排放量取决于化石燃料中含有的硫元素以及脱硫率。

能源消费与GDP之间的关系是当今经济增长和环境问题争论的焦点，国内外众多学者采用协整检验和格兰杰因果关系检验对二者之间的关系进行了研究。这些研究均发现，能源消费和经济增长存在长期稳定的关系。因此，初级能源消费依赖于单位GDP能效和经济规模。

其中，电力、钢铁等高污染、高排放行业是能耗和污染的大户，也是污染物减排的重点领域。我国"十二五"规划中突出强化源头管理，严格控制污染物新增量，要遏制石化、有色、建材、焦炭等高能耗、高污染行业过快增长。因此，选择污染物排放较大的行业作为预选指标来源。

另一类是影响二氧化硫排放的因素。以二氧化硫排放为污染物排放的典型指标代表。

已有研究提出影响二氧化硫排放的因素包括：GDP（人均 GDP）、GDP 平均增长率、总能耗量和总煤耗量、总能耗量和总煤耗量年均增长率、能源组成、能源消费弹性系数、煤质含硫量、二氧化硫总量控制目标、二氧化硫控制政策、二氧化硫治理强度、二氧化硫收费标准、清洁生产水平与科技含量、人口总量、人均能耗、单位 GDP 能耗、第二产业比例、第三产业比例等。

我国电力行业减排二氧化硫的常用控制指标包括：脱硫装机占煤（油）总装机的比例、每千瓦时电量二氧化硫排放量、火电机组平均供电标准煤耗、能源结构、电煤装机、燃料的含硫量等。

而国家统计局及相关部门公布的月度统计数据中，只包含上述指标的一部分。结合上述情况，根据以上关于污染物排放变动的影响因素分析，我们选取了 80 个社会经济指标作为待选指标，时间范围是 2006—2010 年，如表 6 - 6 所示。

表 6 - 6　　　　　　　　　指标的季节性周期初步判断

序号	指标	分类	季节性周期
1	工业二氧化硫排放量	—	×
2	工业增加值	正向	√
3	工业总产值	正向	√
4	重工业增加值	正向	√
5	轻工业增加值	正向	√
6	重工业增加值比重	正向	√
7	轻工业增加值比重	逆向	√
8	石油加工业产值	正向	×
9	石油加工业产值比重	正向	×
10	石油加工业增速	正向	√
11	化工业增速	正向	√
12	非金属制品业增速	正向	√
13	黑色金属加工业增速	正向	√
14	电力工业增速	正向	√
15	新开工项目数	正向	√
16	国家财政税收收入	正向	√
17	实际利用外资金额	正向	√
18	M2	正向	×
19	M1	正向	×

续前表

序号	指标	分类	季节性周期
20	出口额	正向	√
21	出口额占进出口的比重	正向	×
22	各大行业固定资产投资总计	正向	√
23	制造业固定资产投资占比	正向	√
24	房地产业固定资产投资占比	正向	√
25	黑色金属固定资产投资占比	正向	×
26	发电量	正向	√
27	火电发电量	正向	√
28	火电发电占比	正向	√
29	能源生产总量	正向	√
30	天然原油产量标准煤	正向	√
31	原煤产量标准煤	正向	√
32	原煤产量占能源生产总量的比重	正向	√
33	粗钢产量	正向	×
34	十种有色金属产量	正向	√
35	水泥产量	正向	√
36	平板玻璃产量	正向	√
37	天然原油产量	正向	√
38	生铁产量	正向	√
39	焦炭产量	正向	√
40	工业品出厂价格指数	正向	√
41	商品零售价格指数	正向	×
42	原材料燃料动力购进价格指数	正向	√
43	制造业采购经理指数	正向	√
44	制造业采购经理指数新订单	正向	√
45	制造业采购经理指数原材料库存	正向	√
46	工业企业增加值增速	正向	√
47	重工业企业增加值增速	正向	√
48	轻工业企业增加值增速	正向	√
49	消费者预期指数	正向	√
50	消费者满意指数	正向	√
51	消费者信心指数	正向	√
52	第三产业固定资产投资	正向	√
53	第三产业固定资产投资占比	逆向	√

续前表

序号	指标	分类	季节性周期
54	电力热力的生产与供应业固定资产投资	正向	√
55	电力热力的生产与供应业固定资产投资占比	正向	√
56	非金属矿物加工业固定资产投资	正向	√
57	黑色金属加工业固定资产投资	正向	√
58	有色金属加工业固定资产投资	正向	√
59	大气污染防治设备	逆向	√
60	大气污染防治设备增速	逆向	√
61	水电发电占比	逆向	√
62	水电发电量增长率	逆向	√
63	火电发电量增长率	正向	√
64	发电设备产量	正向	√
65	发电设备产量增速	正向	√
66	水轮发电机组产量增速	逆向	√
67	水轮发电机组产量	逆向	√
68	汽轮发电机产量增速	正向	√
69	汽轮发电机产量	正向	√
70	工业锅炉产量增速	正向	√
71	工业锅炉产量	正向	√
72	电站水轮机产量增速	正向	√
73	电站水轮机产量	正向	√
74	硫铁矿产量增速	正向	√
75	硫铁矿产量	正向	√
76	第三产业增加值	正向	√
77	第三产业占比	逆向	√
78	水电发电量	正向	√
79	单位工业增加值耗电量	逆向	√
80	单位工业增加值耗火电量	逆向	√

二、协同预警指标分析

将收集到的指标进行数据处理，对其进行季节调整，然后利用时差相关分析方法、K-L 信息量方法等多种方法筛选出了 24 个预警指标，分别构成污染物排放的先行、一致、滞后指标组，如表 6-7 所示。

1. 与二氧化硫排放量波动一致的经济指标

我们通过各种指标筛选方法确定了 10 个一致指标，分别是：发电量、单位工业增加值耗电量、重工业增加值、水电发电占比、水泥产量、出口额、黑色金属加工业增速、大气污染防治设备增速、硫铁矿产量增速、制造业采购经理指数。

表 6 - 7　　　　　　　　　　预警指标组

先行指标组	一致指标组	滞后指标组
实际利用外资金额 第三产业增加值比重 石油加工业产值比重 黑色金属加工业固定资产投资 天然原油产量 水轮发电机组产量增速 电站水轮机产量增速。	发电量 单位工业增加值耗电量 重工业增加值 水电发电占比 水泥产量 出口额 黑色金属加工业增速 大气污染防治设备增速 硫铁矿产量增速 制造业采购经理指数	工业品出厂价格指数 非金属矿物加工业固定资产投资 工业锅炉产量增速 第三产业固定资产投资比重 粗钢产量 新开工项目数 水电发电量增长率

我国电力行业的结构是以火电为主，火电发电量占全国发电的 80％以上。电力行业的污染物排放占工业污染物排放的 60％以上。发电量和单位工业增加值耗电量在很大程度上反映了污染物排放的源头。

重工业部门相对农业和第三产业属于高耗电部门，也是污染物排放的重点行业。2002 年以来，随着我国经济进入加速发展的时期，第二产业的产值增幅迅速提升，推动了工业用电的快速增长。其中钢铁、水泥属于典型的两高行业。因此，选择重工业增加值和黑色金属加工业增速、水泥产量这 3 个指标。

我国的能源结构调整难度非常大，以煤为主的能源结构在"十二五"期间不会有多大改变，污染物排放增长的压力难以有效缓解，排放强度将维持较高水平。2008 年，我国清洁能源在一次能源消费中只占 9.8％，而西方发达国家已达到 25％左右。我国能源结构调整的压力非常大。水电发电占比反映了能源结构的状况。

制造业采购经理指数（PMI）是国际通行的宏观经济重要指标，对国家经济活动的监测和预测具有重要作用。PMI 的变化预示了宏观经济未来的变动，而在工业部门领域产生的污染物排放也反映出来自工业部门的经济活动变化。因此选择出口额和制造业采购经理指数这两个指标。

无论从经济理论还是从现实经济的角度出发，选择上述指标作为一致指标都是合理的。

2. 比二氧化硫排放量先行波动的经济指标

我们选择了 7 个先行指标——实际利用外资金额、第三产业增加值比重、石油加工业产值比重、黑色金属加工业固定资产投资、天然原油产量、水轮发电机组产量增速、电站水轮机产量增速。

经济结构中产业结构的变化将影响污染物排放的强度，第三产业增加值比重、石油加工业产值比重、黑色金属加工业固定资产投资这 3 个指标反映了产业结构变化的信息。

水力发电是我国重要的清洁替代能源，水电的发展将大大减少二氧化硫排放。因此，选择与水电相关的两个指标——水轮发电机组产量增速、电站水轮机产量增速。

天然原油产量的变化将影响下游以煤作为能源的行业发展，与发电密切相关，故选为先行指标。

实际利用外资金额反映了宏观经济中的波动预期。

无论从经济理论还是从现实经济的角度出发，选择上述指标作为先行指标都是合理的。

3. 比二氧化硫排放量滞后波动的经济指标

我们选择了 7 个滞后指标——工业品出厂价格指数、非金属矿物加工业固定资产投资、工业锅炉产量增速、第三产业固定资产投资比重、粗钢产量、新开工项目数、水电发电量增长率。

在我国治污减排的各种措施影响下，经济领域中一些产业和部门的变化反映了治污减排对经济的这种影响。

非金属矿物加工业是典型的两高行业，也是关停的重要污染源。而提升服务业所占比重，降低制造业在 GDP 中的比重，是改善经济结构同时减少污染的重要举措。因此非金属矿物加工业固定资产投资、第三产业固定资产投资比重作为滞后指标是有实际意义的。

二氧化硫排放与电力业及其他高耗煤的行业的发展息息相关，这些行业的能源设备主要是由锅炉、汽轮组成，都需要大量高质量的钢材，而电力设备不断升级，对钢材的需求也日趋提高，所以我们将粗钢产量、工业锅炉产量增速作为滞后指标从经济意义上讲是合理的。

工业品出厂价格指数、新开工项目数、水电发电量增长率也在一定程度上反映了这种调控的结果。

以上从经济角度分析了表 6-7 中的指标，它们不仅与污染物波动的对应性较好，还具有重要的经济意义。通过观测这些指标的变化，可以比较全面地分析发展态势，从而帮助有关部门较为合理和准确地掌握未来发展动向。

三、协同预警合成指数

1. 合成指数计算

合成指数是把敏感性指标各自的波动幅度或变化率综合起来的指数，它首先由美国商务部提出，并于 1968 年应用于实践。合成指数从大量指标中选出与景气变动基本一致、能够反映各个经济领域变化的、相互的、有代表性的市场指标作为一致景气指数的构成量，合成指标的功能与扩散指标的功能一致，因此常常采用同一组指标。合成指数计算方法如下：

（1）求出单个指标的对称变化率 $C_i(t)$。将指标经过季节调整后的序列记为 $d_i(t)$，对称变化率 $C_i(t)$ 为：

$$C_i(t) = 200 \times \frac{[d_i(t) - d_i(t-1)]}{[d_i(t) + d_i(t-1)]}$$

对序列 i，对称变化率是序列的一阶差分相对变化率。

（2）求出标准化平均变化率 $V(t)$，分为以下几步：

①求序列 i 的标准化因子 A_i。

$$A_i = \frac{\sum |C_i(t)|}{N-1}$$

N 是标准化期间的月数（59），也就是对称变化率的起止时期。

②使用 A_i 把 $C_i(t)$ 标准化，得到标准化平均变化率 $S_i(t)$。

$$S_i(t) = \frac{C_i(t)}{A}$$

③计算平均变化率 $R(t)$。

$$R(t) = \frac{\sum_{i=1}^{k} S_i(t) W_i}{\sum_{i=1}^{k} W_i}$$

k 是组内序列数（先行、一致、滞后指标组），W_i 是序列 i 的权重，通常取 1。

④计算平均组间标准化因子 F。

$$F = \frac{\sum_{t=2}^{w} |R(t)|/(N-1)}{\sum_{t=2}^{N} |P(t)|/(N-1)}$$

其中，$P(t)$ 是一致指标组的平均变化率 $R(t)$。

⑤计算平均变化率 $V(t)$

$$V(t) = \frac{R(t)}{F}$$

对一致指标组而言，$F=1$，$V(t) = R(t)$。

（3）求初始综合指标 $I(t)$。

$$I(t) = \frac{I(t-1)\,[200+V(t)]}{200-V(t)}$$

其中，$I(1) = 100$。

（4）求趋势调整 T。

$$T = \left(\sqrt[m]{\frac{C_L}{C_I}} - 1\right) \times 100$$

其中，C_L 和 C_I 分别是最先循环和最后循环的平均值，m 是最先循环中心到最后循环中心的月数。先求一致指标组的各个序列的趋势 T，取平均值记为 G。再对先行、一致、滞后指标组的初始综合指标，分别计算 T。

（5）求合成指数 C_I。

$$C_I(t) = 100 \times I(t)/I(0)$$

以某年为基年，可以计算其余年份各月的相对指数。将 $I(t)$ 除以基年的平均值，再乘以 100，即可得到 C_I。

根据上述计算方法，我们以 2008 年为基年，分析计算了先行指标的合成指数、一致指标的合成指数，如图 6-4、图 6-5 所示。其对比图形如图 6-6 所示。

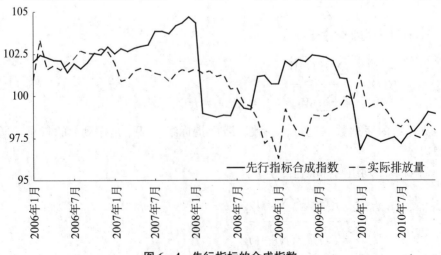

图 6-4　先行指标的合成指数

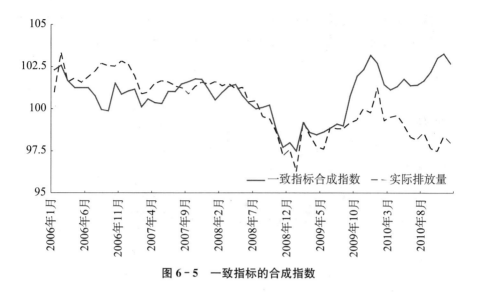

图 6-5 一致指标的合成指数

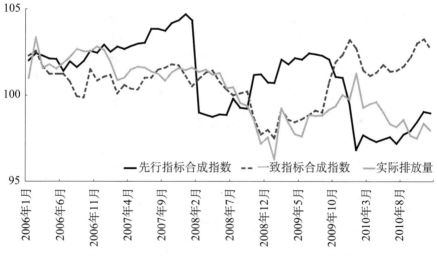

图 6-6 先行指标合成指数与一致指标合成指数的对比

从图 6-4 可以看出,先行指标合成指数的效果非常明显,其峰谷平均超前期为 12 个月。从图 6-5 中也可以看到,一致指标合成指数的对应关系也非常好。

2. 基于主成分方法构建综合指数

图 6-7 为一致指标组的序列图。可以看到指标之间存在很大的重叠。为进行探索,我们应用主成分方法计算一致指标的综合指数。通过计算一致指标组

的各主成分序列及各主成分的特征值、特征向量、贡献率和累积贡献率，我们得到了三个主成分，一致指标组主成分计算结果如表 6-8 所示。

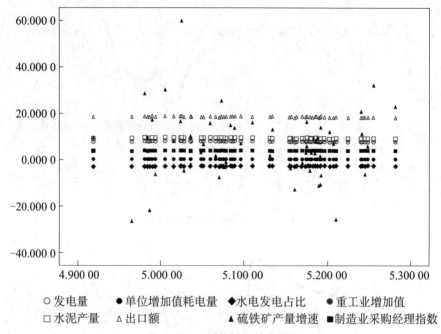

○ 发电量　● 单位增加值耗电量　◆ 水电发电占比　■ 重工业增加值
□ 水泥产量　△ 出口额　▲ 硫铁矿产量增速　■ 制造业采购经理指数

图 6-7　一致指标组的序列图

表 6-8　　　　　　　　　　　一致指标组主成分计算结果

	成分	1	2	3
特征向量	发电量	0.953	0.195	−0.173
	单位工业增加值耗电量	−0.837	0.446	−0.049
	重工业增加值	0.988	0.028	−0.121
	水电发电占比	−0.257	0.831	−0.085
	水泥产量	0.947	0.096	−0.009
	出口额	0.834	0.103	−0.193
	黑色金属加工业增速	0.972	0.111	−0.141
	大气污染防治设备增速	0.344	−0.112	0.847
	硫铁矿产量增速	0.426	0.454	0.560
	制造业采购经理指数	−0.072	0.904	0.007
特征值		5.495	1.995	1.142
贡献率（%）		54.948	19.952	11.422
累积贡献率（%）		54.948	74.900	86.322

　　计算结果表明：一致指标组的第 1 主成分的贡献率为 54.948%，还未能充分解释先行指标组的变动。第 2 和第 3 主成分的累积贡献率分别达到 74.900%、86.322%，解释了指标组的大部分变动。将第 2 和第 3 主成分分别作为一致综合指数。如图 6-8、图 6-9 所示，第 2 和第 3 主成分与排放量的波动具有一致的周期。

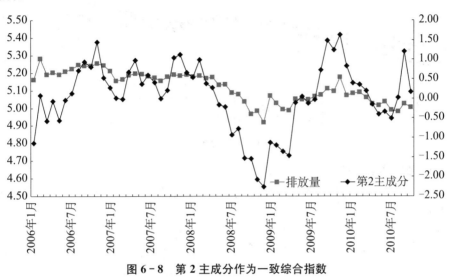

图 6-8　第 2 主成分作为一致综合指数

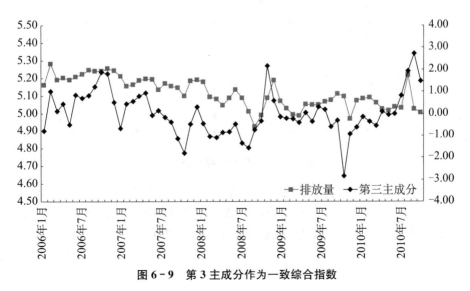

图 6-9　第 3 主成分作为一致综合指数

3. 合成指数统计图

图 6 - 10 所示为合成指数的统计图。

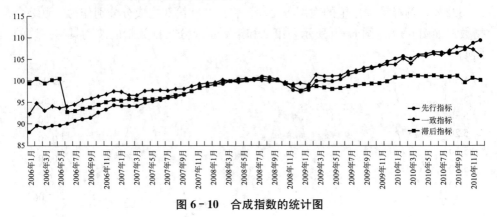

图 6 - 10　合成指数的统计图

4. 预警指数信号灯

图 6 - 11 所示为预警指数信号灯图。从图中我们可以清晰地看到不同指标的状态及预警指数。

时间·指标	预警指数	x重工业增加值	x20出口额	x25黑色金属固定资产投资占比	x26发电量	x35水泥产量	x43制造业采购经理指数	x60大气污染治理设备增速	x61水电发电占比	x74硫铁矿产量增速	x79单位工业增加值耗电量
2010-12	100	●	●	▨	●	●	●	●	▨	●	●
2010-11	101	●	●	▨	●	●	●	●	▨	●	●
2010-10	100	●	●	▨	●	●	●	◆	▨	●	●
2010-08	99	●	●	▨	●	●	●	●	▨	●	●
2010-07	99	●	●	▨	●	●	●	●	▨	●	●
2010-06	101	●	●	▨	●	●	●	▨	●	●	●
2010-05	101	●	●	▨	●	●	●	●	●	●	●
2010-04	100	●	●	▨	●	●	●	●	▨	●	●
2010-03	100	●	●	▨	●	●	●	●	▨	●	●
2010-02	101	●	●	▨	●	●	●	●	▨	●	●
2010-01	102	●	●	▨	●	●	●	●	▨	●	●
2009-12	100	●	●	▨	●	●	●	●	▨	●	●

(◆过高　▨挂起　合格　●优秀)

图 6 - 11　预警指数信号灯图示

在合理的假设下，我们的研究结果显示"十二五"期间我国二氧化硫的年均减排率应达到 1.65%，低于这个临界值，经济结构就会出现恶化，因此，有必要继续实施目标减排，并进一步强化目标减排的约束性指标。

第 七 章

治污减排对行业的影响与政策建议

治污减排对汽车行业发展的影响研究与政策建议

一、治污减排对我国汽车行业主要污染物排放的影响

中国汽车工业的快速发展和汽车保有量的快速增长，带来了日益严峻的环境污染问题。政府通过制定治污减排的相应政策，减缓了汽车污染的进程。国家通过及时制定和加严机动车污染物排放标准，使我国机动车治污减排取得了显著成效。我国汽车污染物排放标准发展大致经过 2 个历程：第一阶段为初步建立机动车排放控制标准体系的阶段（1983—1999 年），第二阶段为加严排放限制，大幅度削减排放量的阶段（2000 年至今）。通过排放标准来不断提高排放控制要求，尤其是从实施国Ⅰ阶段标准开始，我国汽车行业的污染控制水平得到了迅速提升，在污染物减排方面和节能降耗方面取得了显著成效。自实施国Ⅰ阶段标准以来，新车单车污染物排放削减了 57% ～ 96%，带动了整体在用汽车平均污染物排放因子明显下降，有效控制了机动车污染物排放总量，使城市空气质量得到改善。通过分阶段不断加严汽车排放标准，污染物排放量呈逐渐下降趋势，总量减排效果显现。①

---

① 纪亮，袁盈，李刚，等．我国机动车排放标准的大气污染物减排效果研究．环境工程技术学报，2011，1（3）：237－242.

1. 汽车平均污染物排放因子明显下降

不断加严的排放标准，使新车单车污染物排放显著削减。与国Ⅰ标准之前的汽车相比，满足国Ⅲ标准的轻型汽车各种污染物排放下降了 75％～ 92％，满足国Ⅳ标准的轻型汽车各种污染物排放下降了 91％～96％[①]，即 1 辆国Ⅰ标准之前汽车的排放量，相当于 10～14 辆国Ⅲ标准汽车或 20 辆国Ⅳ标准汽车的排放量。而满足国Ⅲ标准的重型柴油车与国Ⅰ阶段相比，颗粒物（PM）排放下降 70％，NO_x 排放下降 39％；满足国Ⅳ标准的重型柴油车与国Ⅰ阶段相比，PM 排放下降 94％，NO_x 排放下降 57％。[②③]

自 2000 年实施国家第Ⅰ阶段排放标准以来，车辆保有量中符合国Ⅰ或以上标准的车型所占比例越来越大：2000 年的民用汽车保有量是 1 609 万辆，2009 年的民用汽车保有量是 6 209 万辆（不包括三轮汽车和低速货车），增加了 4 600 万辆。考虑已报废的车辆数，则 2009 年保有量中有超过 80％ 的车辆是符合国Ⅰ或以上标准的汽车。[④] 由于实施国Ⅰ标准之后，新增车辆单车排放大幅削减，从而带动了我国在用汽车单车单位里程的平均排放量（平均排放因子）的降低。以北京市为例，2005 年与 1995 年相比：各主要汽车车型 CO 的平均排放因子下降了 37％～ 76％，碳氢化合物（HC）的平均排放因子下降了 23％～73％，NO_x 的平均排放因子下降了 40％～75％。[⑤]

2. 有效控制机动车污染物排放总量

在汽车保有量翻倍增长的情况下，由于平均排放因子整体降低，汽车污染物的排放总量未随保有量同步增长。北京市 2005 年机动车保有量是 1995 年的 3.5 倍，但 2005 年与 1995 年机动车气态污染物排放总量是相当的。全国来看，2005 年我国汽车保有量（不包括三轮汽车和低速货车）是 2000 年的 2.17 倍，主要污染物排放量增加情况分别为：CO，1.04 倍；NO_x，1.40 倍；HC，1.15 倍。可见，在机动车保有量快速增长的情况下，实施汽车国Ⅰ、国Ⅱ标准对控制汽车排放污染发挥了重要作用。

---

① 中国环境科学研究院. 防治机动车（船）污染强制标准研究. 北京：中国环境科学研究院，2005.

② 国家环境保护总局，国家质量监督检验检疫总局. GB 17691— 2001 车用压燃式发动机排气污染物排放限值及测量方法. 北京：中国环境科学出版社，2001.

③ 国家环境保护总局，国家质量监督检验检疫总局. GB 17691— 2005 车用压燃式、气体燃料点燃式发动机与汽车排气污染物排放限值及测量方式（中国Ⅲ、Ⅳ、Ⅴ阶段）. 北京：中国环境科学出版社，2005.

④ 中华人民共和国环境保护部. 中国机动车污染防治年报（2010 年度）. 北京：中华人民共和国环境保护部，2010.

⑤ 傅立新. 北京奥运空气质量保障研究. 北京：清华大学，2008.

根据我国的经济发展情况，机动车保有量仍将继续快速增长。如果不再加严标准，一直沿用国Ⅱ标准，则各种污染物排放量会在现有水平的基础上，随保有量的增加而逐年快速增加。为此，我国发布实施了更加严格的国Ⅲ和国Ⅳ标准。根据预测，按期实施国Ⅲ、国Ⅳ及更高标准，尽管保有量会继续增加，但在2008年出现峰值之后各污染物排放量却会逐渐降低。但我国排放量基数还是过大，因此，继续加严标准对机动车污染防治仍十分必要。

3. 城市空气质量得到改善

机动车排放是影响城市空气质量的重要因素，城市空气质量改善与机动车污染物减排关系密切。以北京市为例，NO_2和CO均与机动车排放关系密切，空气中约有70%的NO_x，80%以上的CO来自机动车排放，自1999年实施汽车国Ⅰ标准以来CO呈持续下降趋势，NO_2和PM从2003年开始出现下降趋势。2008年，空气质量二级和好于二级的天数达到274天，占全年总天数的74.9%，比2000年增加了97天，提高了26.5个百分点。[①]

2008年与2000年相比，全国城市空气中NO_2年均浓度下降31.5%。[②] 这与近些年来包括机动车污染控制在内的城市大气环境综合整治不断加强直接相关。

排放标准的加严起到了从源头控制排放污染的作用，对机动车污染物减排起着至关重要的作用。但是，其减排效果还同时受新车生产一致性、车用燃油质量、在用车达标排放等多种因素的制约和影响。

目前，我国的机动车环保生产一致性监督管理还相对薄弱，仍存在实际生产及销售的车辆与型式核准的车型排放控制水平不一致的问题，导致车辆实际使用中污染物排放量较高。因此，为了保证机动车在批量生产、销售等环节均能稳定达到排放标准要求，实现污染物减排，应进一步加强生产一致性监督检查。

除了设计、定型、生产和销售环节的车辆必须满足排放标准的要求外，车辆在整个使用寿命期内达标排放，是确保机动车污染物减排的重要因素。我国已建立了在用机动车环保定期检验制度，通过对在用车的达标排放进行定期检验和监督检查，促进在用机动车使用过程中的保养与维修，使其污染物排放状况始终满足排放标准的要求。

车用燃油品质的改进，是确保机动车采用先进污染控制技术、满足排放标准要求的关键。汽油的硫含量、氧含量、芳烃含量、烯烃含量、苯含量等是影响

---

① 北京市环境保护局. 北京市环境状况公报：2000—2008. 北京：北京市环境保护局，2001—2009.
② 周生贤向全国人大常委会报告大气污染防治工作时指出 加大污染治理力度 努力改善大气环境质量. (2009-07-15) [2011-01-10]. http://www.mep.gov.cn/xxgk/hjyw/200904/t20090423_150765.shtml.

汽油车排放的主要指标；柴油的硫含量、芳烃含量、密度等是影响柴油车排放的主要指标。尤其是排放标准到第Ⅳ阶段之后，硫含量过高会影响排放控制装置的正常使用，使净化装置中毒、劣化或失效等。但一直以来，我国车用燃油品质始终落后于排放要求，已成为制约机动车排放标准按期实施的瓶颈。因此，制定和实施与排放标准相适应的燃油标准，提高燃油质量，是确保排放标准有效实施、实现减排的重要保障。

虽然我国汽车行业的治污减排工作有了一定的进展，通过加严新车排放标准控制了污染源头，通过提高能耗标准减少了汽车的能耗，但我们还是很有必要持续加严标准，继续巩固治污减排工作的成果，切实实现在发展中保护，在保护中发展。

二、治污减排对我国汽车行业的影响

汽车行业的治污减排政策，作为倒逼与先导政策的综合体，对汽车行业有着综合的影响。治污减排作为影响汽车行业的因素之一，虽然其并非主要因素，但其政策的转变将直接影响汽车行业的发展方向，可能导致汽车行业的行业整合。据统计，2001 年全国有汽车整车企业 116 家，到 2009 年，全国仍然有 115 家。2009 年，纳入中国汽车工业协会统计口径的 79 家企业中，产销量在 1 万辆及以下的企业多达 57 家，产销量仅占市场的 3.4%，其中 16 家企业处于闲置状态。[①] 同时，一些地方政府为了发展本地经济，出现了盲目投资建设汽车产业和相关园区的情况，导致汽车产业低水平重复建设情况较为普遍。而汽车行业的治污减排政策将增加企业的门槛，迫使企业加大研发的力度与污染控制的决心，加快汽车市场的联合兼并、收购重组。同时，兼并重组的规模、范围、区域等将在治污减排政策的刺激下明显扩大，加上汽车龙头企业自身实力的不断增强，汽车市场集中度将不断提高。

1. 抑制汽车工业过快增长，促进汽车后市场发展

汽车行业的治污减排政策可以抑制汽车工业过快增长，减少汽车行业中由于快速发展而带来"散、乱、差"的情况发生，促进汽车后市场发展。

汽车行业的"散、乱、差"的情况依然比较突出，尤其是在近年来，国家出台了一系列新能源汽车扶持政策，一些地区不顾自身实际，一哄而上，产业基地遍地开花的现象再次出现，一些汽车企业到处圈地也会为汽车市场带来不

---

① 国务院发展中心产业经济研究部等. 中国汽车产业发展报告（2010）. 北京：社会科学文献出版社，2011.

必要的隐患。2000年以来，在汽车产业快速发展的推动下，我国汽车售后服务业也不断扩张。相对于生产制造环节，我国汽车后市场发展滞后。汽车售后服务业处于起步阶段，还很不规范，汽车厂家的产销与售后服务相脱节，离世界平均水平还有相当大的差距。我国汽车后市场在行业总体上表现出效率不高、效益较差、行业积累能力弱和自我发展能力不足等弱点。而治污减排将严格要求汽车生产制造商的产品，也会加强汽车服务业的发展，促进汽车后市场的规范化管理。随着行业竞争的加剧，整车制作利润不断下降，治污减排政策的加严也会在短期内降低整车制作利润，进而导致汽车行业的产业链不断向下游延伸，新的服务种类不断出现，产生新的利润来源。据了解，在美国市场上，产业链的重要环节中，汽车服务业的利润占比最高，达到了62%，而我国恰好相反，整车制造还高居产业链利润高端，占比达到了61%。在治污减排政策的刺激下，二手车业务、汽车美容及用品、汽车资讯、租赁等行业也会有很大发展前途。为加大对汽车服务业的支持，《汽车产业调整和振兴规划》中也明确提出，要坚持产业升级，注重工业发展和服务增值相结合，实现汽车制造业和汽车服务业协调发展。

2. 促进完善汽车市场竞争机制，推动传统汽车市场竞争格局改变

治污减排政策将促进完善汽车市场竞争机制，推动传统汽车市场竞争格局的改变。

长期以来，汽车市场存在着较为严重的条块分割，政出多门，交叉管理、行政干预和直接管理手段过多等问题。其中，汽车产业国际竞争力与产业配套体系建设政策明显滞后，汽车技术政策效果不尽如人意，汽车产业组织政策和结构政策没有产生明显作用。但治污减排政策会促进企业加大研发投入，促进汽车竞争机制完善。2010年，国务院发布了《关于加快培育和发展战略性新型产业的决定》（以下简称《决定》），提出了我国现阶段重点培育和发展的七大战略性新兴产业，新能源汽车位列其中。《决定》要求"着力突破动力电池、驱动电机和电子控制领域关键核心技术，推进插电式混合动力汽车、纯电动汽车推广应用和产业化。同时，开展燃料电池汽车相关前沿技术研发，大力推进高能效、低排放节能汽车发展"。其中，突出了以纯电动和混合动力为主的电动汽车作为新能源汽车产业的发展重点。在治污减排政策的推动下，未来十年，我国新能源汽车产业将从研发阶段进入到产业化阶段。治污减排政策下产业化的新能源汽车市场竞争格局会更激烈，传统的市场竞争格局将可能打破，一些汽车企业或新进入者由于把握了机遇，选准了路径，做好了环境与社会的协调发展，很可能成为市场竞争的赢家，并跻身世界一流汽车企业，而一些汽车企业由于反应迟缓或战略方向错误，有可能丧失竞争优势。

3. 推进新一轮技术增长点，提升企业核心竞争力

治污减排政策将推进汽车行业新一轮的技术增长点，在给我国汽车产业升级带来挑战的同时更多地给汽车行业升级带来更多的发展机遇和拓展空间，提升企业核心竞争力。

汽车产业自创新具有回报丰厚、资金投入巨大、对研发人才数量与质量要求高、研发周期长、风险系数大等基本特征，尤其是进行核心关键汽车技术攻关与新能源汽车研发时，资金需求量更大。我国汽车行业的研发经费无论是总量还是其占销售收入的比例都很低，其中，2003—2007 年我国汽车产业研发经费投入占销售收入的比例仅为 1.59%，不到美国、日本、德国、韩国、法国汽车工业同期比值 3.32% 的一半，仅相当于世界各主要汽车企业的 1/3。在治污减排政策的推动下，在燃油经济性标准的严格控制下，汽车企业会加大对技术的投入。

4. 促使我国汽车产业有序发展，为基础设施建设争取时间，遏制投资冲动

汽车行业的治污减排政策，促使我国汽车产业有序发展，为道路等城市建设争取时间，减缓部分城市的交通拥堵情况，有效遏制地方政府的投资冲动。

为了直观地反映汽车拥有量和居民收入之间的关系，施凤丹[①]以 1990—2010 年中国居民人均收入 PIN 为自变量，每千人汽车拥有量 $PCAR$ 为因变量，得到如下模型：

$$PCAR = -2.017\ 040\ 490\ 71 + 0.004\ 387\ 733\ 851\ 16 \times PIN$$
$$R^2 = 0.969\ 119 \quad F = 596.273\ 0$$

可见，居民人均收入与每千人汽车拥有量之间存在显著的线性关系。人均收入每增长 1 000 元，中国每千人汽车拥有量约增加 4.3 877 辆。如果按人口为 13 亿人计算，人均收入每增加 1 000 元，中国的汽车拥有量增加 570 多万辆。按照这种趋势发展，我国汽车拥有量很快就会过亿。但中国在大力发展汽车工业的同时，并没有实现配套道路建设的同步。全国公路里程 1978 年为 89.02 万公里，到 2010 年增长到 400.82 万公里，年均增长速度为 4.8%，这与年增长 11.9% 的汽车拥有量的增速完全不匹配，由此造成了较为严重的交通拥堵问题。尤其是在北京、上海等大城市，交通拥堵已经成为严重的社会问题，影响了社

---

① 施凤丹. 中国汽车产业与汽车经济发展情况（2011—2012）. 中国汽车社会研究网，2013 - 03 - 06.
http://www.casrn.com/_d275909846.htm.

会生产效率和人民生活质量。限号出行[①]、高额停车费等一系列管制措施似乎没有减缓交通压力。在道路建设不能一蹴而就的现状下，最好的办法是治污减排的政策，限制汽车拥有量的超高速增长。从这个意义上看，汽车行业的治污减排政策减缓了部分城市的交通拥堵情况，提高了汽车投资成本，提高了汽车进入门槛，有效地遏制了地方政府的投资冲动。

专栏：专家之音

节能新能源汽车产业面临良好机遇

在 2008 年"2008（首届）中国绿色能源汽车发展高峰论坛"上，全国政协副主席、科技部部长万钢与时任工信部副部长的欧新黔均表示，要共同推进汽车行业节能减排和行业调整，经过 10 年左右的努力，使中国的汽车工业实现跨越式发展，中国必将成为汽车工业的世界强国。[②]

万钢表示，目前我国的节能新能源汽车产业面临着良好的机遇，国内汽车生产企业研发单位对节能与新能源汽车的研发已经投入了空前的热情。我国自己研发的节能与新能源车辆在北京奥运会期间的规模化、集中化、高强度的成功应用，是我国节能与新能源汽车发展的重要里程碑。他预计，2010 年之后将迎来一次世界性范围内的节能与新能源的产业化高潮。他同时指出，目前，我国节能与新能源汽车的产业化还存在技术的可靠性、产品成本、政策环境的制约因素，需要企业界联合国内优势科研单位进一步加强研究开发力度，来逐步解决，需要政府和社会各界为节能与新能源汽车的产业化营造一个良好的社会环境。科技部在今后的工作中将从科技发展和行业管理的角度努力推动企业及早进行产品转型和应用。

万钢预计，2008 年我国的汽车产量不会低于 1 000 万辆，如果经过各方努力，到 2012 年使我国每年的汽车产量中有 10%（100 万辆）是混合新能源汽车，那么一年将可节油 7.8 亿升，减少二氧化碳排放 230 万吨，减少碳氢化合物排放 780 吨。

"我深信，我国从 2000 年开始就起步，用 10~15 年时间，我国汽车工业一定能够实现跨越式发展。到时，中国不再仅是一个汽车大国，必然能通过能源转型和先进技术发展成一个汽车工业的世界强国。"万钢说。

---

① 赵峰侠，徐明，齐晔．北京市汽车限行的环境和经济效益分析．生态经济，2010（12）：40-44.

② 万钢．节能新能源汽车产业面临良好机遇．中国科技产业，2008（9）：66.

万钢表示，日前，国家颁布了关于提高大排量汽车税率的政策，这为新能源汽车创造了优势。相关部门正在研究进一步促进节能新能源汽车发展的相关政策措施，包括大规模推动混合动力汽车和新能源汽车发展的具体措施。

在全球推动低碳交通

迈克尔·沃尔什（Michael P. Walsh）曾任职纽约市环保局和美国环保局机动车污染控制办公室主任，是美国国家科学院中国城市和美国能源安全和大气污染委员会的成员。他是首位美国环保局终身成就奖的获得者，曾获得美国加州空气资源委员会的哈根-斯密特奖（Haagen - Smit Award。2010年，他由我国环保部推荐获得"中国友谊奖"，该奖项是中国政府授予来华工作的外国专家的国家级最高奖项。迈克尔·沃尔什现任中国能源基金会专家顾问和国际清洁交通委员会（ICCT）董事会主席。[①]

迈克尔·沃尔什指出，目前，中国所面临的最大瓶颈，就是环保部在制定与排放切实相关的车用油品标准和实施车辆及油品标准方面的权限限制。这样一来，低硫燃料的推行速度必然受到影响，也就直接影响了当前标准的执行情况。此外，汽车制造企业和炼油企业对继续加严汽车排放和油品标准的反对以及财政和人员技术水平等问题，也是当前存在的障碍。

他的主要建议是：（1）要改善燃料质量，特别是要降低燃料的硫含量；（2）沿用当前的欧盟排放标准模式，继续实施新的严格排放标准和燃油标准；（3）确定在用车符合排放标准，通过情景分析机动车能效的措施，也可以减少二氧化碳的排放；（4）加强环保部制定燃料标准和实施车辆及燃料标准的权威性。

同时，他指出，铅是有害的物质，特别是对儿童的成长和智力的发展有影响。虽然我们主要关注的是尾气排放，但是还应该关注机动车对环境的所有影响因素，特别是在制造和报废的过程中。比如说机动车汽车空调里面的氟利昂，在维修时如果这种液体排放了，会对臭氧层有影响。我们虽然关注排放和能耗，但也研究过一些其他方面的世界最佳经验。现在最前沿的是欧洲，欧盟有一个汽车报废的要求，比如哪一部分必须进行回收，这需要建立完善的汽车报废回收制度。

如果中国会发展轻型柴油车市场，或者这个轻型柴油车市场要不断增长，必须确定严格的排放控制标准和法规。在细颗粒物（PM2.5）的讨论中，迈克尔·沃尔什也了解到，如果没有很严格的排放标准，这种柴油车的排放是有毒、

---

① 李维维，沃尔什. 在全球推动低碳交通. 低碳世界，2011（4）：64 - 67.

有害的。

迈克尔·沃尔什也指出，经济发展与环境保护存在矛盾，因为保护环境确实是有成本的。比如说，一辆配置了排放控制的汽车成本当然比不配置的要高，而提高燃料质量的成本就更高了。环境保护有一个比较明确的成本，有一些人只会关注到这些成本，不会关注到综合效益。人类需要可持续发展，所以不能只关注短期内的成本，环境被破坏之后的修复成本实际上非常高昂。通过我们的经验，很多经济学家也发现，环境保护的效益是大于成本的。但是，并不是所有人都认可这个想法。我们的工作，就是要强调和量化这些效益，并让大家有所了解。

环境其实对健康影响的成本很大。比如，在印度，10个最大的城市中机动车的排放对环境的破坏和对人类健康的影响成本，相当于GDP的1.5％。又比如，刚才提到的铅会影响儿童的智力，以及环境污染带来健康问题，患病的人的治疗费用以及医院的成本是无法估计的。如果能有效控制或避免污染物排放，综合效益是大于成本的。

他指出，对中国来说，10年前，空气污染来源是以煤炭燃烧为主，现在转换为以机动车排放问题为主。像北京这样的大城市，细颗粒物的浓度很高，臭氧在不断增加。要解决空气污染的问题，不会很容易，也不会很快，必须付出足够的努力去克服，必须有一个很强、很全面的控制项目。

他认为，在标准制定方面，中国最大的问题是环保部目前没有权力制定燃料质量标准。这个是量化排放标准和燃料标准的一个主要因素。美国环保署可以告诉石油公司或炼油公司必须降低硫含量，必须实现无铅化。但是，中国环保部没有法律方面的权力，这是实施更严格排放标准的很大障碍。比如，中国环保部不能要求所有的卡车加上柴油颗粒物捕集器，环保部也不能强迫燃料质量的提高。在中国的"十二五"规划里，有一个氮氧化物综合排放控制的目标，到2015年全国减少10％的氮氧化物排放，会对电厂和很多机动车产生影响。"十二五"规划也有一个碳密度的目标。他指出，对常规污染物的排放标准、燃料质量的提高、机动车的能效以及二氧化碳的排放标准工作需要深入开展。

加快转变发展方式，推进绿色交通运输体系建设

时任交通运输部部长的李盛霖在"2010中国交通发展论坛"上指出：加快推进节能减排，减少温室气体排放，是转变经济发展方式的重要环节。

他要求以加快调整交通结构为主线，通过产业结构优化升级促进结构性节能减排。一是继续加快交通基础设施建设，科学规划，统筹协调，加强基础设

施之间的衔接，充分发挥效率。加强国家高速公路"断头路"、干线公路提级改造、内河航道升级等薄弱环节建设，优化网络功能结构与布局，加速形成基础设施网络，为社会公众提供安全、通畅的交通条件。二是加快发展内河航运，发挥水运节能减排的优势，努力推进综合运输体系发展。实施长江干线船型标准化，开展西江干线船型标准化工作，出台促进老旧运输船舶和单壳油轮报废更新的经济鼓励政策，落实老旧运输船舶和单壳油轮提前淘汰补贴资金。研究实施营运船舶节能减排措施，加速绿色航运建设。三是优化运输组织，推动运力结构调整，促进现代物流业发展。发展先进的运输组织方式，积极推进厢式运输、甩挂运输、滚装运输，促进江海直达运输，加快发展多式联运。四是提倡资源节约、环境友好的出行方式，大力发展公共交通。积极推进实施公交优先战略，提高城市公共交通出行分担率。鼓励使用新能源、节能环保公交车辆，研究新能源汽车推广过程中的运行使用和维护问题，积极引导公众选择公共交通、自行车等绿色出行方式。五是加快邮政业发展，特别是加快推进寄递类业务与工业制造企业和流通领域的结合。支持制造业减少物品周转流程，降低能耗。

他还指出以提高科技创新与进步为核心，加强节能减排科技研发及成果推广应用把提高科技创新与进步水平作为推进节能减排、转变发展方式的中心环节，大力推进资源节约、环境友好型交通运输科技项目的研发与科技成果的转化应用。以建立健全制度体系为保障，推进节能减排统计监测考核体系和法规标准体系建设。加大实施道路运输车辆燃料消耗量限值标准和准入制度的力度，在国家已有的汽车"以旧换新"补贴政策中积极争取加大对重型载货车、大型营运客车及各型公交客车的补贴力度，推动高耗油营运车辆退出运输市场。完善交通固定资产投资项目节能评估与审查制度、环境影响评价制度，加大对评估项目节能措施落实情况的检查力度。加快节能减排认证评估机构建设，推进节能减排的审定与评价工作。大力宣传我国交通运输节能减排的政策、措施、成果和贡献，营造良好的舆论氛围，逐步使节约能源、循环利用资源、保护环境成为全行业的自觉行动。

必须高度重视汽车治污减排

上海汽车研究院史重九研究员在《交通与运输》中也指出我国必须高度重视汽车治污减排。他指出开发新能源是一项复杂的巨型系统工程，在国家近期战略方面，能源环保投资宜进一步加大"走出去"战略的实施强度，但根本性战略是开拓可代替能源渠道，以解决能源危机，同时加大节能环保宣传工作，解决污染和能源问题应从被动变为主动，我国要避免国外曾经的"先污染后治理"的痛苦历程。[1]

清华大学郝吉明院士也指出，发达国家在机动车污染控制方面经过几十年的研究，已经形成了比较完备的评价体系。但我国的机动车污染控制正处于起步阶段，同世界先进水平的差距还较大，治污减排任务还很重，还需要建立合理的机动车排放污染控制规划体系，以迅速、有力地为机动车污染控制管理和决策提供服务，充分利用环境容量和自净能力，尽量以较少的经济投入保证环境的可持续发展。[2]

三、治污减排对我国汽车行业的政策建议

面对我国汽车保有量的逐年快速增加与车用燃油消耗量的激增问题所带来的日益严峻的能源和环境问题，减少燃油消耗，提高车辆效能水平，促进车辆小型化、轻量化发展是保证我国乃至世界汽车行业可持续发展的必由之路。我国汽车行业应从国家政策层面改变私家车使用观念，大力发展公共交通；从技术层面改善汽车本身（改变机动车结构，改变能源利用形式）；从立法层面保障我国汽车行业健康有序发展。具体而言，我国汽车行业治污减排发展的途径主要有：采用汽车节能技术，提高汽车燃油经济性，调整汽车产品结构（推进汽车小型化、轻量化发展），提高交通运输效率。

1. 采用汽车节能技术

目前中国对各个质量或排量分组内的汽车实行单车最高燃料消耗量限值管理，从而促进了相关汽车节能技术的发展，节能技术可以在同样油耗的情况下提高单车功率，同时在相同功率输出的情况下降低燃油消耗。提高燃油发动机的效率是降低油耗和排放量的最直接、最现实、最成熟的手段。

汽油直喷技术代表着传统汽油机的一个发展方向。先进的直喷式汽油发动机采用类似于柴油发动机的供油技术，通过一个活塞泵提供所需的压力，将汽油提供给位于气缸内的电磁喷射器。通过 CPU 控制喷射器将燃料在最恰当的时候直接注入燃烧室。汽油直喷技术可以显著提高混合气的压缩比，采用稀薄燃烧技术，提高油气的雾化和混合效率，大幅度提升发动机的燃烧效率，从而提

---

① 史重九．必须高度重视汽车节能减排．交通与运输，2011（4）：6-8．

② 郝吉明，吴烨，傅立新，等．中国城市机动车排放污染控制规划体系研究．应用气象学报，2002，13（特刊）：195-203．

高动力性能，降低能耗，具有 2％～3％的节能效果。虽然目前的应用较少，但发展速度非常快，治污减排政策也可适当倾斜。

涡轮增压技术有利于提高发动机进气量，从而提高发动机的功率和扭矩。涡轮增压具体可分为机械增压、气波增压、废气涡轮增压、复合增压等。涡轮增压技术可使汽车的节能效果提升 4.2％～4.8％，在节能技术中是非常显著的，因此治污减排政策可以明确指明方向，促进技术发展。

柴油机化的技术条件日益成熟。由于燃料性质和燃烧方式不同，在发动机工作过程中，柴油发动机具有 40％～45％的能力获得率，而汽油发动机只有 30％～33％，这直接导致柴油机相对于汽油机的节能效果明显。柴油乘用车与同等排量的汽油车相比，节能效果达到 30％以上。不过由于主要的大城市还存在限制柴油车使用的政策等制约因素，这使得我国的乘用车柴油化率很低，仅为 0.68％。在我国发展使用先进的柴油车的产业基础良好，柴油车的成本与价格都适中，因此乘用车柴油化是目前成本最低的实现节能环保、治污减排的最有效的形式，我国的柴油乘用车发展潜力巨大。

可变气门技术是一种通过其配备的控制及执行系统，对发动机凸轮的相位进行调节来改变发动机进气门开闭时间或升程，以提高发动机充气效率的技术，可节能 2％～3％；曲轴集成启动发电技术是直接以某种瞬态功率较大的发电机代替传统的启动电机，可节能 8.6％～8.9％，但应用较少，治污减排政策的力度加大也将会使其成为一个重要的发展趋势。自动变速器、低滚阻轮胎、混合动力技术等节能技术都可以减少汽车的能耗和排放量。

2. 提高汽车燃油经济性

提高燃油经济性实际上有两个含义，一个是提高单产燃油经济性，也就是降低汽车的油耗水平，另一个是提高平均燃油经济性，也就是降低汽车的社会平均油耗水平。前一个是针对某一辆汽车而言，后一个是对某一类或者某一范围内的全体汽车而言。提高前者就是上述的技术节能，而提高后者就是汽车产品结构节能。

目前，我国政府正在不断加强推行汽车节能减排方面的政策，其中 2004 年公布了第一个汽车燃油经济性标准《乘用车燃料消耗量限值》，（GB 19578—2004）发改委根据要求披露了没有达到限值要求的车型。但是，燃油经济性标准的制定还只是控制车辆油耗的开始，还没有形成有效的机制来保障标准有效实施。因此，政府应尽快把标准纳入管理体系，加严标准体系，制定相应的财政鼓励与惩罚措施，促使企业研发生产节能型车辆。

与此同时，开征燃油税也是世界各国特别是发达国家普遍采用的政策，是抬升常规能源汽车持续性支出的有力工具，可促进消费者合理消费及企业技术革新。但是恰当的税率是关键，否则会带来相反的效果，刺激汽车保有量的增长，其中有研究指出累进税率对治污减排的作用更大。[①] 燃油税在国外一般被称为汽车燃油税、燃油消费税、汽油税等，属于消费税，是使用费性质的消费税。目前世界上已有超过 130 个国家开展燃油税。由于各国面临的背景不同，其目的和目标也不尽相同，因此各国对汽油燃油税的征收税率也各不相同，美国是 30％，英国是 73％，日本约为 120％，德国约为 260％，法国则高达 300％。然而，各国开征燃油税却遵循着以下共同原则：（1）公路是社会公益设施，不是经营手段。燃油税的实施有助于建立规范、稳定的公路建设和维护资金筹集机制，促进公路事业的发展。（2）合理税负、多用路多交税，体现出公平原则。（3）鼓励技术进步的原则。技术先进、耗油量少的汽车将更受欢迎，有助于推动汽车生产厂家积极采纳节油技术来提高市场竞争力，从而推动汽车的技术进步，进而促进石油的节约利用和保护环境。有研究指出[②]，以超过 30％的税率征收燃油税时将对消费者购车行为产生显著影响；燃油税率超过 40％时，小排量和柴油车将变得更有吸引力。

我国根据不同车种排气量的大小设定了三档税率。对于混合动力车、电动车等替代能源汽车的车辆设定，可以考虑在常规能源车辆税的基础上给予一定幅度的税收减免优惠，实施差别车辆税。[③] 油价上调也可以为汽车行业治污减排带来很好的效果。目前采用的价内征收和单一固定税率的征收政策可进一步改进，采用价外征收、税收差别待遇并针对各种环境目标采用适当的税率税种征收多种燃油税，更好地发挥燃油税的节能减排作用。

3. 调整汽车产品结构，加快老旧汽车报废更新

我国汽车产品的平均油耗明显高于欧美国家的平均水平，其中轿车产品结构中小排量比例小，中大排量比例大，汽车产品结构不利于汽车行业的治污减排工作的实施。

汽车的燃油消耗直接与其重量、体积相关，汽车本身重量对油耗的影响最大。根据工业和信息化部公布的 4 474 辆小型载客汽车的百公里油耗数据可以分

---

① 刘鹏 . 燃油税与节能减排的经济学分析 . 现代管理科学，2010（7）：84-85.

② 国务院发展中心产业经济研究部等 . 中国汽车产业发展报告（2008）. 北京：社会科学文献出版社，2008.

③ 许光清，邹骥，杨宝璐，等 . 控制中国汽车交通燃油消耗和温室气体排放的技术选择与政策体系 . 气候变化研究进展，2009，5（3）：167-173.

析得出，机动车排量与油耗之间的线性正相关关系非常显著。^①在其余条件相同的情况下，大质量、大体积的汽车比小型、轻型汽车消耗的材料与燃油都要多很多。^②世界铝业协会的报告指出，汽车质量每减少10%，可降低油耗6%～8%，排放下降4%。小型化是指发动机排量的小型化。汽车的小型化是以节能技术为支撑，保证车辆的安全性、动力性和舒适性及满足消费者基本要求的前提下，通过小型化实现节能。鼓励车辆排量与车重的小型化是投入最小、见效最快、效果最显著的节能措施。将我国汽车平均排量和平均车重与发达国家相比可知，我国汽车小型化结构节能的潜力还是很大的。我国应通过价格、税收等经济手段，由使用大排量、大重量、高耗能车辆的人群率先承担能源环境成本，付出与享受相当的经济代价，作为环境和资源的补偿。因此，政府相关部门可以出台更多优惠政策，加大宣传力度，鼓励民众使用小型化、轻型化汽车，特别是具有自主知识产权的品牌小型汽车。小排量车型制造企业应依托自身优势，并致力于汽车技术含量、安全性能的提高，充分利用社会舆论，重塑消费者的消费观念。

与此同时，我国可大力调整汽车产品结构，大力发展混合动力、天然气发动机及纯电动汽车等新型替代能源汽车。选择燃油经济性指标更好的汽车来使用，改变燃料形式，实现可持续发展。相关研究显示，如果采用燃气等新能源作为汽车燃料，一氧化碳排放量减少90%以上，碳氢化合物减少70%，二氧化氮减少30%，二氧化碳减少20%，噪音下降40%，几乎不排放铅、氯、苯等有毒有害物质，对人体的危害程度将大大降低。我国为了推广新能源汽车制定了一系列法律规范，然而，2007年国家颁布的《新能源汽车生产准入管理规则》只对新能源汽车的生产做出了规范，要真正推广新能源汽车还必须有地方政府政策的配合和扶持。目前，新能源汽车一次性购置成本高于传统汽车，汽车企业生产与消费者购买新能源汽车缺乏动力，因此，国际上许多国家都制定了一些鼓励新能源汽车消费的产业政策。参照欧洲、美国、日本对混合动力汽车发展的扶持，现阶段，我国应在经济及政策上对企业进行大力扶持，支持新能源汽车研发项目，在企业项目申报审批、税收、开发费用等方面给予相应支持，如开通项目申报绿色通道，对研发费用免税并给予补贴等。政府强制采购新能源汽车也有助于扶持节能厂商发展和促进节能产品推广。此外，在购置和使用上给予用户购置差价补贴和减免购置税、养路费、路桥费等优惠，同时，应加

① 蔡博峰.国际机动车碳税对我国的启示.环境经济，2011（1-2）：66-71.
② 马鸣图，易红亮，路洪洲，等.论汽车轻量化.中国工程科学，2009（9）：20-27.

快公共配套设施包括充电站网络、车辆维修服务网络、多种形式的电池营销、服务网络等的建设，以促进新能源汽车的广泛使用，尽早实现新能源汽车的产业化。

积极引导公交车、出租车率先使用新能源。公交车和出租车的尾气至少是同类社会车辆的 2～4 倍，是城市汽车尾气排放的主要污染源，因此，必须加强对公交车、出租车的尾气排放控制。除了加快步伐推进公交车及出租车使用清洁能源外，我国还可以借鉴美国《清洁空气法》（1990 年修正案）对城市公共汽车的废气排放规定，尝试针对公共汽车尾气排放标准做出补充规定，实行更为严格的排放标准，强制淘汰污染严重的公交车。通过税费减免、财政补贴等方式，鼓励公交车及出租车选用节能环保车。

我国汽车报废资源的回收再利用，不仅是区域节能减排、发展循环经济和构建资源节约型、环境友好型社会的重要方面，而且是拓展我国汽车产业链的重要内容。借鉴发达国家（美国、德国、法国、日本）汽车回收业的发展趋势[1]，可对我国汽车回收提出一些建议：

让汽车生产商成为报废汽车回收、利用、汇总的关键责任方。美国、日本及欧洲国家在报废汽车处理方面的成功经验表明，汽车生产企业通过直接参与可回收性技术开发、易拆解性技术开发、环保材料代替技术开发等，可在源头上提高报废汽车的回收利用水平。让汽车生产商成为报废汽车回收利用中的关键责任方，使得其在汽车设计、生产等环节就要考虑产品的可回收性、易拆解性、可循环利用性等，在保证汽车应用的功能、使用寿命、质量等要求的前提下，满足环境目标，减少环境污染。通过技术的引进与创新，不仅提高资源的回收利用率，还有利于企业树立绿色品牌。

进一步完善汽车产品回收标准。目前我国已经出台了一系列汽车产品回收标准，制定了回收率、利用率等指标的阶段性目标，对产品设计中的有害物质的使用进行了量化规定，并明确某些危险物质的禁用及其期限。对于提前达到国家规定的可回收利用率的企业，以及引进专用处理技术及设备并进行国产化开发或者自主开发回收利用技术及设备的企业，要给予必要的优惠政策，以鼓励企业提高汽车产品的回收利用率，主动使用再生材料。同时，对于企业来说，鉴于国外相关法规的颁布实施，像大众、通用、丰田等同时走对外出口战略的汽车企业，更是要研究目标市场国的相关法规，做好准备，因为满足市场准入法规要求是产品出口的前提。

---

① 李江涛，朱名宏．中国广州汽车产业发展报告（2009）．北京：社会科学文献出版社，2010.

规范报废汽车处理过程中的各项操作流程。报废汽车及其零部件在回收过程中存在着对环境的污染问题，比如铅、铬、汞等，如果处理不当会对环境造成污染，所以在报废汽车处理过程中应规范各项操作流程，完善报废汽车回收管理制度。

鼓励汽车产品回收技术的研究。目前，我国对汽车回收技术的研发还处于初级阶段，与国外的产品回收技术水平还存在较大差距，回收成本比较高，因此政策应鼓励开展汽车产品回收技术研究，如鼓励汽车行业相关企业进入报废汽车拆解破碎行业、环保材料替代行业，积极引导产学研结合，加快相关技术研发。一方面汽车回收企业要积极引进先进技术设备；另一方面要结合实际情况研究适合我国的报废汽车回收利用技术，以促进经济、资源、环境的协调发展。

4. 提高城市交通运输效率，引导市民树立绿色环保消费观

环境保护治污减排工作的推进需要全社会的广泛支持，要积极引导市民树立绿色环保型汽车消费观与公共交通消费观，大力鼓励绿色环保型汽车消费。借助新闻媒体的舆论导向平台，大力宣传绿色环保型汽车在能耗、环保、经济性等方面的优点，鼓励消费者优先购买绿色环保型汽车。政府采购应优先考虑环保型汽车，利用示范效应，引导市民改变汽车消费观念，摒弃攀比、炫耀等消费心理，努力营造建设资源节能型社会的良好氛围。通过不同车型停车场差别收费等经济杠杆的调节，引导居民形成更为健康、合理的汽车消费观。通过税收优惠、经济补贴等方式，鼓励消费者购买绿色环保型汽车，逐步淘汰汽车尾气排放不达标的车辆，减少汽车对环境的污染。同时，应完善环境监测配套设施建设，提高环境监测技术水平，进一步加强对机动车排放污染物的控制管理力度。适当建立机动车污染自动监测系统、交通道路空气质量自动监测站等系统，为高排放、高污染的汽车限制区域行驶措施的环境效益评估提供技术支撑。全国在更大的、有条件的区域配备先进的监测设备，进一步加强对机动车排放污染物的控制管理力度，建立管理系统数据库，为深化机动车污染控制工作提供决策性依据。

与此同时，我国铁路、水运和管道运输的能源消耗占道路运输与民航运输的比例很小，国家相关部门应鼓励和推进资源节约型运输方式的快速发展，大力发展公共交通（铁路、水运），优化公共交通体系。但限行具有微弱的环境效益，经济损失远远大于获得的环境效益，不易提倡。城市应该确立公共交通的优先地位，通过科学规划和建设，增加公共交通的路线网密度和站点覆盖面积，优化运行结构和公共交通体系，提高服务质量，限制汽车保有量的过快增长，又满足大多数消费者的用车需求。

加强城市交通换乘枢纽建设，提高运输效率，逐步完善道路系统，缓解交通拥堵，提高现有汽车的利用率，提高居民公共出行的利用率，抑制私家车对城市交通资源的过度使用，限制新入户的汽车，抑制新增车辆，形成结构合理、高效快捷的公共交通系统，与城市规模和经济发展相适应。

第二节 治污减排对电力等行业发展的影响研究与政策建议

一、研究背景

经济的迅速发展与环境保护和资源急剧消耗之间的矛盾一直备受人们的关注，二者之间究竟有怎样的关系也一直备受争议。早在 20 世纪 70 年代初期，罗马俱乐部就提出了"增长极限说"（Meadows et al.，1972），认为经济增长受不可再生且存量有限的自然资源的制约而不可长期持续。而我国也早在"十一五"规划中就明确指出，要建设资源节约型、环境友好型社会，必须加大环境保护力度，强化资源管理。经济的不断发展，导致自然资源的大量消耗和工业污染物的排放增加；反过来，资源的可耗竭性和环境的恶化也制约了经济的可持续增长。

许多研究发现环境污染在经济增长的早期阶段会首先随着人均收入水平的提高而加重，在达到一定的峰值之后会再随着人均收入增加而减轻，这种"先升后降"的曲线关系与库兹涅茨发现的收入分配不平等关系具有相似性，因而被称为环境库兹涅茨曲线（EKC）。印度的 Soumyananda Dinda 提供了 EKC 的文献、历史背景、政策及概念和方法的概述，回顾了 EKC 实证研究处理的一些理论进展，并提出 EKC 可能体现在从清洁农业生产到污染工业经济、再到清洁服务经济的发展过程中，还可能体现在人们有较高收入时更愿意为改善环境质量投资。

我国关于环境状况与经济发展之间作用关系的研究有很多，主要分为双向关系研究和单向关系研究。对于双向关系研究，宋涛等基于环境—经济的简单理论模型，利用跨期消费选择问题最优化求解和稳态方法分析了环境污染与经济增长之间的长期关系和短期关系，为环境污染与经济增长之间长期和短期关系的经验研究提供了理论依据和技术支持；他们又克服了传统的环境库兹涅茨曲线研究存在的模型描述关系问题上的不足，采用 Weibull 函数和 Gamma 函数形式的面板数据模型对中国 29 个省市 1989—2005 年四种环境污染指标人均排放量与人均收入之间的关系进行研究；刘金全等人对我国 29 个省市 1989—2007 年废水、固体废弃物和废气三种环境污染人均指标与人均收入数据进行建模，分析了我国环境污染与经济增长之间的关系。

对于单向关系研究，吴鹏举等人基于东莞市环境指标对经济环境数据进行拟合，并得出污染指标变化是由经济增长、经济结构变化所驱动的结论；蒋洪强等人构建环境经济投入产出模型，针对淘汰落后产能对经济发展的影响进行实证分析和研究，定量计算了 2006—2007 年间淘汰落后产能对于经济社会发展的贡献度和影响；吴玉萍等选取北京市连续 15 年的经济环境数据，通过分析经济因子与环境因子相互关系建立计量模型；宿永铮和王翠花分别基于镇江市和江苏省现状，对于节能减排和产业结构对经济发展的影响进行研究。上述文献多基于省级面板数据的一项或几项环境指标来研究节能减排、产业结构优化对于经济发展的影响，并进行计量分析和模型研究，很少着眼于某单一行业，分析环境污染对经济增长的影响。因此，本节从工业的个别行业入手，探讨该行业治污减排状况与经济发展之间的关系。

众所周知，二氧化硫的排放治理是我国废气治理情况的代表性指标，而在所有汇总的工业行业中，电力煤气及水生产供应业的二氧化硫排放量最大，占我国二氧化硫排放总量的 55％左右，其废水排放和固体废弃物排放也比较严重。因此，本节选择了电力煤气及水生产供应业这一工业废气排放的重头行业，从时间序列维度实证考察该行业治污减排状况对经济增长的影响作用。

二、变量选取与数据来源

本节选择电力煤气及水生产供应业 1995—2009 年期间的三项经济指标和四大类共十一项环境污染指标进行研究，以企业单位数、工业总产值和工业增加值作为经济增长的衡量指标。

现有电力煤气及水生产供应业的工业总产值数据最早可追溯到 1989 年，但考虑到 1995 年工业普查对工业总产值计算方法做了修订，即从 1995 年开始按新修订（新规定）方法计算工业总产值，本节将时间序列的起始点确定为 1995年。此外，电力煤气及水生产供应业的工业增加值反映了该行业对国内生产总值的贡献。

采用环境污染物排放量指标来度量环境污染的程度及环境质量，污染物排放量指标可分为四大类：工业废水指标、工业固体废物指标、工业废气指标和"三废"综合利用产品产值。其中，废水污染分析中着重分析该行业工业废水排放总量、废水排放达标量和达标率；废气污染分析中主要包括工业废气排放量及工业二氧化硫排放量、去除量、去除率和工业烟尘排放量；固体废物分析中包括工业固体废物产生量和综合利用量两个指标。本节所获取的污染物排放量指标包括四大类指标（见表7-1），由于获取数据有限和指标定义的变动，表中各指标均为1995—2009年数据，数据来源为各年的《中国统计年鉴》，其中工业总产值2004年的数据缺失，可能对于检验结果有微小影响。

表7-1　　　　　　　　各类污染物排放量指标、单位及符号表示

		污染物排放量指标	单位	本节采用符号
经济发展指标	1	企业单位个数	个	$firm$
	2	工业总产值	万元	$industry\_total$
	3	工业增加值	万元	$industry\_add$
工业废水指标	4	工业废水排放总量	万吨	$water\_out$
	5	工业废水排放达标量	万吨	$water\_level$
	6	工业废水排放达标率	%	$water\_rate$
工业废气指标	7	工业废气排放量	亿标立方米	gas
	8	工业二氧化硫排放量	万吨	SO_2_pro
	9	工业二氧化硫去除量	万吨	SO_2_dis
	10	工业二氧化硫去除率	%	SO_2_rate
	11	工业烟尘排放量	万吨	$smoke$
工业固体废物指标	12	工业固体废物产生量	万吨	$solid\_pro$
	13	工业固体废物综合利用量	万吨	$solid\_use$
"三废"综合利用产品产值	14	"三废"综合利用产品产值	万元	$value$

三、经济增长与环境污染的因果关系检验

时间序列数据可能存在非平稳性，因此首先需要进行平稳性检验。本节采取ADF单位根检验的方法对1995—2009年工业总产值和"三废"指标的时间序列数据分别进行平稳性检验，再对满足平稳性条件的时间序列数据进行格兰杰检验。

1. 单位根检验

在对时间序列数据进行格兰杰因果检验之前，首先必须进行平稳性检验，

以避免伪回归现象的出现。本节用增广的 ADF 检验来进行单位根检验。

在 ADF 检验中，单位根检验的回归方程为：

$$模型\,1：\Delta x_t = \delta x_{t-1} + \sum_{i=1}^{m} \beta_i \Delta x_{t-i} + \varepsilon_t$$

$$模型\,2：\Delta x_t = \alpha + \delta x_{t-1} + \sum_{i=1}^{m} \beta_i \Delta x_{t-i} + \varepsilon_t$$

$$模型\,3：\Delta x_t = \alpha + \beta t + \delta x_{t-1} + \sum_{i=1}^{m} \beta_i \Delta x_{t-i} + \varepsilon_t$$

模型 3 中的 t 是时间变量，代表了时间序列随时间变化的某种趋势。虚拟假设都是 $\delta = 0$，即存在一个单位根。模型 1 与另外两个模型的差别在于是否包含有常数项和趋势项。

实际检验时从模型 3 开始，然后是模型 2、模型 1。何时检验拒绝零假设，即原序列不存在单位根，为平稳序列，何时停止检验。否则，就要继续检验，直到检验完模型 1 为止。检验原理与 DF 检验相同，只是对模型 1、2、3 进行检验时，有各自相应的临界值表。

一个简单的检验是同时估计出上述三个模型的适当形式，然后通过 ADF 临界值表检验零假设：$\delta = 0$。只要其中有一个模型的检验结果拒绝了零假设，就可以认为时间序列是平稳的。当三个模型的检验结果都不能拒绝零假设时，则认为时间序列是非平稳的。

这里所谓的模型的适当形式就是在每个模型中选取适当的滞后差分项，以使模型的残差项是一个白噪声。检验结果如表 7-2 所示。

表 7-2　　　　　　　　ADF 单位根检验结果

指标类别	指标名称	变量	检验形式 (C, T, K)	ADF 检验统计量	5%临界值	检验结果
经济发展指标	企业单位个数	$firm$	(C, N, 3)	−0.319 746	−3.098 896	一阶差分平稳序列
		$\Delta firm$	(C, N, 0)	−4.924 823	−3.828 975	
	工业总产值	$industry\_total$	(C, T, 2)	1.402 724	−4.246 503	二阶差分平稳序列
		$\Delta industry\_total$	(C, N, 2)	−0.935 183	−3.212 696	
		$\Delta^2 industry\_total$	(C, N, 0)	−3.923 524	−3.320 969	
	工业增加值	$industry\_add$	(C, T, 2)	−6.885 633	−4.773 194	平稳序列

续前表

指标类别	指标名称	变量	检验形式 (C，T，K)	ADF 检验统计量	5%临界值	检验结果
工业废水指标	工业废水排放量	$water\_out$	(C，N，3)	−2.757 003	−3.175 352	二阶差分平稳序列
		$\Delta water\_out$	(C，N，3)	−2.757 003	−3.175 352	
		$\Delta^2 water\_out$	(C，T，2)	−5.633 013	−3.875 302	
	工业废水排放达标量	$water\_level$	(C，N，0)	−1.589 514	−3.098 896	二阶差分平稳序列
		$\Delta water\_level$	(C，N，2)	−3.072 083	−3.119 910	
		$\Delta^2 water\_level$	(C，T，0)	−4.631 204	−3.875 302	
	工业废水排放达标率	$water\_rate$	(C，N，0)	−2.322 782	−3.098 896	二阶差分平稳序列
		$\Delta water\_rate$	(C，N，0)	−2.841 607	−3.119 910	
		$\Delta^2 water\_rate$	(C，T，1)	−5.153 881	−3.875 302	
工业废气指标	工业废气排放量	gas	(C，T，2)	−1.795 985	−3.791 172	二阶差分平稳序列
		Δgas	(C，N，0)	−2.887 495	−3.119 910	
		$\Delta^2 gas$	(C，N，0)	−4.905 459	−3.875 302	
	工业二氧化硫排放量	SO_2_pro	(C，T，2)	−2.367 714	−3.828 975	二阶差分平稳序列
		ΔSO_2_pro	(C，N，2)	−2.101 159	−3.212 696	
		$\Delta^2 SO_2\_pro$	(C，N，0)	−3.258 339	−3.144 920	
	工业二氧化硫去除量	SO_2_dis	(C，T，0)	2.176 684	−3.791 172	二阶差分平稳序列
		ΔSO_2_dis	(C，N，1)	−2.189 751	−3.828 975	
		$\Delta^2 SO_2\_dis$	(C，N，0)	−5.436 472	−3.875 302	
	工业二氧化硫去除率	SO_2_rate	(C，T，3)	−6.752 391	−3.933 364	平稳序列
		$smoke$	(C，N，2)	−1.494 599	−3.119 910	
		$\Delta smoke$	(C，N，2)	−2.329 904	−3.119 910	
	工业烟尘排放量	$\Delta^2 smoke$	(C，T，1)	−4.211 538	−3.875 302	二阶差分平稳序列
工业固体废物指标	工业固体废物产生量	$solid\_pro$	(C，N，3)	3.180 569	−3.098 896	一阶差分平稳序列
		$\Delta solid\_pro$	(C，T，1)	−5.460 598	−3.875 302	
	工业固体废物综合利用量	$solid\_use$	(C，N，0)	4.482 312	−3.098 896	二阶差分平稳序列
		$\Delta solid\_use$	(C，N，1)	−1.657 103	−3.119 910	
		$\Delta^2 solid\_use$	(C，N，0)	−5.735 322	−3.875 302	
"三废"综合利用产品产值		$value$	(C，N，0)	2.079 245	−3.144 920	一阶差分平稳序列
		$\Delta value$	(C，T，1)	−4.491 983	−4.008 157	

注：检验形式（C，T，K）分别表示单位根检验方程包括常数项、时间趋势和滞后阶数，N 是指不包括 C 和 T，加入滞后项是为了使残差项为白噪声，最优滞后项阶数由 AIC 准则确定，Δ 表示一阶差分算子，Δ^2表示二阶差分算子。

由表 7-2 可见，选取的衡量电力煤气及水生产供应业经济发展状况的三项指标中，企业单位个数指标为一阶差分平稳序列，工业总产值指标为二阶差分平稳序列，而工业增加值指标为平稳序列；而衡量工业废水排放的三项指标，即工业废水排放量、工业废水排放达标量、达标率均为二阶差分平稳序列；衡量工业废气的五项指标中，除了工业二氧化硫去除率为平稳序列外，其他四项指标都为二阶差分平稳序列；衡量工业固体废物指标的工业固体废物产生量为一阶差分平稳序列，工业固体废物综合利用量为二阶差分平稳序列；最后的"三废"综合利用产品产值为一阶差分平稳序列。

根据已有经验预测，电力煤气及水生产供应业的废气排放与该行业的经济发展状况有着密切关系。但是否具有严格的格兰杰因果关系，还需要进一步分析。

2. 格兰杰因果关系检验

格兰杰检验的前提条件是数据为同阶平稳序列，只有经过单位根检验，证明时间序列是平稳过程后，才能进行格兰杰因果检验。本节选择工业总产值指标作为衡量经济发展的指标，分别与"三废"指标中二阶差分平稳的八项具体"三废"指标序列进行格兰杰检验。

设两个平稳时间序列 $\{x_t\}$ 和 $\{y_t\}$，建立 y_t 关于 y 和 x 的滞后模型：

$$y_t = c + \sum_{i=1}^{n} \alpha_i \cdot y_{t-i} + \sum_{i=1}^{n} \beta_i \cdot x_{t-i}$$

其中，c 表示常数项，滞后期 n 的选择是任意的。检验 x 的变化不是 y 变化的原因相当于对统计原假设 H_0：$\beta_1 = \beta_2 = \cdots = \beta_n = 0$ 进行 F 检验。若在选定的显著性水平（α）上 F 检验值超过临界 F_α 值，则拒绝上述零假设，说明 x 的变化是 y 变化的格兰杰原因；否则接受原假设，说明 x 不是 y 变化的格兰杰原因。

检验结果如表 7-3 和表 7-4 所示。

表 7-3 的检验结果表明，在 5% 的显著性水平上，电力煤气及水生产供应业的工业总产值不是引起该行业工业废水排放量、排放达标量、排放达标率，工业废气排放量和工业烟尘排放量变动的格兰杰原因，而是工业二氧化硫排放量、工业二氧化硫去除量和工业固体废物综合利用量波动的格兰杰原因。在宏观经济波动中，工业总产值在滞后 1 期内对工业二氧化硫排放量的波动影响并不明显，到滞后 2 期时影响明显增强，对工业二氧化硫去除量和工业固体废物综合利用量的滞后影响与对工业二氧化硫排放量的影响相似。

表 7-4 的检验结果表明，在前文选择的众多指标中，只有工业二氧化硫排放量和工业烟尘排放量是工业总产值变动的格兰杰原因，其余指标均不是工业总产值变动的格兰杰原因，这既与该行业工业二氧化硫排放量与工业总产值变动有紧密联系这一常识相符，又与通常意识中工业二氧化硫去除率是工业总产值变动的格兰杰原

因的猜想有出入。工业二氧化硫排放量和工业烟尘排放量在滞后期为1时对工业总产值的影响并不明显，直到滞后2期才对工业总产值的变动有十分明显的影响。

表7-3　　　　　　　　　　　　格兰杰因果检验结果（一）

变量	原假设	滞后期	F值	P值	结论
废水	工业总产值→工业废水排放量	1	0.066 54	0.806 72	拒绝
		2	0.174 33	0.861 09	
	工业总产值→工业废水排放达标量	1	0.225 49	0.654 91	拒绝
		2	2.265 60	0.425 20	
	工业总产值→工业废水排放达标率	1	0.001 00	0.975 99	拒绝
		2	0.316 18	0.782 69	
废气	工业总产值→工业废气排放量	1	0.429 99	0.547 79	拒绝
	工业总产值→工业二氧化硫排放量	1	0.132 52	0.730 72	拒绝
		2	46.757 9	0.102 86	不拒绝
	工业总产值→工业二氧化硫去除量	1	0.033 15	0.862 67	拒绝
		2	35.025 9	0.118 63	不拒绝
	工业总产值→工业烟尘排放量	1	1.151 56	0.332 26	拒绝
		2	0.246 29	0.818 53	
废物	工业总产值→工业固体废物综合利用量	1	0.007 05	0.936 34	拒绝
		2	32.541 1	0.123 01	不拒绝

表7-4　　　　　　　　　　　　格兰杰因果检验结果（二）

变量	原假设	滞后期	F值	P值	结论
废水	工业废水排放量→工业总产值	1	0.667 40	0.451 12	拒绝
		2	0.186 45	0.853 46	
	工业废水排放达标量→工业总产值	1	0.347 94	0.580 93	拒绝
		2	0.481 32	0.713 81	
	工业废水排放达标率→工业总产值	1	0.508 38	0.507 73	拒绝
		2	0.325 68	0.778 18	
废气	工业废气排放量→工业总产值	1	0.908 78	0.394 42	拒绝
	工业二氧化硫排放量→工业总产值	1	0.222 54	0.656 98	拒绝
		2	5.203 67	0.296 08	不拒绝
	工业二氧化硫去除量→工业总产值	1	0.862 55	0.395 65	拒绝
		2	0.066 08	0.939 83	
	工业烟尘排放量→工业总产值	1	0.610 21	0.470 06	拒绝
		2	16.743 2	0.170 28	不拒绝
废物	工业固体废物综合利用量→工业总产值	1	0.079 06	0.789 84	拒绝
		2	1.485 44	0.501 83	

注：变量 $A→B$ 意为 A 是 B 的格兰杰原因。

由上述格兰杰因果检验可得出结论：在 5% 的显著性水平上，当滞后期数为 2 时，电力煤气及水生产供应业工业总产值是该行业工业二氧化硫排放量、工业二氧化硫去除量和工业固体废物综合利用量的格兰杰原因，而不是其他指标变化的格兰杰原因；反之，该行业在滞后期为 2 时，工业二氧化硫排放量和工业烟尘排放量是工业总产值变动的格兰杰原因，其他指标均不是工业总产值变动的格兰杰原因。

四、总结

本节从电力煤气及水生产供应业这一废气排放的重点行业入手，通过该行业"三废"指标的各项数据衡量该行业造成的环境污染，用工业总产值、工业增加值等指标衡量该行业的发展状况，来进一步分析该行业治污减排状况对该行业的经济发展造成的影响。

根据以上的检验分析结果可以认为：单从电力煤气及水生产供应业这一废气排放的重头行业来看，该行业的经济增长与环境污染之间存在密切的联系，其中在滞后期为 2 且显著性水平为 5% 时，工业二氧化硫排放量与工业总产值互为格兰杰原因，此外，工业烟尘排放量是工业总产值的单向格兰杰原因。反过来，该行业工业总产值是导致污染物排放特别是工业二氧化硫排放量、去除量及工业固体废物综合利用量变化的重要原因。至于"三废"指标对于工业总产值影响的量化衡量，还需要进一步的建模和研究分析。

第三节　治污减排对钢铁行业发展的影响研究与政策建议

一、治污减排对我国钢铁行业的影响

1. 治污减排促进钢铁行业完成区域布局调整

作为传统重工业我国钢铁业在发展过程中所伴随的污染问题广受诟病。不过，这一现象正随着国家加大环境保护的重视程度和投入力度而有所改变。在一波又一波的环保政策冲击下，钢铁企业开始在环保的"阵痛"中实现转型。节能减排对未来钢铁行业将会起到推动结构转型的重要作用，不仅是规模上的转型，也是出口方式和生产技术上的转型。[1]

---

[1]　余萍．环保政策推动钢铁企业转型．中国证券报，2011－06－15.

2010 年末，首钢北京石景山钢铁主流程全面停产，首钢也因此成为我国钢铁业中首家整体转移至沿海地区发展的特大企业。转型后的首钢计划在北京地区发展高端金属材料、高端装备制造、汽车零部件、生产性服务企业、文化创意产业，发展总部经济，从而实现全面转型。

无独有偶，2010 年重庆钢铁根据淘汰落后产能、实施环保搬迁的要求，也关停了位于重庆市大渡口区的生产线。公司计划在淘汰 45 孔焦炉、42 孔焦炉、102 平方米烧结机、650 中型轧机等落后产能后，在重庆市长寿区江南镇的新区内形成 650 万吨/年的产能规模。①

根据业内统计，我国有 46 家钢铁企业分布在省会和大中型城市。这种特殊的地理位置不仅限制了钢铁企业自身的发展，也给城市环境带来了巨大压力。钢铁企业生产过程中排放的粉尘、烟尘和 SO_2 直接影响了城市居民的生活质量。显然，在大力倡导节能环保的当下，钢铁企业的环保搬迁已然箭在弦上。首钢和重庆钢铁的城市钢厂搬迁模式，对我国钢铁产业布局调整都将起到一定的借鉴作用。

2. 治污减排促进钢铁行业完成产品结构转型

事实上，钢铁业的转型不仅体现在地理位置的迁移上，搬迁后钢铁企业的生产线也在向高端化发展。长期以来，我国钢铁业集中于低端化的生产模式，虽然有利可图，但也造成大量污染物伴生。环保搬迁则为钢铁企业技术改造提供了绝佳时机，作为首钢搬迁重要载体的首钢京唐钢铁厂已建成为节约型的环保钢厂。新钢厂对废水、含铁物质和固体废弃物进行充分循环利用，基本实现了零排放。重庆钢铁在计划关停老区生产线的同时，新建 4 100 毫米宽厚板生产线和 1 780 毫米热轧板带生产线，搬迁改造大渡口老区 2 700 毫米中厚板生产线，建成板带材精品基地。就此来看，尽管由于搬迁停产，钢铁企业的当期营业收入出现大幅下滑，但在环保"阵痛"过后，新厂区无论是在产量产能还是环保标准上，都较老厂区有了质的飞跃。

纵观钢铁业多年发展，行业已逐步从简单的扩大产能向形成技术差异、增加产品附加值、加强环保治理的方向迈进。尤其是面对较低的行业毛利率水平，钢铁企业更需要通过差异化竞争、提高产品和服务的核心竞争力等角度来"突出重围"。同时，在环保调控下，一批落后钢铁企业也将逐步被市场淘汰。显然，做好环保"功课"，将为钢铁企业未来发展打下坚实的基石。

---

① 穆岩. 基于区域经济发展的京津唐产业结构调整研究. 北京：北京交通大学博士学位论文，2007.

二、治污减排对我国钢铁行业产业集中度的影响

我国钢铁行业产业集中度一直处于比较低的水平，在近年来甚至有降低的趋势，与世界主要钢铁强国比，产业集中度明显低于其他国家。

从表7-5中可以看出，其他6个产钢国中集中度最低的美国，其CR4值也将近是中国的4倍。而在与同为新兴工业体的印度、巴西等国比较以后还可以发现，我国钢铁产业的集中度水平在同一相对落后的发展中国家中，也是处于一个相对较低的水平。在现阶段的钢铁强国中，高产业集中度现象可以说是十分明显的。①

表7-5   2004年主要国家钢铁工业的集中度

国家	巴西	韩国	日本	印度	美国	俄罗斯	中国
CR 4	99.0	88.3	73.2	67.7	61.1	69.2	15.7

注：CR4为衡量集中度的指标，指最大的4家企业的产出占行业总产出的百分比。
资料来源：叶琪. 对实现我国钢铁行业规模经济的思考. 南方金属，2006（3）：1-4.

2000年，中国前10位钢铁企业钢产量占总量的50%。按《冶金工业"十五"规划》要求，2005年提高到80%以上。实际上，中国钢铁产业2002年和2003年前10家钢铁企业钢产量占全国产量的比重分别为42%和37%，产业集中度明显降低。截至2006年末，钢铁行业共有企业6 686家，企业规模小而分散。粗钢产量最高的前4家企业占全国产量的比重仅为18.5%；而日本达75%以上，欧盟为72%以上，美国为61%。2005年7月颁布的《钢铁产业发展政策》提出，要通过产业布局调整提高产业集中度。但统计表明，我国钢铁业集中度不断下降，2007年1—4月份最低点为31%。截至2007年前8月，产量前10名的钢铁集团合计产钢量占全国产量的比例仍然只有34%。2009年中国钢铁产业的集中度再次下降。上半年年产钢500万吨以上的21家大企业产钢量占总产钢量的50.54%，比上年同期下降了2.05%。上半年年产钢100万吨的大中型企业产量增长为14.52%，比全行业增长低4.34个百分点；而上半年地方中小企业的钢产量却增加36.8%，比全行业增长高17.89个百分点。由此可见，民营企业钢材生产的增量要比重点国有钢铁企业多，增长速度也明显快于国有钢铁企业，这导致产业集中度不升反降。2010年前5家钢铁企业粗钢产量占全国产量的比重为32.77%，比2009年高4.17%；前10家钢铁企业比重调整为49.48%，比2009年高6.3%；前15家钢铁企业比重调整为58.2%，比2009年

---

① 吴爱东，王琳琳. 产业集中度视角看中国钢铁产业转型. 时代经贸，2011（1）.

高 7%。前 5 名、前 10 名、前 15 名的集中度指标增量均超过 4%，增量超过之前几年。

中国钢铁业产业集中度处于较低的水平，不利于成本的降低、技术和设备的改造和更新；不利于国家宏观调控作用的发挥，比如对进出口的调控；不利于中国钢铁企业的国际竞争力和话语权的提升。

我国钢铁行业产业集中度不高，从 2005 年国家制定钢铁产业政策时就已经意识到这一点。2005 年出台的《钢铁产业发展政策》明确规定：要通过钢铁产业结构调整，实施兼并、重组，扩大具有比较优势的骨干企业集团规模，提高产业集中度。提出"到 2010 年，钢铁冶炼企业数量较大幅度减少，国内排名前 10 位的钢铁企业集团钢产量占全国产量的比例达到 50% 以上，2020 年达到 70% 以上"。还规定："到 2010 年，形成两个 3 000 万吨级，若干个千万吨级的具有国际竞争力的特大型企业集团"。这说明国家已经把提高钢铁产业集中度当作重要的事情来抓。

现在中国钢铁产业的重组已初见端倪，几个典型的标志性事件是东北的两大钢厂鞍山钢铁和本溪钢铁实现合并，河北的唐钢、承钢、宣钢合并重组为新唐钢集团，首钢和唐钢的跨区域合作在曹妃甸成立新钢铁公司，武钢合并柳钢、控股昆钢，宝钢与邯钢合作建设新板材生产厂区、控股八一钢铁、参股包钢等。

2010 年 6 月，国务院办公厅发布了《关于进一步加大节能减排力度和加快钢铁工业结构调整的若干意见》（以下简称《意见》）。《意见》中重点提出几点：坚决抑制钢铁产能过快增长，进一步强化节能减排，加快钢铁企业兼并重组。《意见》把加大节能减排力度和加快钢铁工业结构调整放到了同样重要的位置，指出二者应该互相促进、互相推动，一方面减轻钢铁行业的环保压力，另一方面提高我国钢铁行业的产业集中度，提高钢铁企业的国际竞争力。

《意见》中提到，要大力推进钢铁工业节能减排。实现钢铁工业节能减排要将控制总量、淘汰落后、技术改造结合起来。而关于兼并重组的意见更是明确指出，支持优势大型钢铁企业集团开展跨地区、跨所有制兼并重组，鼓励各省、自治区、直辖市人民政府继续推动本地区钢铁企业的兼并重组，进一步提高我国钢铁产业集中度，培育形成 3~5 家具有较强国际竞争力、6~7 家具有较强实力的特大型钢铁企业集团。力争到 2015 年，国内排名前 10 位的钢铁企业集团钢产量占全国产量的比例从 2009 年的 44% 提高到 60% 以上。[①]

在这样的政策作用下，2010 年大型钢铁企业钢产量增速 5 年来首次超过中

---

① 李拥军，杜力辉，高学东. 对中国钢铁工业产业逆集中化现象的剖析. 经济纵横，2006 (9)：24－26.

小钢企。中小型钢铁企业粗钢产量增加幅度减小，既与钢材市场供过于求、中小型钢铁企业产品竞争力相对较弱有关，又与 2010 年下半年国家关于钢铁行业加大淘汰落后产能力度的政策相关。落后产能的淘汰也对治污减排的指标完成做出了很大的贡献。随着产业集中度的提高，在取得规模优势的同时，高端产品的比例也将提高，企业的竞争力也将得到提高。另外，提高产业集中度的同时，也便于治污减排的规模治理。

三、环保技术及装备帮助钢铁企业降低成本

目前环保技术及装备主要包含锅炉窑炉、电机及拖动设备、余热余压利用装备、节能监测技术和装备等。在这些技术及设备中，烧结余热发电技术对于钢铁行业节能减排有着十分重要的意义。所谓烧结，是指钢铁企业将各种含铁粉状原料转变成为块状致密体的化学物理过程。在钢铁企业中，烧结工序能耗仅次于炼铁工序，占总能耗的约 10%。

资料显示，中国钢铁企业烧结工序的能耗指标与先进国家相比差距较大，每吨烧结矿的平均能耗要高 20 千克标准煤——按中国年产钢 5.65 亿吨粗略计算，中国每年因此多耗费的能源接近 1 000 万吨标准煤，节能潜力巨大。

工信部发布的《钢铁企业烧结余热发电技术推广实施方案》中提到，中国将用 3 年时间，即 2010—2012 年，计划在全国 37 家重点钢铁企业，对 82 台烧结机推广实施烧结余热发电技术。这意味着全国钢铁行业约 20% 的企业将推广这一技术，并在全行业形成 157.5 万吨标煤的节能能力。我国钢铁行业将大规模采取烧结余热发电技术，这将大大降低能耗及排放（见表 7-6）。

表 7-6　　　　钢铁企业烧结余热发电技术推广实施项目表

序号	企业名称	烧结机数量（台）	烧结机面积（m²/台）	建成时间	节能量（万吨）
1	首钢总公司	1	360	2010 年	2.49
2	河北钢铁集团承钢公司	3	360	2010 年	7.47
3	安阳钢铁股份有限公司	1	450	2010 年	3.11
4	本溪钢铁（集团）有限责任公司	2	265	—	6.19
		1	365	2010 年	
		2	265	—	
		2	328	—	
5	鞍山钢铁集团公司	2	360	2010 年	13.18
6	山东钢铁集团济钢公司	1	180	2010 年	1.25

续前表

序号	企业名称	烧结机数量（台）	烧结机面积（m²/台）	建成时间	节能量（万吨）
7	山东钢铁集团莱钢公司	3	265	2010 年	6.74
8	太原钢铁（集团）有限公司	1	230	2011 年	4.7
		5	360	—	—
9	江苏沙钢集团有限公司	1	180	2011 年	13.7
		2	180	—	—
10	包头钢铁（集团）有限责任公司	3	265	—	—
		1	180	2011 年	7.99
11	马钢（集团）控股有限公司	2	360	2011 年	4.98
		3	495	—	—
		1	180	—	—
12	宝钢集团有限公司	1	265	2011 年	13.35
		1	193	—	—
13	武汉钢铁（集团）公司	1	360	2011 年	3.82
14	湘潭钢铁集团有限公司	1	360	2011 年	2.49
		1	185	—	—
15	涟源钢铁有限公司	1	290	2011 年	3.29
16	广西柳州钢铁（集团）公司	1	265	2011 年	4.32
17	福建省三钢（集团）有限责任公司	1	200	—	1.38
		1	180	2011 年	1.25
		1	360	—	—
18	天津天钢集团有限公司	1	265	2012 年	4.32
19	天津荣程钢铁有限公司	1	200	2012 年	1.38
		1	265	—	—
		3	210	—	—
20	河北钢铁集团唐钢公司	1	360	2012 年	8.68
		1	180	—	—
21	邢台钢铁有限责任公司	1	189	2012 年	2.55
22	建龙钢铁控股有限公司	1	256	2012 年	1.77
		1	265	—	—
23	河北津西钢铁股份有限公司	1	200	2012 年	3.22
24	唐山国丰钢铁有限公司	1	230	2012 年	1.59
25	长治钢铁（集团）有限公司	1	200	2012 年	1.38
		1	198	—	—

续前表

序号	企业名称	烧结机数量（台）	烧结机面积（m²/台）	建成时间	节能量（万吨）
26	山西海鑫钢铁集团有限公司	1	360	2012年	3.86
		1	180	—	—
27	南京钢铁集团有限公司	1	360	2012年	3.74
28	新余钢铁有限责任公司	1	180	2012年	1.25
29	萍乡钢铁有限责任公司	2	180	2012年	2.49
30	山东泰山钢铁集团有限公司	1	180	2012年	1.25
31	山东日照钢铁集团有限公司	4	180	2012年	4.98
32	山东潍坊钢铁公司	1	230	2012年	1.59
33	北台钢铁（集团）有限责任公司	1	300	—	—
		1	360	2012年	4.57
34	五矿营口中板有限责任公司	1	180	2012年	1.25
35	通化钢铁集团有限责任公司	1	260	2012年	1.8
36	广东韶关钢铁集团有限公司	1	360	2012年	2.49
37	重庆钢铁（集团）有限公司	1	240	2012年	1.66

资料来源：参见工信部网站。

四、环保技术及装备帮助我国钢铁企业减少环境污染

以我国钢铁业的主要污染源 SO_2 为例，钢铁企业在生产过程中排放含 SO_2 废气的主要工序有焦化、烧结、炼钢、轧钢加热炉以及辅助设施中的热力锅炉。由于焦炭、焦炉煤气的使用贯穿于整个钢铁企业各个工序，各工序均有含硫的废气或废水产生，因此硫化物的污染问题普遍存在于钢铁企业各个生产工序。原材料带入的硫有30%左右成为气态 SO_2 和 H_2S，随废气外排到大气中，造成空气污染。钢铁行业排放的 SO_2 造成的污染主要体现在废气中，它可以与空气中的飘尘结合，进入人或其他动物体内，或在高空与水蒸气结合产生酸雨或酸

雾，污染面广，对环境的影响非常突出。

防治 SO_2 污染的措施主要有：

（1）原煤脱硫：由于有机硫化物需要将煤气化或者液化，所以钢铁厂很少采用。

（2）重油脱硫：采用直接和间接脱硫法，效率比较高。目前各大钢厂加热炉燃料多用煤气替代重油。

（3）气体脱硫：焦炉煤气普遍用于各个工序，是主要来源，所以焦炉煤气脱硫势在必行。通过氧化生成可以回收的硫化物。

（4）烟道气脱硫：湿法和干法脱硫。

（5）改进工艺：炼铁采用 FINEX 熔融还原新工艺技术，硫化物排放量只有高炉的 6％；高炉采用富氧喷煤技术，降低焦炭消耗；淘汰平炉炼钢，采用转炉、电炉炼钢；用连铸代替钢锭浇铸和机械热轧，减少燃料消耗和 SO_2 排放；加热炉采用先进的燃烧控制系统，选择最佳炉体，提高燃烧效率，降低焦炉煤气的消耗等。

这五种防治措施中，改进工艺需要通过对节能技术和设备的应用。因此，环保技术和装备的应用可以帮助钢铁企业在减少环境污染的同时节约能源、降低成本，从而提高了钢铁企业的生产效率。

五、对我国钢铁行业治污减排的政策建议

钢铁行业是我国能源资源消耗和污染物排放的重点行业，能源消耗约占全国总能耗的 16％，工业总能耗的 23％。推进节能减排、发展循环经济，是实现钢铁工业发展方式根本转变的必由之路。"十二五"时期，我国工业化和城镇化进程进一步加快，资源环境约束突出，传统增长模式面临新挑战，形势依然严峻，节能减排压力依然很大。国家已经并且还将继续出台更多的政策，来扶持支柱企业加快节能减排。

（一）"十二五"时期以来有关我国钢铁行业治污减排的政策

1. 2011 年 3 月，《中华人民共和国国民经济和社会发展第十二个五年规划纲要》

《中华人民共和国国民经济和社会发展第十二个五年规划纲要》开篇"转变方式开创科学发展新局面"的第一章就是发展环境，指出"十一五"期间，主要污染物排放总量减少，SO_2 排放减少 14.29％，COD 排放减少 12.45％，都超额完成任务。"十二五"时期的主要任务是主要污染物排放总量显著减少，提出了 COD、SO_2 排放分别减少 8％的约束性指标。在政策导向上，健全节能减排激励约束机制。优化能源结构，合理控制能源消费总量，完善资源性产品价格形成机制和资源环境税费制度，健全节能减排法律法规和标准，强化节能减排目标责任考核，把资源节约和环境保护贯穿于生产、流通、消费、建设各领域各环节，提升可持续发展能力。

要求钢铁行业重点发展高端产品，支持节能减排的技术利用和开发。重点推广能源管控系统技术和高温高压干熄焦、余热综合利用、烧结烟气脱硫等节能减排技术。

2. 2011 年 10 月，国务院《关于加强环境保护重点工作的意见》

《关于加强环境保护重点工作的意见》指出我国要在全面提高环境保护监督管理水平过程中，继续加强主要污染物总量减排。完善减排统计、监测和考核体系，鼓励各地区实施特征污染物排放总量控制。针对钢铁行业，实行 SO_2 排放总量控制，提高重点行业环境准入和排放标准。

3. 2011 年 11 月，工信部发布《钢铁工业"十二五"发展规划》

《钢铁工业"十二五"发展规划》根据《中华人民共和国国民经济和社会发展第十二个五年规划纲要》和《工业转型升级规划（2011—2015 年）》编制。规划指出，"十二五"期间，能源、环境、原料约束增强。重点统计钢铁企业烧结、炼铁、炼钢等工序能耗与国际先进水平相比还有一定差距，二次能源回收利用效率有待进一步提高，企业节能减排管理有待完善，成熟的节能减排技术有待进一步系统优化。高炉、转炉煤气干法除尘普及率较低。烧结脱硫尚未普及，绿色低碳工艺技术开发还处于起步阶段，SO_2、CO_2 减排任务艰巨。

4. 2011 年 12 月，《国家环境保护"十二五"规划》

《国家环境保护"十二五"规划》的主要目标为：到 2015 年，主要污染物排放总量显著减少；城乡饮用水水源地环境安全得到有效保障，水质大幅提高；重金属污染得到有效控制，持久性有机污染物、危险化学品、危险废物等污染防治成效明显；城镇环境基础设施建设和运行水平得到提升；生态环境恶化趋势得到扭转；核与辐射安全监管能力明显增强，核与辐射安全水平进一步提高；环境监管体系得到健全。

《国家环境保护"十二五"规划》新增了氮氧化物和氨氮两项新指标。规划指出，到 2015 年，氨氮排放总量拟定比 2010 年减少 10%，重点行业和重点地区氮氧化物排放总量拟定比 2010 年减少 10%。其余指标方面，在"十二五"期间，SO_2 的总量控制延续了"十一五"的目标，排放总量拟定将比 2010 年减少 10%，而 COD 的总量控制目标拟定比"十一五"削减了一半，将比 2010 年减少5%（见表7-7）。

表7-7　　　　　　　　"十二五"时期环境保护的主要指标

序号	指标	2010年	2015年	2015年比2010年增长
1	化学需氧量排放总量（万吨）	2 551.7	2 347.6	-8%
2	氨氮排放总量（万吨）	264.4	238.0	-10%
3	SO_2排放总量（万吨）	2 267.8	2 086.4	-8%
4	氮氧化物排放总量（万吨）	2 273.6	2 046.2	-10%
5	地表水国控断面劣V类水质的比例（%）	17.7	<15	-2.7%
	七大水系国控断面水质好于Ⅲ类的比例（%）	55	≥60	5%
6	地级以上城市空气质量达到二级标准以上的比例（%）	72	≥80	8%

规划提出加大钢铁、有色、建材、化工、电力、煤炭、造纸、印染、制革等行业落后产能淘汰力度。针对钢铁行业，提出加快其他行业脱硫脱硝步伐。推进钢铁行业 SO_2 排放总量控制，全面实施烧结机烟气脱硫，新建烧结机应配套建设脱硫脱硝设施。我国钢铁业成治污减排的主要抓手。[1]

（二）对我国钢铁行业加强治污减排的建议

1. 完善钢铁行业节能减排机制

按照国家节能减排综合性实施方案的要求，把钢铁企业节能减排指标纳入综合评价体系，将其作为企业负责人业绩考核的重要内容，抓好钢铁企业的工作，依法加大违法惩处力度，建立有关部门与企业"一对一"的监管机制，加快在线监测监控体系建设，尽快形成部门与企业"面对面"的监管格局。[2][3]

2. 严格审批监管制度

（1）构建长效机制。

节能减排工作非一日之功，更不是阶段性工作，必须建立起一套完备的制度，从审批、技术、法制、舆论等多方面入手，构建起长效机制，抓好节能减排应严抓源头监管。同时，严格落实项目环保第一审批权强制性评估，对新

---

① 钢铁成节能减排急先锋 国家要严控产能. 新华网, 2011-05-06.

② 曹凤中. 我国钢铁产业的发展与环境保护政策动向. 第三届中国钢铁产业链战略发展与投资峰会, 2005.

③ 褚义景, 马新华, 梁飞坤. 我国钢铁行业的节能减排对策研究. 武汉理工大学学报, 2010, 32(4): 63-66.

（改、扩）建项目全部委托节能监测中心进行节能专项评估，把好项目准入关，对不符合国家产业政策的高耗能、重污染项目坚决不予审批，并鼓励节能循环型、生态环保型、科技进步型、农业深加工型、外向型等项目发展，加强监管工作，使节能减排工作逐渐成为企业乃至各行业的工作常态。

（2）实施在线监测。

对国控、省控重点企业的重点部位全部安装在线监测设备，并将在线监测范围扩展到所有环保重点企业，实现对重点污染源的全天候监控。

（3）严格执法监管。

深入开展环保专项执法活动，坚持日常检查与不定期检查相结合，建立部门联合执法机制，对环境违法行为进行严肃处理。

（4）狠抓基础监管。

2010年颁布的《钢铁行业生产经营规范条件》规定了具体的钢铁行业污染物排放标准：钢铁企业吨钢污水排放量不超过2立方米，吨钢烟粉尘排放量不超过1千克，吨钢 SO_2 排放量不超过1.8千克。并规定，钢铁企业需依法执行环评审批，未经环评审批的，需补办环评审批手续。企业需具备健全的环境保护管理体系，配套完备的污染物排放检测和治理设施，安装自动监控系统并与当地环保部门联网。至此，排放标准更加具体。

因此，监管部门应该着眼规范企业能耗和排放行为，加强节能减排的统计、分析等基础工作，指导企业配备能源计量器具，建立能源统计、治污减排台账。聘请专家对企业开展能源审计、清洁生产审核。

（5）加强法律和社会监管。

根据《钢铁行业生产经营规范条件》，现有钢铁企业均需纳入规范管理。不具备规范条件的企业须按照规范条件要求进行整改，整改后仍达不到要求的企业应逐步退出钢铁生产。对不符合规范条件的企业，有关部门不予核准或备案新的项目，不予配置新的矿山资源和土地，不予新发放产品生产许可证，不提供信贷支持。

将节能减排作为监督的"头号工程"，组织节能减排执法检查活动。同时，向社会定期公示企业节能减排状况，鼓励公众对企业能耗与污染物排放情况进行监督。

（6）完善价格调节机制。

实施要素差别政策，实行差别电价和梯次水价，倒闭落后产能退出市场，采取超额加价、超额限供等措施，对超标用能企业予以惩戒，研究淘汰企业土地转让、设备处理等优惠政策，并采取转移支付、资金补贴等办法，对淘汰落后产能任务重的地区给予适当支持。

3. 强化行政推动

构建上下联动的责任体系，成立由"一把手"挂帅、专人负责的领导机构，形成"上下成线、左右成网"的节能减排工作推进组织。对分包的市级领导、部门、乡镇、企业等层面均进行"责任、任务、奖惩"三明确，实行台账式、工程式、项目式管理。对于市级分包领导，实行一项任务包到底，负责全程协调与服务；对部门和乡镇，实行半年问责、年终"一票否决"，未完成任务的主要领导、主管领导引咎辞职；对未完成既定任务的企业给予黄牌警告，强制执行差别水、电价，年终未完成任务实行项目限批、企业停产，并处重罚，企业负责人不得评优评先，不得担任各级党代表、人大代表、政协委员；对年终完成任务的企业，视情况给予奖励；领导小组对相关单位和企业实行月调度、季督察、半年考评、年终考核，严格责任追究。

4. 加快淘汰钢铁落后产能，优化钢铁产业布局

改革开放 30 多年至今，我国钢铁产量已处于饱和或者说过剩状态。目前钢铁企业面临上下游的双重挤压，利润空间很小。但是钢铁企业为保住市场份额和生产边际效益因素，主动减产意愿不足，过快释放的产能使供需矛盾凸显，整个行业出现严重的产能过剩。

如果国家再不管控，任由一些小钢厂扩散，将会给我国以后的发展带来诸多不利影响。政府必须牵头坚决淘汰落后产能，关闭消耗资源大户的小型钢厂，通过推进并购重组培养具有国际竞争力的钢企集团。

2008 年经济增速突然下滑，政府 4 万亿元投资曾经让钢铁行业利润有所上升，但没有能持续多久，钢铁行业 2011 年又遭遇盈利困境。预计今后钢铁行业将长期保持低利润率水平。由于钢铁的产能供大于求，在这种情况下，钢铁的利润空间就非常小。2010 年全国工业平均利润率是 6%，钢铁行业是百分之二点几，同时还有 15% 的企业是亏损的。2010 年 11、12 月，钢铁企业的销售利润率处于 0.4%～0.5% 的水平。

2005 年，国家出台了《钢铁产业发展政策》，后来又下发了《钢铁产业调整和振兴规划》和《钢铁工业"十二五"发展规划》，里面对控制总量、淘汰落后产能都有很具体的规定。进一步加快淘汰落后产能，推动产业升级。钢铁业的这些规划如果不能落实，就会给钢铁工业发展带来很多的困难和阻力。

在这种低利润水平下，钢铁企业如果想存活下来，只能在其他方面开展竞争。尽管产能增长的黄金时期已经过去，未来钢铁行业在结构调整、环保投入和深加工等方面还有很大潜力可挖，中国经济转型可能会让钢材产品结构出现转变，此前产量较大的基建用钢可能减少，而一些特殊用钢将会增加。

中国的钢铁企业要想在国际上占有一席之地并能取胜必须走高端产品的路线。培养几个具有国际竞争力的钢铁企业品牌。只有自己壮大了，在铁矿石粉的谈判上才会有话语权。否则中国钢铁企业无序扩张，矿粉需求无限膨胀，价格自然每年都会上涨。赚钱多的不是钢铁企业而是矿厂。只有钢铁企业强大，才不会受制于澳大利亚及巴西的矿石企业主。日本的钢铁企业在每年的谈判中能接受矿粉的涨价，是因为日本生产的钢材都是高端产品，产品价格是中国产品的很多倍。为了打破这种局面，中国政府要下大力气对国内的钢铁企业进行整合重组，减少无序扩张带来的长远灾难。

（1）加快淘汰钢铁落后产能。

加快推进中国钢铁联合重组，提高产业集中度是节能减排进一步深化的关键。严格落实国家和省节能减排的有关规定，制定分地区、分年度淘汰钢铁落后产能实施方案，按照"品种、质量、整合"的方针，集中优势资源，重点抓好精品钢铁基地、改造升级等项目，就地整合重组中小钢铁企业，培育壮大一批技术一流、产品高端、装备大型、指标先进、循环经济、环境清洁的大型企业集团，定期公布淘汰企业名单及各地执行情况，加快形成依靠治污工程削减存量、依靠淘汰落后产能腾出容量、依靠提高准入门槛严控增量、依靠加强监管控制总量的污染物排放治理体系。

通过完善相关技术标准，坚决淘汰落后产能。制定实施主要用能产品能耗限额标准，对达不到能耗限额标准的落后产能坚决予以淘汰。切实加强对落后产能企业执行环境保护标准、产品质量标准、能耗限额标准和安全生产规定的监督检查。

早在 2010 年 4 月出台的国务院 7 号文件《关于进一步加强淘汰落后产能工作的通知》中就明确提到，在 2011 年底前，淘汰 400 立方米以下炼铁高炉，淘汰 30 吨及以下炼钢转炉、电炉。2010 年 5 月国务院出台的 12 号文件《关于进一步加大工作力度确保实现"十一五"节能减排目标的通知》中第三点"加大淘汰落后产能"中再次提到 2010 年淘汰落后炼铁产能 2 500 万吨、炼钢 600 万吨。

《钢铁行业生产经营规范条件》对钢铁企业的工艺与装备做了具体规定：2005 年 7 月以前所建高炉有效容积 400 立方米以上，转炉、电炉公称容量 30 吨以上；2005 年 7 月《钢铁产业发展政策》颁布实施后建设改造的高炉有效容积 1 000 立方米及以上，转炉公称容量 120 吨及以上，电炉公称容量 70 吨及以上。对于以 2005 年 7 月为界，划定不同的标准，这与我国钢铁行业的发展模式有关，在 2005 年 7 月以前，我国钢铁行业基本上进行粗放式发展；2005 年以后，又进行重复建设。《钢铁行业生产经营规范条件》如此设限，意味着将严格控制钢铁总量，加快淘汰落后产能，中小钢铁企业将大量出局。

当前高炉有效容积 400 立方米以下的产能为 1 亿吨，约占全部钢铁产能的 20％，也就是说，这部分产能将会面临淘汰，而这部分中小钢铁企业数量庞大。在 2005 年 7 月以后，尚有部分钢铁企业上马有效容积为 1 000 立方米以下的高炉，而这部分钢铁企业多为中小型民营钢铁企业，因此，这些企业将面临重组。

另外，充分发挥市场机制作用，提高落后产能企业成本。推进资源性产品价格改革，提高土地使用价格，实行差别电价，提高差别电价加价标准。对超过限额标准的，实行惩罚性价格政策，最终迫使落后产能从生产过程中被淘汰。

（2）加快技术创新，推进钢铁企业技术改造和结构优化。

以政府采购、专利保护等方式，提倡采用节能环保新设备、新工艺、新产品，同时，以国家和省级技术中心为平台，鼓励建立钢铁企业节能减排研发中心，组织实施一批节能减排重大技术和装备示范项目，带动全行业节能减排技术的研发和推广。

中国的钢铁企业要想在国际上占有一席之地并能取胜必须走高端产品的路线，培养出几个具有国际竞争力的钢企品牌。举例说明，在韩、中、日钢铁企业中，浦项、宝钢、新日铁三大钢铁企业之所以能够保证长期盈利能力，主要是由于它们是世界上为数不多的有能力提供高附加值钢材的供应商（高附加值钢材产量占其各自产量的 60％以上），而这些钢材又大都与用户共同开发。三大钢铁企业吨钢利润较高，特别是浦项。然而，在全球经济重新回到长期增长的轨道前，意味着板材（用于制造汽车和家电等耐用消费品）产量占比超过 60％的钢铁企业将面临更大的利润波动。全球耐用消费品需求低迷，而中国板卷供应大幅增长，这将抑制板卷价格回升。2009—2011 年中国板卷产能增加 110 亿吨（增长 32％）。由于 2012 年全球经济前景不确定，板卷供应增加对市场的冲击还将持续。

因此，建议钢铁生产企业加快技术创新，努力推进钢铁企业技术改造和结构优化，提高产品的附加值，同时实现节能减排。

（3）优化钢铁业布局。

优化钢铁业布局可以提高整个行业的竞争力。钢铁工业优化布局的目的就是减少原燃料和产品的运输费用，降低生产成本和用户的使用费，提高竞争力。进口矿成本高，内陆企业靠铁路运输的成本也很高。这些成本都将对产品竞争力产生重大影响，甚至影响到企业的生存。

优化布局是走新型工业化道路的需要。钢铁工业是运输大户，每吨钢的外部运输量为 5 吨左右。按 3 亿吨钢计算，每年的总运量为 15 亿吨左右，对铁路、公路和港口造成很大压力。按运输研究部门统计，在钢铁产品和原料的运输中，铁路运量仅次于煤炭,占全国第二位;港口吞吐量仅次于煤炭和石油,占第三位。同时,钢铁工业也是耗水大户,优化布局可以缓解严重缺水地区的供水矛盾。

目前规模扩张已不是主要矛盾,现有企业规模已趋于饱和,需要走外延式发展的道路。优化布局应以现有企业为主,适当新建大型企业。把优化布局与企业联合重组结合起来,通过重组加速产能转移,加大淘汰落后产能力度。

另外,我们看到,目前中国的经济增速降低。在经济增速目标降低的背后,需要关注的是"结构"的调整。虽然东部地区的投资额的绝对值一直多于中西部地区,但从增速上看,中西部地区明显高于东部地区,同时中西部地区增速趋势线开始靠拢。未来中西部地区投资增速仍将保持高速增长,西部地区增速将有可能进一步上扬,超越中部地区,成为新的增长点区域。在此宏观背景下,钢铁行业应该关注国家投资方向和结构的变化,来调整自身的区域布局,西部地区应是钢铁行业重点关注的一个区域点。①

5. 降低企业铁钢比及优化调整企业用能结构

炼铁系统能源消耗占钢铁企业能耗总量的 70% 以上,是钢铁企业的耗能大户。所以,降低钢铁企业的生铁产量与粗钢产量之比(即铁钢比),是降低钢铁企业能源消耗的主要方向。由于我国废钢资源积累少,必然造成电炉钢的比例低,导致了我国钢铁工业铁钢比较高,铁钢比每提高 0.1 吨钢综合能耗上升约 20kg 标准煤/吨,目前我国比其他国家铁钢比高 0.4 左右,降低铁钢比的途径主要有提高电炉钢比、提高炼钢废钢比、降低铸造生铁比及降低炼钢钢铁料消耗。

钢铁企业的购入能源主要有煤炭、重油、天然气及电力等。由于能源价格不断攀升,钢铁企业应充分发挥钢铁制造流程具有的能源转换功能,用回收的焦炉煤气、高炉煤气、转炉煤气等替代重油做燃料,减少外购重油和天然气的数量,提高高炉喷吹煤粉量、减少焦炭使用、降低焦化工序能源消耗,高炉每喷 1 吨煤粉可替代 0.8~1.0 吨焦炭,能源消耗降低 120 千克标准煤/吨。同时,由于焦炭和煤粉存在差价,还可进一步降低炼铁成本,因此,钢铁企业应采取改进生产技术、提高操作水平、完善制粉设备、提高风温和富氧量等措施来提高喷煤比。

6. 解决污染物排放存在的结构性矛盾

结构性矛盾来源于我国产业结构比例失调、产业关系失衡、产业层次低下、重复建设、技术含量低、空间布局结构不合理。由于区域产业相似程度高,低层次的重复建设严重,造成过度竞争,从而导致环境污染负荷和治理难度的增

---

① 谢彩. 钢铁行业应关注西部需求. 国际商报,2012 - 03 - 30.

加。同时由于企业布局分散，只能分散分别治理污染，难以形成规模效应和区域环境综合整治。另外，科技装备落后，技术含量低，产业空间布局结构失当，在设计规划阶段没有考虑到高污染企业对环境的破坏和对人民生活的影响，往往建在高人口密集区，造成结构性矛盾。

想要切实解决好结构污染问题，建议做好以下几方面工作：（1）努力转变经济增长方式，走新型工业化道路；（2）构建循环经济，推广清洁生产工艺；（3）制定全面调整产业结构、减少结构性污染的环境经济政策；（4）制定分阶段具有导向性的行业标准。

7. 进一步提高思想认识加大宣传力度，增强环保意识

建议学习贯彻十八大精神，把抓好钢铁工业节能减排作为加强宏观调控的重点、调整经济结构和转变发展方式的重要手段，综合运用多种手段，调优增量、做强存量，重点突破、整体推进。各钢铁企业要严格遵守节能减排和环保法律法规及标准，强化管理措施，自觉节能减排。

不断加强节约能源资源和保护环境的宣传舆论工作，充分利用报刊、网络等媒体，大力宣传环境保护、总量减排的重要性，发挥新闻媒体的舆论引导和监督作用。

定期编制总量减排工作简报，及时在各种媒体报道减排的重大意义、方针政策、法律法规等，以及开展总量减排知识竞赛等宣传活动，不断提高全民环保和总量减排意识。

坚持政府带头，部门联动，全民动员，发动全社会力量广泛参与总量减排，不断增强全社会的总量减排意识和积极性。坚持从自己做起，从现在做起，从点滴做起，使总量减排成为每个企业、每个单位、每个社区、每个家庭、每个社会成员的自觉行动。

第四节　治污减排对化工行业发展的影响研究与政策建议

一、我国化工行业治污减排存在的挑战

化工行业是对环境中的各种资源进行化学处理和转化加工的生产部门，其产品和废弃物从化学组成来说都是多样化的，而且数量巨大，这些废弃物含量在一定浓度时大多是有害的，有的甚至是剧毒物质，进入环境就会造成污染。有些化工产品在使用过程中又会引起其他污染，甚至比生产本身所造成的污染更为严重、更为广泛。我国的工业污染在环境污染中的比重为70%，它带来的

数百万种化合物存在于空气、土壤、水、植物、动物和人体中，即使作为地球上最后的大型天然生态系统的冰盖也会受到污染。有机化合物、重金属、有毒产品都集中存在于整个食物链中，并将最终威胁到人们的健康，引起癌症等疾病。环境保护工作形势十分严峻，要想解决污染问题，首先要弄清楚污染源。针对化工行业来说，污染物主要来源可以分为两个方面：生产的原料、半成品及产品；生产过程中排放出的废弃物。有针对性地控制污染源、消除污染源是治污减排的核心。

面对国际、国内环境等客观条件，治污减排工作的重要性越来越凸显，治污减排的挑战也越来越严峻。

1. 国际新一轮节能减排的挑战

从国际环境看，国际金融危机给世界经济造成严重冲击，特别是发达国家失业人口居高不下、金融风险仍未消除、债务危机不断显露、经济复苏曲折缓慢。为提振经济，美国等发达国家纷纷提出"再工业化""低碳经济""智慧地球"等发展战略，围绕新能源、新材料、生物化工、节能环保等战略性新兴产业，正在大力推进经济结构深度调整，抢占科技和产业竞争的制高点。在国际贸易领域，发达国家为扩大出口、抢占世界市场，正在以节能环保、绿色低碳为理由，更加频繁地发起范围更广、影响更大的贸易保护主义，发展中国家为保护本国市场，也为国际贸易保护主义推波助澜，针对我国石油和化工产品的贸易摩擦呈不断上升趋势，对我国化工行业的发展形成了"倒逼机制"。若要实现我国政府对国际社会承诺的到2020年的减排目标，"十二五"是关键的时期。以上这些都对化工行业的节能减排工作形成了更大的压力。"十二五"时期，我国化工行业必须把发展节能环保产业、提高环保水平作为重点任务大力推进，提高行业的竞争力和抗风险能力。

2. 国内转方式、调结构的挑战

从国内政策看，"十二五"时期是我国加快转变经济发展方式的关键时期，对节能、减排二氧化碳和污染物都提出了新目标、新要求。一方面，国家将节能环保产业确定为七大战略性新兴产业之一，为化工行业发展节能环保产业创造了有利条件，国民经济其他行业节能减排也为化工行业的节能环保创造了需求。另一方面，国家也将出台能源总量控制、环境税、环境责任险等一系列节能和环境保护新政策，出台固定资产投资项目节能评估制度、更加严格的高能耗产品能耗限额标准、化学品管理、化工园区污染防治等新的节能环保规章制度和标准，化工行业面临的节能减排要求越来越高、压力越来越大，节约能源和保护环境的任务更加艰巨，完成任务的难度更大。这就要求化工行业必须适应国内形势变化，深入开展节能减排工作，贯彻落实好国家节能规划、环保规划、政策与法规，为建设资源节约型、环境友好型社会做出积极贡献。

3. 节能减排新技术瓶颈的挑战

面对产业性质、产业规模、工艺流程等根本性问题，制约化工行业治污减排最重要的因素仍然是新技术瓶颈。节能、环保技术开发工作落后滞后，技术缺失或水平不高，导致了产品生产过程中能耗高、污染高的客观存在。2008年，全行业规模以上企业排放工业废水43.82亿吨，工业废气4.04万亿立方米，生产工业固体废弃物1.71亿吨，分别占全国工业规模以上企业"三废"排放总量的20.2%、10%和9.6%，分别位居第一位、第四位、第六位。另外，全行业排放主要污染物COD 62.4万吨，氨氮化合物11.7万吨，二氧化硫185.1万吨，烟尘112.2万吨，排放量均位居工业部门前列。

总的来说，随着节能减排工作的不断深入，化工行业减排的空间趋小、难度加大。第一，"十一五"期间，化工企业为了完成国家下达的节能减排目标，能减的已减，能降的已降，好干的已干，节能和减排的潜力已经被挖掘了不少，剩下的大多是难啃的"硬骨头"，在同样的投入条件下，取得的成果则可能比较小。第二，经过"十一五"时期的高速发展，行业中很多企业的装置和能效水平已达到国际先进水平，今后继续提升节能环保水平将会遇到更大的困难。第三，随着化工行业产业集中度的提高，企业规模不断扩大，产业链不断延伸，产品质量不断提高，能源消耗和污染物产生总量将会有所增加。第四，在不少的分行业和领域，还缺乏节能减排的关键技术和核心技术，今后继续推进节能减排将会越来越受到技术瓶颈的制约。总而言之，在今后，化工行业节能减排目标在实现条件上，将会愈加苛刻。

虽然化工行业的企业规模不断扩大，但是化工行业仍以小企业为主，在资金和技术上都制约其发展。国家提出要淘汰落后产能时，因为技术滞后于政策问题和资金问题，落后的小企业无法很快地更新工艺和设备，而地方上重经济效益甚于环境效益，因此不会强制关闭这些企业，主动淘汰落后产能。

总而言之，治污减排工作在实施的过程中存在着众多的问题和阻碍，但是我们不能被困难打倒，要多方合作，积极应对挑战。

二、国外化工行业治污减排状况及反思

1. 国外化工行业发展概况

化工行业是国家的支柱性产业，在美国、日本、欧洲等发达经济体，化工产业起步较早，发展较为成熟。在当今世界化工行业中，美国、欧盟和日本依

然是主体，虽然在世界市场所占份额近年来有所下降，但仍占到60％以上，并拥有绝大多数的重大关键性技术，它们的发展规划基本反映世界化学工业的发展趋势。

美国化工行业是当代世界化工行业发展的典型代表，它的发展过程是一个不断的技术创新过程，技术创新已经成为推动美国化工行业发展的力量源泉。近一个世纪以来，美国化工行业形成了自己鲜明的技术创新特点。研究开发人员投入稳中有升，化工行业技术创新的重点已基本转向了生物制药及专用品生产领域，化学品公司总体呈递减趋势。由这一点可知，美国化工行业正加速完成由传统产业向高技术产业转变的过程，并且竞争模式有所变化，但仍以并购为主，企业规模超大型发展，有利于资源整合、技术创新等。

日本地域狭小，资源较为短缺，其化工行业以高技术型为主导，但同时日本又是亚太地区化工生产增长率最低的国家。

2009年，经济危机导致的需求锐减抑制了美国、加拿大、欧洲和日本的化工生产，同时也使大多数化工产品的贸易额出现显著萎缩。不过，制造业已经开始适应低需求时代，化工公司在2009年削减成本并降低预期。美国和日本化工公司的资本支出降幅超过了30％，欧洲化工公司的资本支出更是减少了一半。美国化工公司减少了研发投资，而欧洲公司的研发投资持平或略有增长。欧美的化工从业人员显著减少，但日本则相对稳定。

从总体上看，国际化工行业正朝着高技术、研究型发展，传统的污染较大的企业纷纷转型或加大力度研发清洁工艺。

2. 国外化工行业治污减排状况

西方发达国家工业起步较早，工业化程度较高，体制结构相对完善，其化工行业带来的环境问题也较早被政府意识到，并采取了一定的治污减排措施。主要措施有立法、技术革新等。在这里重点介绍日本、美国和欧洲有关经济体的治污减排方式。

（1）强化立法，加强市场监督。

日本是环保立法最完善的国家之一，其环保的达标计划涉及诸如新能源的利用、交通工具燃料效率的提高、环境友好型产品的开发等"硬性指标"。①

北美和欧洲的国家在治污减排上也有完善的立法，且有有力的监督体系，由于市场发展较早，较为成熟，市场有较强的自制能力。在治污减排方面最重要的就是其对新技术新工艺的重视和利用，加大科技成本的投入，力求在这个

① 吴剑平．日本化学工业．国际化工信息，2004（9）19-23．

污染产业中找到经济与环保的制衡点。同时，在治污减排方面，还通过信息管理使整个产业的业务流更加整齐划一，从而在管理上加强对污染的管制。

英国化学品战略以风险控制、淘汰与替代和化工生态化为核心，正逐步从末端控制向源头控制过渡，建立了化学品风险评价、预防措施、风险管理的程序和机制，确立了管理对象标准化、明确化，实施重点控制，立足源头控制，将预防原则具体化，扩展了污染者负担原则的适用，重视行业管理，推进社会化管理，实行政府管理方式多样化，对我国化学品环境管理政策和立法具有借鉴意义。[①]

（2）创新科技，促进清洁技术发展。

以美国、日本为代表的国家加大了对清洁技术的研发。不仅加大了在这方面的投资，而且利用一切激励政策促进科学研究与新技术的应用。许多发达国家还设立化学奖项与专利。为了促进绿色化学的科技研究，多个国家都设立了化学科技奖项。美国于1995年设立了"总统绿色化学挑战奖"，该奖项分学术奖、新合成路线奖、新工艺奖、安全化学品设计奖和中小企业奖五项，覆盖化工基础研究到产品设计技术应用的全过程。英国设立了名为"Jerwood Salters环境奖"的绿色化学奖，并于2000年开始颁发，主要奖励与工业界密切合作而卓有成就的年轻学者。日本2002年起设立绿色和可持续发展化学奖。[②]

3. 反思与借鉴

中国在全球化工行业中具有举足轻重的作用，中国将继续带领世界化工行业向前迈进，世界上主要化工公司目前仍然看好中国市场，继续寻找机会增加中国投资，扩大销售收入，以便更快地从衰退中复苏。中国依然是欧美大型化学公司关注的焦点，是其主要出口市场和投资地点。

要想持续保持领先优势，在世界化工市场上长盛不衰，必须吸取国外化工发展的经验和教训，尤其是在治污减排方面的成果，学习国外长远规划编制中的一些新理念和先进方法，适应世界化工行业的发展潮流。

三、政策建议

治污减排不是一项一蹴而就的工作，需要长期的、各方面的努力。"十一五"治污减排工作取得了可喜的成果，"十二五"规划依然将此作为国家发展的重点。时任环境保护部部长的周生贤曾在全国环境保护工作会议上指出："十二

---

① 姚似锦. 风险控制与源头控制：英国化学品战略及其借鉴意义. 环境保护，2003（3）.
② 马晓园. 浅析我国化工行业循环经济发展相关问题. 中国经贸导刊，2009（15）.

五"是中国环境保护工作攻坚克难的关键时期,主要面临四大严峻挑战:一是治污减排的压力继续加大;二是环境质量改善的压力继续加大;三是防范环境风险的压力继续加大;四是应对全球环境问题的压力继续加大。

越来越严峻的环境形势使得政策更加重要。治污减排工作涉及行业内所有企业,加强行业节能减排工作,需要在政府有关部门的领导下,行业、企业以及科研院所加强协调合作,同心协力、齐抓共管,进一步完善治污减排工作体系,形成推进行业节能减排的合力,促进行业加快转变经济发展方式取得实质性进展。

2011 年 8 月 5 日,全国石油和化工行业节能减排工作会议在北京召开。时任中国石油和化学工业联合会会长的李勇武在会上强调,面对节能减排的空间趋小、难度加大的形势,为实现"十二五"节能减排目标,必须将发展方式转变到内生增长、创新驱动上来,控制能源使用总量,大力提高能效水平,坚决淘汰落后产能,积极推行清洁生产。进入"十二五"时期,一些项目投资过热,产能结构性过剩的矛盾更加突出,增加了节能减排的难度,节能减排面临更严峻的挑战。李勇武指出,行业"十二五"节能减排责任大、任务重,需要做好以下工作:一是要解决好对节能减排的思想认识;二是加快调整产业结构,进一步淘汰落后产能,控制氮肥、磷肥、新型煤化工等行业产能盲目扩张,提高传统产业的节能降耗、安全环保、产品质量水平,壮大节能环保产业;三是加强技术创新和技术改造,着力解决制约节能减排的一些技术瓶颈,在高效节能、资源循环利用、低成本减排等共性、关键技术方面取得重大突破;四是认真总结硫酸、磷肥、农药等行业推进循环经济的成功经验,通过典型示范推广到全行业并构建清洁生产推行机制,创建一批化工清洁生产示范企业,培育一批清洁生产示范园区;五是借鉴国际先进经验,努力构建具有中国特色的责任关怀体系,制定标准、评价指标和评价方法。他还特别强调,要构建行业节能减排长效机制,进一步完善行业节能减排标准体系,引导和组织企业开展能效和污染物排放强度的对标工作。

针对李勇武会长提出的五点建议,通过对治污减排工作现状、问题以及国外化工行业治污减排工作的状况的分析,我们对化工行业治污减排工作提出了以下政策建议。

(一)转变方式调整结构,促进循环经济发展

1. 调整化工行业结构

化工行业影响国计民生,应当发挥国家政府的宏观调控和行政管理作用,加大转方式调结构的力度。例如对石油化工、煤化工项目必须从生产力布局、

产品结构、环境承载能力以及供水、供电、供气、污水处理、排污管线等公用工程优化配置等方面，综合考虑环境可行性。同时，石化、煤化工生产装置适宜集中布置，形成一定规模的化工基地，有利于合理利用资源和污染物的集中治理，以促进国家产业结构的调整。因此建议开展化工行业发展战略及规划、千万吨级石化、煤化工基地规划及大型化工企业规划环境影响评价工作，调整优化化工行业产业结构和整体布局，充分利用资源，促进经济、社会、环境的协调发展。

2. 贯彻循环经济的理念，实施可持续发展

循环经济是一种新的经济增长方式，是在经济发展过程中以资源的高效利用和循环利用为核心，以资源减量化（reduce）、再利用（reuse）和废弃物再循环（recycle）即"3R"为原则，以低消耗、低排放、高效率为基本特征，将废弃物循环利用，以尽可能少的资源消耗和尽可能小的环境代价，取得最大的产出和最少的废物排放，实现经济、环境和社会效益相统一，建设资源节约型和环境友好型社会，最大可能地追求经济社会的可持续发展。

化工行业是最需要循环经济模式改造的行业。国外化工行业的循环经济建设模式主要有三个层次：企业内部的清洁生产和资源循环利用，如杜邦化学公司模式；企业间生态工业网络，如著名的丹麦卡伦堡生态工业园；区域和整个社会的废物回收和再利用系统，如德国的包装物双回收体系和日本的循环型社会体系。国外推行循环经济较好的国家不但注重循环经济的发展模式，而且广泛进行相关技术研究，并通过立法来推动循环经济的实施，收到显著成效。

我国化工行业实施循环经济发展方案应从四个层次展开：（1）产业链模式，利用化工行业上下游的特点，通过多个企业间组成生态工业链网，形成化工项目链；（2）生产模式，在园区内推行清洁生产，实行绿色管理；（3）技术模式，推行环境无害化技术，包括清洁生产技术和废弃物综合治理技术；（4）制度政策模式，从化工工业园区开始到整个社会完善循环经济规章制度，以保障整个社会推动循环经济发展。

以现代石化、煤化工项目为例，其项目投资少则几十亿，多则几百亿，占地以平方公里计，除生产主装置以外，还要建设发电、供热、储运设施，以及输油管道、专用铁路、码头等，是多种工业生产的集成，外排污染物涉及废水、废气、固体废物（其中危险固废比例较大）、光、热等多方面，污染物数量较大，所处区域往往是环境敏感区域，这决定了此类项目对环境的影响程度是很大的。因此石化、煤化工业园区要特别注重生态环境保护和区域可持续发展，优先发展高科技、高投入、低污染的项目。上下游一体化、油化一体化已成为全球化工行业的发展主流，因此建议大型化工项目应从节约原料成本、降低运输环节、提高装置利用率、减轻环境影响等方面，优化产品方案和规模，积极贯彻循环经济的理念，真正实现项目设计一体化，公用工程一体化，物流传输一体化，环境保护一体化，管理服务一体化。

（二）加强立法注重执法，形成监管良好环境

1. 加大立法力度

从国际上看，当前在治理污染、促进环境保护、形成可持续发展方面的立法最受重视。日本是循环经济立法最早也是最为完善的国家。日本促进循环经济发展的法律体系可以分为三个层面：一是基本法，即《建立循环型社会基本法》，该法在日本循环经济法律体系中具有"宪法性"的作用，可称作"基本框架法"。二是综合性的法律，包括《废弃物处理法》和《资源有效利用促进法》，这2部法律主要指明废弃物如何正确处置及资源有效利用的原则，也可称作"一般框架法"。三是专项法，即根据各种产品的性质制定的5部专项法规，如《容器包装回收再利用法》《家用电器回收再利用法》《建材回收再利用法》《食品回收再利用法》《汽车回收再利用法》。为配合这5部专项法规，同时还制定了一部《绿色采购法》。

我国在促进低碳经济发展的法律体系方面仍处于薄弱状态。这主要表现在三个方面：其一，我国有关绿色能源生产与节能减排的法律在体系上不完善，如石油、天然气、原子能、风能等领域的单行法律仍处于缺位状态。其二，现有的能源立法规定不够详细，一些现行法律跟不上时代要求，存在法律空白；部分法律规则缺乏足够的可操作性，部分法律对市场主体权利、义务、责任的设置不统一，由此导致环境执法效果不佳。其三，目前我国污染物排放总量控制立法尚缺乏程序性规定，可操作性差。[①]

2. 加大执法力度

从目前的情况看，加大执法力度，形成良好监管环境是我国化工行业节能减排最重要的手段，要让节能减排成为一种刚性执法行为。

要加强环境管理，实施跟踪监测，依法加大对环境违法行为的处罚力度，解决违法成本低、守法成本高、执法成本更高的问题。

要建立环境管理体系，制定严格的操作规程，加强设备和管道维护工作，杜绝跑、冒、滴、漏。按照国家和地方有关规定设置规范的污染物排放口、贮

---

① 杨晓，谭忠真，罗文正．我国发展低碳经济的法律保障机制研究．前沿，2012（3）．

存（处置）场，并设立标志牌，安装流量计量及在线自动监测系统。

为了最大限度地减轻化工工程施工和运行对生态环境的不利影响，预防污染事故的发生，建议化工企业在工程竣工投入运行后，加强包括特征污染因子在内的环境监测力度，根据项目所处区域环境的敏感程度，配合有关部门做好陆域生态或海洋生态、渔业、农业资源的跟踪调查，对发现的问题要及时采取解决和补救措施。

（三）加大投资创新科技，着力发展清洁技术

1. 加大科技研发投入

从国家"十二五"规划看，要围绕增强科技创新能力、加强企业技术改造和健全产业创新体系，通过加大行业基础性研究，突破一批核心、共性和关键技术，增强科技创新能力，尤其要在石化、现代煤化工、化肥及无机盐、农药、化工新材料与新型专业化学品等行业或领域重点进行技术创新；同时立足现有企业和基础，加大技术改造投入，把包括危险工艺的改造、品种质量的改善和标准化、节能减排与能源资源综合利用、两化融合等，以及石化、化肥、农药、危险化学品及部分传统产业在内的化工行业技术进行重点改造，加快重大科技成果和装备产业化，全面提升我国化工行业的整体技术与装备水平。

2. 全面推进发展清洁技术

清洁技术泛指那些能够降低现有能源消耗，减少环境破坏，高效使用自然资源的某类产品、工艺和服务，涉及众多细分领域，主要包括 3 方面：一是清洁能源资源，如生物质能、太阳能、风能；二是节能与提高能效，如节能照明、智能电网、节能服务；三是减排环保，如固体废弃物处理、大气保护、水处理等领域。

从国外来看，发达国家已将污染控制延伸到工业生产全过程，随着其环保战略的提升，进一步调整了过程减排与末端控制的关系，在环境保护中将过程减排置于更加优先、更加重要的位置。

发达国家对于清洁生产技术的研发、推广和管理已经积累了相对成熟和丰富的经验。如欧盟综合污染防控局针对每个具体的小类行业，统一起草了最佳可得技术参考文件，目前，已发布了 30 个行业的最佳可得技术参考文件。指导企业实现最小的原材料和能源的消耗、最低的有毒有害物质使用、最少的废弃物排放以及最便捷的报废产品的再生循环。针对具体的小类行业研发无害化生产工艺、资源高效利用技术及废物综合利用技术已成为发达国家工业过程污染

物减排的发展趋势。①

目前我国清洁生产技术管理和研发过程存在一定的问题。

一是清洁生产技术未成体系。目前,我国发布的三批清洁生产技术的行业和技术特征表现为随意性比较大。第一批发布的行业为钢铁、石油化工、化工和轻工纺织行业,第二批为钢铁、机械、石油、有色金属和建材,第三批为钢铁、有色和建材。技术零散地分布于各个行业,对具体行业过程的针对性较弱。已发布的技术多为末端循环技术和一般性工艺技术,两者占71%。未成体系的清洁生产技术既不利于技术推广,也难以发挥导向技术的作用。

二是技术评价体系不完善。已发布的清洁生产技术中有些技术特征不显著,有些是普通生产工艺,有些只是传统技术做了一点改进即认为是新的清洁生产技术。这与清洁生产技术评价体系的缺乏密切相关,急需建立较完备的清洁生产技术评价体系。

三是技术研发水平落后。目前的清洁生产技术大多依赖于传统技术,且有的已在行业大面积推广,创新性突破技术较少,如转炉复吹溅渣长寿技术、闪速法炼铜工艺技术等。有些是新技术但集中于末端循环利用方面,缺乏真正深入生产工艺及从源头控制和过程减量角度研发的清洁生产技术。

四是缺乏清洁生产技术产业化资金。许多技术在鉴定和验收后就停止了,技术拥有者没有足够的资金去推广技术,企业也因技术风险和资金缺乏等原因,不轻易接受新技术。我国现在还没有形成风险投资机制,真正愿意在过程减排上从事技术创新的企业非常少,积极性也不高。

因此,加大对清洁技术的支持应当成为我国治污减排系统工程的重要举措。令人高兴的是,国家科技攻关立项和科研经费投入方面也在逐步加大。从国家科技计划项目申报中心了解到,从2011年1月1日起到2014年底,国家高技术研究发展计划("863计划")将从氧化铝、铬化工和盐碱化工切入,开展铝/铬亚熔盐清洁生产共性关键技术项目攻关,推动重化工业从末端治理向以源头减污为主的全过程污染控制的战略转变。《中国建材》2011年2月14日报道,工业和信息化部发布钛白粉、涂料、黄磷、铬盐、碳酸钡5个行业清洁生产技术推行方案的征求意见稿,公开征求业界意见。根据这些方案,通过实施氯化法钛白粉沸腾氯化生产工艺、溶剂型涂料全密闭式一体化涂料生产工艺等清洁生产技术,到2014年,5个行业的能耗、有害废气、二氧化碳排放等均将得到大幅度降低。

① 段宁等.清洁生产技术:未来环保技术的重点向导.环境保护,2010(16).

（四）设立标准倡树典型，形成科学评价机制

1. 制定建设项目环境保护准入标准，促进化工行业健康发展

环境准入制的目的在于严格控制能源利用效率低、污染物排放率高的产业的发展，是做好经济与环境协调发展的关键措施。新建化工项目要高起点、严要求，使用清洁的能源和原料，采用先进的生产工艺、技术与设备，力争达到国际清洁生产先进水平。从源头控制污染，提高资源利用效率，使废物减量化、资源化和无害化，减少对人类和生态环境的危害。通过推行清洁生产，重视环保投入，节能降耗，合理利用现有资源，改善所在地环境质量。同时，以当地环境容量和控制目标为依据，结合地方发展总体规划、污染物总量控制和建设项目排污状况，综合评价建设项目可行性。新上马项目污染物排放不能超出当地环境容量，要通过优化产业结构，淘汰技术落后、污染环境的工艺和设备，实行清洁生产，治理老污染源，削减排污量，确保增产不增污。对那些以牺牲环境为代价，资源综合利用程度低，消耗资源和能源大的石油化工项目，坚决不予准入。

2. 构建科学的化工行业节能减排指标体系

构建节能减排的评价体系，就是要通过一系列指标来综合反映化工行业节能减排的状况。根据构建节能减排评价体系的基本原则，本节将从资源与能源消耗、产品特征和生产技术特征、资源的综合利用、污染物的排放和环保制度的落实等5个方面来着手搭建化工行业节能减排的框架及具体对应的指标[①]：

（1）资源和能源消耗指标。

"节能"是节能减排的一个重要的目标，化工行业又是高耗能的行业，因此，在企业运作过程中，就要高度重视将资源和能源的消耗降到最低。通过对资源和能源消耗指标的构建，企业可以将其作为调节自身对资源、能源的耗费使用量的标准，政府也可将其作为衡量企业清洁生产的标准。资源和能源的消耗具体包括在生产过程中对于原料的消耗量、水的消耗量以及能源的消耗量，衡量这些内容的指标包括单位产值能耗比率、新鲜水消耗量、综合能耗。

单位产值能耗比率，指企业增加单位产值所消耗的能源，是反映企业能源利用效率高低的指标。

新鲜水消耗量，是指生产每吨产品所消耗的生产用新鲜水量。

综合能耗，是指生产某种化工产品及辅助生产系统用能分摊给这种化工产品的能耗量。具体的化工行业中每种产品的生产系统是不相同的。它的计算公

---

① 许凯，张刚刚. 面向行业的节能减排评价体系研究. 武汉理工大学学报，2012（2）.

式如下：

$$单位产品产量综合能耗量＝某种产品综合能耗总量（标准煤）$$
$$÷某种合格产品产量$$

其中，某种产品综合能耗总量是指报告期内生产某种产品所直接消耗的各种能源，以及摊销在该产品的辅助生产系统、附属生产系统实际消耗的各种能源的总和。某种合格产品产量是在报告期内生产的经验收合格，办理入库手续的有效产品。

（2）产品特征和生产技术特征指标。

产品质量的好坏、产品的工艺水平分别作为产品和生产技术的重要特征，是节能生产的重要前提，体现了企业的生产效率的高低，反映了企业的发展情况。化工行业各企业中由于生产的产品和工艺都有各自的特点，因此，其相关衡量指标也不相同。总体上反映产品质量的指标有产品质量等级品率、产品质量损失率、工业产品销售率、新产品产值率等。

其中，产品质量等级品率是主导型指标，是在我国工业产品的实物质量原则上按照国际先进水平、国际一般水平和国内一般水平来划分，相应地划分为优等品、一等品和合格品 3 个等级，对应有优等品产值率、一等品产值率和合格品产值率。

产品质量损失率是产品质量成本的内部损失成本与外部损失成本之和同工业总产值之比。它又包括内部质量损失率和外部质量损失率。内部损失成本，是指产品交货前因未满足规定的质量要求所损失的费用。外部损失成本，是指产品交货后因未满足规定的质量要求，导致索赔、修理、更换或信誉损失等所损失的费用。

工业产品销售率是指报告期工业销售产值与同期工业总产值之比。

新产品产值率是指一定时期内企业生产的新产品产值和报告期工业产值之比，是反映新产品完成情况的一个重要的指标。

在生产技术特征方面是一些定性的指标。由于各种化工行业的生产工艺差距很大，对应着各种不同的生产方法，因此，这里所对应的指标体系也就是对各种生产方法的定性评价。

（3）资源的综合利用指标。

节能减排不仅要求"节能"而且要求"减排"，这就要求在企业的生产过程中要物尽其用，不多浪费资源。通过对资源的回收利用不仅可以节约企业成本、节省资源利用量，还可以减少污染物的排放量和美化环境。这里对于资源的综合利用就包括对废水、废气、废渣的综合回收利用，自身资源的综合利用，绿色资源的使用等,对应的指标有生产用水重复利用率、生产废气重复利用率、生产废渣重复利用率、余热重复利用率等。这些指标都是一些定量的指标。其中,生产用水重复利用率是指在一定的计算时期内,生产过程中使用的重复利用水量和总用水量之间的比率。生产废气重复利用率是指在一定的时期内生产过程中使用的重复利用废气量和总废气量之间的比率。废渣是指生产过程中排出或投弃的固体、液体废弃物,生产废渣重复利用率是指在一定的计算期内,生产过程中使用的重复利用固体、液体废弃物占总废弃物量的比率。余热重复利用是指在生产以后对生产过程中产生的各种余热的综合利用。

(4) 污染物的排放指标。

污染物的排放主要是指废水、废气、废渣的排放。污染物的排放是衡量企业是否节能减排的重要指标。通过对污染物排放量指标的计算,对企业而言,可以作为其自身控制排污量的标准;对管理当局来说,可以作为衡量企业节能减排工作实施情况的标准。在目前,对于污染物排放的指标不仅国家有整体的指标量规定,各个地方也制定了自己的污染物排放标准。

污染物排放量=年排放污染物量÷产品年产量

具体的污染物排放指标有单位产值废水排放量、单位产值废水达标排放量率、单位产值废渣排放量、二氧化硫排放量、行业废气污染物排放密集度等。废气包括二氧化硫、废气烟尘、废气粉尘等,其中二氧化硫是我国"十一五"时期重点减排的 2 种污染物之一。化工行业是二氧化硫排放高的行业,因此,二氧化硫排放量是衡量化工企业节能减排的重要指标。

(5) 环保制度的落实指标。

对化工企业而言,在国家轰轰烈烈地推动节能减排工作的同时,更应该格外重视和关注环保制度,无论是在管理层还是职工层,要能够做到环保制度深入人心。衡量环保制度落实情况的指标有职业病发生率、工伤事故率、环保奖金投入额、开展清洁生产审核执行情况、建设项目环保"三同时"执行情况、建设项目环境影响评价制度执行情况、老污染源限期治理项目完成情况、污染物排放总量控制情况、环境管理体系建立及认证通过情况、节能减排知识员工熟悉度等等。其中,环境管理体系不仅要涉及生产过程,还要深入到研发过程。通过对这些指标的全面衡量,可以充分体现出化工企业的绿色理念。

通过构建化工企业节能减排的评价指标,就可以对化工企业的节能减排状况进行综合评价了。对于企业来说,综合评价的方法是通过建立相关的节能减排管理部门,运用以上指标来检测自身在生产的各个环节上的节能减排状况,从而达到自我监督的目的。

（五）加强调控重点扶持，善用市场激励机制

1. 加大财税金融政策调控，突出实施绿色信贷①

金融作为现代经济的核心，应当充分发挥其在环境保护中的作用。因为在市场经济条件下，金融业掌握着巨大的经济资源，金融的资金杠杆和资源配置功能对于推动环境保护、转变发展方式有着重要的作用，并在环境保护中具有独特的优势。与行政手段相比，环境保护金融手段具有刺激性而不是强制性，能够充分发挥市场机制的作用，提高经济运行效率。在治污减排工程中，要加大国家财税金融政策调控。

绿色信贷是环境金融的最重要组成部分，对于促进治理环境污染，绿色信贷可以发挥其他手段和途径所难以企及的有效作用。但目前面临的问题是，尽管我国已经建立了环境金融的三大绿色制度体系，但运行效果并不理想，作为绿色金融的主体和核心，绿色信贷制度对环境问题的影响力与其在经济中的地位相比还没充分显现出来。

与国外发达国家相比，我国绿色信贷制度建设较为落后。我国绿色信贷制度构建和实践推广是在经济发展过程中因环境问题的矛盾激化推出的，主要是针对高耗能、高污染经济增长方式的治理而设计的，虽然具有较强的针对性，但制度的体系设计不完整，配套措施不健全，操作难度大，障碍多，而且具有较强的行政色彩，市场化手段不足，因此在很大程度上制约了我国绿色信贷制度手段的运用和发挥。

绿色信贷制度的构建必须围绕银行进行。因为，与污染企业相比，对银行实施严厉监督和约束对于推行绿色信贷更具有现实性和可操作性。同时，要强化对污染事件的处罚力度，只有在处罚力度大到威胁信贷资金安全时，银行才会从根本上关注资金投向的环境风险因素。对企业而言，只有将污染成本作为企业发展的内在成本要素，企业才会有积极治污的动力。因此，遵循"政府先导、激励相容、立体推进"的指导原则，政府要通过税收减免、产业政策、财政补贴等方式奖励企业的治污行为，鼓励企业加大治污投入。另外，完善对监管机构的激励约束机制也十分必要。

2. 调整化工行业贸易政策②

尽管我国已经出台或调整了相关政策以控制化工行业污染产品的进出口贸易，尽量减少由化工行业贸易政策带来的环境影响，但事实上，化工行业贸易

---

① 陈好孟. 基于环境保护的我国绿色信贷制度研究. 青岛：中国海洋大学博士学位论文，2010.
② 李丽平. 化工行业贸易政策的环境影响评价. 环境保护，2007（8）.

政策对环境带来的负面影响仍然存在而且有进一步扩大的趋势。

为最大限度地减少化工行业贸易政策的环境影响，应该采取以下控制对策：

一是进一步降低重污染化工产品的进口关税，对重污染化工出口产品征收环境关税，减少对外贸易环境逆差。要由环保部门、经济部门、化工行业部门、海关等相关部门协调合作，制定可持续化工产品指标，建立"两高一资"型化工产品数据库清单，可分为禁止类和限制类两类。根据这一清单，从两方面利用关税措施优化化工贸易政策：首先对禁止类和部分限制类产品的进口实行鼓励贸易政策措施，进一步降低"两高一资"型化工产品进口关税税率，而且根据需要适当调整扩大降低进口关税的产品类别，例如降低氧化铝及其原材料产品的进口税率；另外从减少出口拉动对环境的影响着手，针对环境污染负荷相对较大、经济贡献率相对较低、出口量相对较大的化工产品从量计征出口环节环境关税，例如农药、化工塑料等产品。

二是进一步提高外资进入化工行业高耗能出口产业的门槛。由于环保压力、运输和劳动力价格等因素，我国正成为发达国家初级化工产品、大宗石化产品及传统化工产品转移的首选地区之一。为缓解我国资源和环境压力，必须对化工行业的外商投资设立资源环境"阀门"，提高准入门槛。第一，要从投资产品类别上予以管理，禁止或限制外商投资高资源消耗和高污染强度的化工产品；第二，要从投资额度上予以规范，对于一定的化工产品，只能投资大规模的项目；第三，制定一定的投资配额，做到既缓和我国资金压力和满足我国国内需求，又避免更大的资源和环境压力；第四，要对投资技术予以严格把关，坚决杜绝将国外过时的污染工艺带到国内。

三是提高化工行业高耗能出口产业的市场准入门槛。要从全局和可持续发展的角度，严格执行行业发展规划，通过产业政策、税收政策、投资政策、土地政策等相关政策提高我国化工行业高耗能出口产业的市场准入门槛。对于污染严重、重复性、需求过剩的化工行业产品项目，可通过宏观调控和经济政策禁止投资。提高市场准入门槛的措施还包括实施资质管理和许可证管理等。具体而言，规定投资高耗能出口产业的企业必须是经过环境管理体系认证的"绿色企业"，对于污染物排放不合规定的企业取消许可证发放等。

[1] Berman, E. , Bui, L. , 2001. Environmental regulation and productivity: Evidence from oil refineries. *Review of Economics and Statistics* 83, 498 – 510.

[2] Bruyn, S. M. , Bergh, J. C. J. M. , and Opschoor, J. B. , 1998. Economic growth and emissions: Reconsidering the empirical basis of environmental Kuznets curves. *Ecological Economics* 25, 161 – 175.

[3] Chintrakarn, P. , 2008. Environmental regulation and U. S. States' technical inefficiency. *Economics Letters* 100, 363 – 365.

[4] Copeland, B. , Taylor, M. S. , 2004. Trade, growth, and the environment. *Journal of Economic Literature* 42, 7 – 71.

[5] Dasputa, S. , Laplante, B. , Wang, H. , and Wheeler, D. , 2002. Confronting the environmental Kuznets curve. *Journal of Economic Perspectives* 16, 147 – 168.

[6] Dinda, S. , 2004. Environmental Kuznets curve hypothesis: A survey. *Ecological Economics* 49, 431 – 455.

[7] Ederington, J. , Levinson, A. , and Minier, J. , 2005. Footloose and pollution-free. *Review of Economics and Statistics* 87, 92 – 99.

[8] Fredriksson, P. G. , List, J. A. , and Millimet, D. L. , 2003. Corruption, environmental policy, and FDI: Theory and evidence from the United States. *Journal of Public Economics* 87, 1 407 – 1 430.

[9] Fodha, M. , Zaghdoud, O. , 2010. Economic growth and pollutant emissions in Tunisia: An empirical analysis of the environmental Kuznets curve. *Energy Policy* 38, 1150 – 1156.

［10］ Gardiner, D., 1994. Does environmental policy conflict with economic growth? *Resources for the Future* 115, 19 - 23.

［11］ Grossman, G. M., and Krueger, A. B., 1991. Environmental impact of a north American free trade agreement. NBER Working Paper, 3914.

［12］ Henderson, D. J., and Millimet, D. L., 2005. Environmental regulation and US state-level production. *Economics Letters* 87, 47 - 53.

［13］ Michel, P., and Rotillon, G. , 1995. Disutility of Pollution and Endogenous Growth. *Environmental and Resource Economics* 6, 279 - 300.

［14］ Jaffe, A. B., Peterson, S. R., Portney, P. R., and Stavins, R. N., 1995. Environmental regulations and the competitiveness of U. S. manufacturing: What does the evidence tell us? *Journal of Economic Literature* 33, 132 -163.

［15］ Kuznets, S., 1955. Economic growth and income inequality. *American Economic Review* 45, 1 - 28.

［16］ Lucas, R. E., 1988. On the mechanisms of economic development. *Journal of Monetary Economics* 22, 3 - 42.

［17］ List, J. A., Millimet, D. L., Fredriksson, P. G., and McHone, W. W., 2003. Effects of environmental regulations on manufacturing plant births: Evidence from a propensity score matching estimator. *Review of Economics and Statistics* 85, 944 - 952.

［18］ Mohtadi, H., 1996. Environment, growth and optimal policy design. *Journal of Public Economics* 63, 119 - 140.

［19］ Selden, T. M., and Song, D., 1995. Neoclassical growth, the J curve for abatement, and the inverted U curve for pollution. *Journal of Environmental Economics and Management* 29, 162 - 168.

［20］ Shafik, N., and Bandyopadhyay, S., 1992. Economic growth and environmental quality: Time series and cross country evidence. Background Paper for World Development Report, World Bank.

［21］ Smulders, S., Bretschger, L. and Egli, H. 2005. Economic growth and the diffusion of clean technologies: Explaining environmental Kuznets curves. Working Paper.

［22］ Stern, D. I., 2004. The rise and fall of the environmental Kuznets curve. *World Development* 32, 1419 - 1439.

[23] Perman, R., and Stern, D. I., 2003. Evidence from panel unit root and co-integration tests that the environmental Kuznets curve does not exist. *The Australian Journal of Agricultural and Resource Economics* 47, 325 – 347.

[24] Panayotou, T., 1993. Empirical tests and policy analysis of environmental degradation at different stages of economic development. ILO Technology and Employ Program Working Paper, WP238.

[25] Rosendahl, K. E., 1997. Does improved environmental policy enhance economic growth? *Environmental and Resource Economics* 9, 341 – 364.

[26] Feng, T. W., Sun, L. Y., and Zhang, Y., 2009. The relationship between energy consumption structure, economic structure and energy intensity in China. *Energy Policy* 37, 5475 – 5483.

[27] Llop, M., 2007. Economic structure and pollution intensity within the environmental input – output framework. *Energy Policy* 35, 3410 – 3417.

[28] Aghion, P., and Howitt, P., 1998. Endogenous Growth Theory, MIT Press.

[29] Barbier, E., 1999. Endogenous growth and natural resource scarcity. *Environmental and Resource Economics* 14, 51 – 74.

[30] Bovenberg, A. L., Smulders, S. A., 1995. Environmental quality and pollution-augmenting technological change in a two sector endogenous growth model. *Journal of Public Economics* 57, 369 – 391.

[31] Dasgupta, P., and Heal, G., 1974. The optimal depletion of exhaustible resources, *Review of Economic Studies* 41, 3 – 28.

[32] Grimaud, A., and Rouge, L., 2003. Non-renewable resources and growth with vertical innovations: Optimum, equilibrium and economic policies, *Journal of Environmental Economics and Management*, 45 (2), 433 – 453.

[33] Hung, V. T. Y., Chang, P., and Blackburn, K., 1993. Endogenous growth, environment and R&D in Carraro, C., Trade innovation and environment. Dordrecht, Kluwer Academic Press.

[34] Lucas, Robert E., 1988. On the Mechanics of Economic Development. *Journal of Monetary Economics* 22, 3 – 42.

[35] Scholz, C. M., and Ziemes, G., 1996. Exhaustible resources, monopolistic competition, and endogenous growth. Mineo, University of Kiel.

[36] Stiglitz, J., 1974. Growth with exhaustible natural resources: Effi-

cient and optimal growth paths. *Review of Economic Studies*（Symposium）41，123 – 137.

［37］Stokey，N.，1998. Are there limits to growth? *International Economic Review*，39（1），1 – 31.

［38］宋涛，郑挺国，佟连军，等．基于面板数据模型的中国省区环境分析．中国软科学，2006（1）：121 – 127.

［39］刘金全，郑挺国，宋涛．中国环境污染与经济增长之间的相关性研究．中国软科学，2009（2）：98 – 106.

［40］吴玉萍，董锁成，宋健峰．北京市经济增长与环境污染水平计量模型研究．地理研究，2002（3）：1 – 8.

［41］贺彩霞，冉茂盛．环境污染与经济增长．中国人口·资源与环境，2009（2）：56 – 62.

［42］朱平辉，袁加军，曾五一．中国工业环境库兹涅茨曲线分析．中国工业经济，2010（6）：65 – 74.

［43］干春晖，郑若谷，余典范．中国产业结构变迁对经济增长和波动的影响．经济研究，2011（5）：4 – 16.

［44］乔为国．解析造成我国高投资率的因素．投资研究，2007（11）.

［45］蒋洪强，牛坤玉，曹东．污染减排影响经济发展的投入产出模型及实证分析．中国环境科学，2009（12）.

［46］张平淡，牛海鹏，朱艳春．"十一五"："三个转变"引航中国环保新道路．环境经济，2011（10）.

［47］樊纲，王小鲁．中国市场化指数——各地区市场化相对进程2009年报告．北京：经济科学出版社，2010.

［49］李仕兵，赵定涛．环境污染约束条件下经济可持续发展内生增长模型．预测，2008（1）.

［50］彭水军，包群．环境污染、内生增长与经济可持续发展．数量经济技术经济研究，2006（9）.

［51］孙刚．污染、环境保护和可持续发展．世界经济文汇，2004（5）.

［52］张坤民．中国环境保护投资报告．北京：清华大学出版社，1993.

［53］中华人民共和国环境保护部．中国环境统计年鉴（2003—2007年）．北京：中国环境科学出版社．

［54］中华人民共和国统计局．中国统计年鉴（2004—2008年）．北京：中国统计出版社．

图书在版编目（CIP）数据

治污减排与结构调整/牛海鹏著 . —北京：中国人民大学出版社，2017.5
ISBN 978-7-300-23788-6

Ⅰ.①治… Ⅱ.①牛… Ⅲ.①污染防治-关系-经济结构调整-研究-中国 ②节能-关系-经济结构调整-研究-中国 Ⅳ.①X505 ②TK01 ③F121

中国版本图书馆 CIP 数据核字（2016）第 312544 号

治污减排与结构调整

牛海鹏　著

Zhiwu Jianpai yu Jiegou Tiaozheng

出版发行	中国人民大学出版社			
社　　址	北京中关村大街 31 号		**邮政编码**	100080
电　　话	010 - 62511242（总编室）		010 - 62511770（质管部）	
	010 - 82501766（邮购部）		010 - 62514148（门市部）	
	010 - 62515195（发行公司）		010 - 62515275（盗版举报）	
网　　址	http://www.crup.com.cn			
经　　销	新华书店			
印　　刷	唐山玺诚印务有限公司			
开　　本	720 mm×1000 mm　1/16		**版　　次**	2017 年 5 月第 1 版
印　　张	14.25 插页 1		**印　　次**	2024 年 6 月第 2 次印刷
字　　数	250 000		**定　　价**	79.00 元